Die überörtliche Anwaltssozietät

Freizügigkeit und Lokalisierung der deutschen Rechtsanwaltschaft

Von

Prof. Dr. jur. Ekkehard Schumann

R. Oldenbourg Verlag München Wien

CIP-Titelaufnahme der Deutschen Bibliothek

Schumann, Ekkehard:
Die überörtliche Anwaltssozietät : Freizügigkeit und Lokalisierung der deutschen Rechtsanwaltschaft / von Ekkehard Schumann. – München ; Wien : Oldenbourg, 1990
ISBN 3-486-21726-7

Gesamtherstellung: WB-Druck, Rieden

ISBN 3-486-21726-7

Vorwort

Am Ende des 20. Jh. kehrt das deutsche Anwaltsrecht zu seinen liberalen Wurzeln zurück. Der freiheitliche Geist des Rechtsanwaltsordnung von 1878 überlebte die Weimarer Republik nicht. Denn der Nationalsozialismus hatte für ihn nichts übrig, und die Zeit danach hielt an so manchen Schranken fest, die das Dritte Reich errichtet hatte. Anderen beratenden Berufen galt hingegen die Zuwendung des Nachkriegsgesetzgebers; ihnen eröffnete er weite Freiräume und Gestaltungsmöglichkeiten.

Derzeit bahnt sich jedoch - vor allem durch die europäische Entwicklung - eine Rückkehr zu den liberalen Ursprüngen des deutschen Anwaltsberufes an. Dabei stellt sich auch die Frage, ob es dem Rechtsanwalt erlaubt ist, eine Sozietät mit an anderen Orten niedergelassenen Kollegen - eine überörtliche Sozietät - einzugehen; bis 1934 bestand eine solches Verbot nicht. In den letzten Monaten ist mir diese Frage immer wieder gestellt worden. Aus ersten Antworten ist der Plan zu der jetzt vorliegenden größeren Untersuchung entstanden.

Vielen Kollegen aus der Anwaltschaft habe ich für Anregungen und Material zu danken. Ganz besonders gilt mein Dank den Kanzleien *Nörr, Stiefenhofer & Lutz* in München und *Büsing, Müffelmann & Theye* in Bremen, ohne deren Ermunterung und Hilfe das Buch nicht erschienen wäre.

Meine Sekretärin, Frau *Cosima Kohl*, betreute das Manuskript wiederum vorbildlich. Mit Kritik, Materialsuche und vielen technischen Hilfen unterstützten mich die Assistenten an meinem Lehrstuhl, vor allem Herr Regierungsrat *Armin Schwimmbeck* und die Herren Rechtsreferendare *Anton Kuffer*, *Martin Herrmann*, *Alfred Holzmair*, *Bernhard Pfister* und *Bernhard Voit*. Ihnen allen sage ich ebenfalls meinen herzlichen Dank.

Regensburg im März 1990 *Ekkehard Schumann*

Inhaltsverzeichnis

I. Teil.
Der Streit um die Zulässigkeit der überörtlichen Anwaltssozietät

§ 1. Begriff und Streitstand

II. Teil.
Das Prinzip der Freizügigkeit anwaltlicher Tätigkeiten

§ 2. Die Zulässigkeit überörtlicher Tätigkeiten im gerichtlichen Bereich

§ 4. Das Ergebnis dieses Teils der Untersuchung

III. Teil.
Ortsbindungen des Rechtsanwalts im Regelungswerk des deutschen Anwaltsrechts

§ 5. Die Lokalisierung

§ 6. Die Residenzpflicht

§ 7. Das Zweigstellenverbot

§ 8. Standesrichtlinien und anderes Standesrecht

§ 9. Gewohnheitsrecht

V. Teil.
Die Zulässigkeit der überörtlichen Anwaltssozietät

§ 12. Die Zulässigkeit der überörtlichen Rechtsanwaltssozietät im Blick auf die vorgetragenen Gegenargumente

VI. Teil.
Die Rechtfertigung der überörtlichen Anwaltssozietät

§ 13. Die Sachgerechtigkeit überörtlicher Rechtsanwaltssozietäten

VIII. Teil.

§ 15. Zusammenfassung

Abkürzungsverzeichnis

DAV	=	Deutscher Anwaltverein
Einl.	=	Einleitung
FAZ	=	Frankfurter Allgemeine Zeitung
Nachw.	=	Nachweise
RAK	=	Rechtsanwaltskammer
Rdnr.	=	Randnummer
StNa	=	Stuttgarter Nachrichten
SZ	=	Süddeutsche Zeitung

Weitere Abkürzungen folgen dem Abkürzungsverzeichnis der Rechtssprache von *Hildebert Kirchner* und *Fritz Kastner*, 3. Aufl., Berlin-New York 1983.

I. Teil.
Der Streit um die Zulässigkeit der überörtlichen Anwaltssozietät

§ 1. Begriff und Streitstand

A. Begriff und Arten der überörtlichen Anwaltssozietät

1 In der standesrechtlichen Diskussion der letzten Zeit hat sich ein fester Begriff der "überörtlichen" Rechtsanwaltssozietät entwickelt. *Sie ist der Zusammenschluß von Rechtsanwälten, die an verschiedenen Orten ihre Kanzlei haben*[1]: Kennzeichnend sind dabei folgende Eigenheiten: Jedes Mitglied der überörtlichen Rechtsanwaltssozietät ist nur bei *einem* Gericht zugelassen, hat *nur dort* seine Kanzlei und ist *dort* auch wohnhaft, bildet aber mit an anderen Orten in derselben Weise nur bei *einem* Gericht zugelassenen, *dort* wohnenden und *nur dort* über eine eigene Kanzlei verfügenden Rechtsanwälten eine Sozietät[2].

Von diesem Begriff ausgehend, ergeben sich *drei Möglichkeiten* der überörtlichen Zusammenarbeit: Ein *Einzelanwalt* schließt sich mit anderen *Einzelanwälten* zusammen; jeder dieser Anwälte ist an einem anderen Ort niedergelassen. Die zweite Möglichkeit bildet der Zusammenschluß von *Sozietätsanwälten*: Rechtsan-

---

[1] Vgl. z. B. *Feuerich* AnwBl 1989, 360; *Harte-Bavendamm* AnwBl 1989, 547; *Hartstang* S. 196; *Heintzen* S. 1 [zur Kritik an seiner Definition Rdnr. 88 Fußn. 39]; *Kewenig* S. 6; *Prütting* JZ 1989, 705.

[2] Soweit *Simultanzulassungen* ermöglicht sind (→ Rdnr. 60), ändert die Mitgliedschaft in der überörtlichen Rechtsanwaltssozietät ebenfalls nichts an der Zulassung bei den betreffenden *mehreren* Gerichten und insbesondere auch nichts am Kanzlei- und Wohnsitz.

wälte, die in einer Sozietät verbunden sind, schließen sich mit Rechtsanwälten zusammen, die ebenfalls eine Sozietät bilden, aber jeweils an anderen Orten niedergelassen sind. Als dritte Spielart kommt dann noch die überörtliche Sozietät eines Einzelanwalts mit Anwälten in Betracht, die anderswo als Sozien miteinander verbunden sind[3].

In *räumlicher* Beziehung kann man zwischen dem auf ein bestimmtes Gebiet beschränkten Zusammenschluß (*regionale überörtliche Sozietät)*[4] und der darüber hinausreichenden Zusammenarbeit unterscheiden. Umfaßt die gemeinsame Ausübung der Anwaltschaft auch Partner im Ausland, spricht man von einer *grenzüberschreitenden überörtlichen Sozietät*[5].

In *persönlicher* Hinsicht ist die überörtliche Anwaltssozietät, wie schon ihr Name sagt, von der Beteiligung von *Rechtsanwälten* geprägt. Da das Anwaltsrecht die Sozietät mit bestimmten anderen freien Berufen nicht ausschließt, ist auch bei der überörtlichen Zusammenarbeit die Beteiligung von Vertretern solcher Berufe nicht ausgeschlossen (*interprofessionelle überörtliche Sozietät*); dieser überörtliche Zusammmenschluß wird übrigens schon länger auch den Anwälten zugestanden[6].

Aus der Sicht des Zulassungsgerichts unterscheidet man zwischen der "einfachen" Sozietät[7] und der *gemischten Sozietät*, deren Anwälte bei *verschiedenen* Gerichten zugelassen sind; die gemischte Sozietät ist seit langem zulässig[8]. Bei der überörtlichen Sozietät wird es sich überwiegend um eine solche gemischte Sozietät handeln; die bereits genannte[9] regionale überörtliche Sozietät ist hingegen durchaus als nicht-gemischte ("einfache") Sozietät möglich.

---

[3] Zum *Innenverhältnis* bei der überörtlichen Sozietät → Rdnr. 121.

[4] Zur regionalen überörtlichen Sozietät → Rdnr. 172.

[5] Zur grenzüberschreitenden Sozietät → Rdnr. 5 a. E.

[6] Zur interprofessionellen Sozietät → Rdnr. 92.

[7] Alle Rechtsanwälte sind bei demselben Gericht zugelassen.

[8] → Rdnr. 67 sowie auch Rdnr. 164 bei Fußn. 5.

[9] → Fußn. 4.

B. Zum Streitstand

1. Die Argumentation der Kritiker

2 Die Kritiker[10] einer überörtlichen Anwaltssozietät halten einen derartigen Zusammenschluß von Rechtsanwälten für unzulässig. Eine überörtliche Anwaltssozietät verstoße vor allem gegen die gesetzlichen Grundsätze der Lokalisation, gegen die Residenzpflicht und das Zweigstellenverbot (§§ 18, 27 und 28 BRAO[11]). Wenn eine *gemeinsame* Kanzlei fehle, sei ein wesentliches Merkmal der Sozietät schon begrifflich nicht gegeben. Von diesem Merkmal gingen die anwaltlichen Standesrichtlinien aus (vgl. § 28 Abs. 1 der Standesrichtlinien[12]). Obwohl das Bundesverfassungsgericht diesen Standesrichtlinien eine berufsbeschränkende Qualität abgesprochen habe[13], gelte das Verbot überörtlicher Rechtsanwaltssozietäten als vorkonstitutionelles Gewohnheitsrecht weiter[14]. Bei einer Sozietät mehrerer Rechtsanwälte mit *verschiedenen* Kanzleien bilde eine der Kanzleien eine *Zweigstelle*, und somit sei § 28 BRAO verletzt.

Ferner kollidierten überörtliche Anwaltssozietäten mit dem Verbot der irreführenden Werbung, da der Eindruck entstehen könnte, sämtliche Mitglieder der überörtlichen Anwaltssozietät seien an allen Orten der Sozietät berufstätig und könnten überall vor Gericht auftreten.

Die genannten Regelungen der BRAO seien mit dem Grundgesetz - insbesondere mit Art. 12 Abs. 1 GG - vereinbar. Sie dienten der Erleichterung und der Sicherung der Rechtspflege sowie

---

[10] Vor allem *Feuerich* § 28 Rdnr. 4; *ders.* AnwBl 1989, 360 ff.; *Stefener* AnwBl 1988, 370.

[11] Text dieser Vorschriften → Rdnr. 43, 70 und 82.

[12] Zu ihnen → Rdnr. 97.

[13] Beschluß des BVerfG vom 14.7.1987, 1 BvR 537/81 u. a., *BVerfGE* 76, 171 - 196 = NJW 1988, S. 191 - 194 = JZ 1988, 242 (mit Aufsatz *Tettinger* a. a. O S. 228): Die Richtlinien des anwaltlichen Standesrechts sind kein Hilfsmittel zur Auslegung und Konkretisierung des § 43 BRAO. Ferner *BVerfGE* 76, 196 und 77, 125.

[14] Näher hierzu → Rdnr. 129 - 141.

dem Wohl der Allgemeinheit, aber auch dem Interesse der Anwaltschaft selbst.

2. Die Argumentation der Befürworter

3 In neuester Zeit haben sich vermehrt Stimmen erhoben, die eine überörtliche Anwaltssozietät für zulässig halten[15]. Die Grundsätze der Lokalisation, die Residenzpflicht und das Zweigstellenverbot stünden nicht entgegen, weil der einzelne Rechtsanwalt weiterhin nur bei *einem* Gericht zugelassen sei und dort auch wohne. Die Kanzlei des Partners am anderen Ort bilde keineswegs eine Zweigstelle des anderen Sozietätsmitglieds; denn in der Kanzlei des Sozius würden weder Kanzleifunktionen des auswärtigen Kollegen ausgeübt noch "Sprechtage" durch ihn durchgeführt.

Da die *grenzüberschreitende* überörtliche Anwaltssozietät unbestritten zulässig sei[16], könne eine *innerstaatliche* überörtliche Sozietät nicht verboten sein. Der Vergleich mit anderen beratenden Berufsgruppen spreche ebenfalls für die Zulässigkeit der überörtlichen Anwaltssozietät. Auch die Erfahrungen anderer Staaten, in denen solche überörtlichen Anwaltssozietäten zulässigerweise bestünden, zeigten, wie günstig diese Form der Zusammenarbeit sowohl für das rechtsuchende Publikum als auch für die Anwaltschaft sei. Das Gemeinwohl oder die Interessen der Rechtspflege würden durch eine überörtliche Anwaltssozietät nicht verletzt.

Eine irreführende Werbung sei nicht gegeben. Denn Praxisschild, Briefkopf und etwaige weitere Verlautbarungen der Mitglieder der überörtlichen Anwaltssozietät oder des ihr angehörenden einzelnen Rechtsanwaltes müßten klarstellen, wo das

---

[15] Z. B. *Hahndorf* NJW 1989, 1914; *ders.* AnwBl 1989, 432; *Harte-Bavendamm* AnwBl 1989, 546; *Heintzen* S. 5 ff.; *Kewenig* S. 5 ff.; *Michalski* S. 252 u. ö. [allerdings aufgrund eines anderen Zweigstellenbegriffs, als er in der vorliegenden Untersuchung vertreten wird]; *Prütting* JZ 1989, 705 ff.; *Schroeder-Teichmann* AnwBl 1990, 22; *Winters* S. 169; *Zuck* JZ 1989, 356 f. [insbesondere bei Fußn. 26].

[16] Zur grenzüberschreitenden Sozietät → Rdnr. 5 a. E.

einzelne Mitglied der Sozietät als Rechtsanwalt zugelassen sei und seine Kanzlei habe.

3. Die überörtliche Anwaltssozietät in der Vergangenheit

4 Die (Reichs-)Rechtsanwaltsordnung vom 1. Juli 1878[17] ging ersichtlich vom Leitbild des *Einzelrechtsanwalts* aus. Die schon damals bestehende Rechtsform der "Assoziation"[18] eigens im Gesetzestext zu berücksichtigen, sahen die Reichstagsabgeordneten nicht als erforderlich an[19], obwohl Zweifel geäußert worden waren, ob bei einer Lokalisierung des Anwalts eine Sozietät zulässig sei[20]. Angesichts der Regelung der CPO über mehrere Bevollmächtigte[21] wurde teilweise auch kein Bedürfnis gesehen, die Materie hier zu regeln[22]. Nachdem sich in immer größerer Zahl Rechtsanwälte zu Sozietäten zusammengeschlossen hatten, tauchte auch die Frage der Zulässigkeit überörtlicher Anwaltssozietäten auf. Der (beim Reichsgericht gebildete) *Ehrengerichtshof für die deutschen Rechtsanwälte* ließ diese Frage noch im Jahre 1931 ausdrücklich offen[23].

---

17 RGBl 1878, S. 177 = Deutscher Reichstag, 3. Legislaturperiode, II. Session 1878, V. Band, Drucks. No. 279; in Kraft getreten mit den Reichsjustizgesetzen am 1. Oktober 1879. Zur *Entstehungsgeschichte*: *Schubert* [Rechtsanwaltsordnung] (durchgehend) und *ders.* [Gerichtsverfassung] S. 2, 17 ff. u. ö.

18 So der frühere Ausdruck, vgl. z.B. *Finger* S. 328 ff.

19 Die maßgeblichen Erörterungen fanden im Rahmen der GVG-Beratungen statt, vgl. Protokolle der Reichsjustizkommission (zu ihr → Rdnr. 64) vom 10.1.1876 bei *Hahn* [GVG] S. 539 = *Siegel* S. 45 f. Auch das *Anwaltsgebührenrecht* nahm von der Sozietät keine Notiz, so (der Vorläufer des heutigen § 5 BRAGO) § 2 Gebührenordnung für Rechtsanwälte vom 7.7.1879 (RGBl S. 176); vgl. *Hegler* S. 58: Die Vorschrift gelte nicht für Anwälte, "die sich zur gemeinsamen Praxis verbunden haben", *Siegeth* Anhang C. S. 2 "wenn sich Rechtsanwälte zufällig in einem Sozietätsverhältnisse befinden" und *Becker-Groch* § 2 "wenn die mehreren Anwälte sich zur gemeinsamen Ausübung der Rechtsanwaltschaft verbunden haben".

20 Abg. *Eysoldt* a. a. O. S. 539 = *Siegel* S. 46.

21 § 78 CPO-Entwurf, § 80 CPO von 1877, heute § 84 ZPO.

22 Abg. *Dr. Grimm* bei *Hahn* a. a. O. S. 539 = *Siegel* S. 46.

23 Näher → Rdnr. 130 Fußn. 7 und 8.

Erst sein im Dritten Reich eingerichteter Nachfolger[24] - der *Ehrengerichtshof bei der Reichs-Rechtsanwaltskammer* - verneinte sie im Jahre 1934[25]. In der Folgezeit und unter der Geltung der Reichs-Rechtsanwaltsordnung 1936[26] einschließlich der Zeit nach dem Zweiten Weltkrieg wurde die Frage offenkundig nicht wieder gestellt.

Die *Bundesrechtsanwaltsordnung* vom 1. August 1959[27] löste die Rechtsanwaltsordnung ab. Sie blieb aber deren Gesetzgebungstechnik insofern treu, als auch sie nahezu keine Regelungen über die Anwaltssozietät enthält[28] - obwohl diese Form anwaltlicher Zusammenarbeit inzwischen selbstverständlich geworden war[29].

Der Materie nahmen sich hingegen die *Standesrichtlinien* an. Sie untersagten die überörtliche Anwaltssozietät[30]. In einem *obiter dictum* aus dem Jahre 1981[31] meinte der *Bundesgerichtshof*, die überörtliche Anwaltssozietät sei verboten.

---

[24] Hierzu → Rdnr. 130 Fußn. 9 ff.

[25] Urteil des Ersten Senats vom 19.9.1934, 97/34, *EGH* XXVIII, S. 174 - 176 = JW 1934, 3134. Der *Wortlaut* dieser Entscheidung ist unten wiedergegeben, → Rdnr. 134.

[26] Bekanntmachung vom 21.2.1936, RGBl I, S. 107; vgl. *Noack* [Kommentar] S. 15 ff.

[27] BGBl 1959, I. S. 565, in Kraft getreten am 1.10.1959. Hierzu Verhandlungen des Deutschen Bundestages, 3. Wahlperiode, Drucks. 120 [vom 8.1.1958]; vgl. auch die zwei Vorgängerentwürfe, die jeweils wegen der Diskontinuität verfielen: 1. Wahlperiode: Drucks. 3650 und 2. Wahlperiode: Drucks. 1014. Vgl. ferner Bericht des Rechtsausschusses, BT-Verhandlungen, 3. Wahlperiode, Drucks. 778.

[28] Nur § 45 Nr. 4 BRAO spricht von Rechtsanwälten, die sich "zu gemeinschaftlicher Berufsausübung" verbunden haben.

[29] Dasselbe gilt auch weiterhin vom *Gebührenrecht*, vgl. § 6 BRAGO (→ auch Fußn. 19).

[30] § 28 Abs. 1 der Standesrichtlinien [Text → Rdnr. 97].

[31] Urteil vom 27.4.1981, StbStR 5/80, *BGHSt* 30, 81 = NJW 1981, 2477: Es ging um eine *überörtliche Sozietät von Steuerberatern*, deren *Zulässigkeit* der Bundesgerichtshof *bejahte*. Näher zu diesem Urteil → Rdnr. 89 und auch Rdnr. 86 Fußn. 39.

4. Die durch das Bundesverfassungsgericht ausgelöste Diskussion um die überörtliche Sozietät

5 Seit der schon genannten[32] Entscheidung des Bundesverfassungsgerichts zu den anwaltlichen Standesrichtlinien ist die Diskussion um die Zulässigkeit überörtlicher Rechtsanwaltssozietäten voll entbrannt. Innerhalb der Anwaltschaft ist eine einheitliche Ansicht derzeit nicht zu erkennen. Der *Sozietätsrechtsausschuß des Deutschen Anwaltvereins* hält die überörtliche Sozietät für zulässig[33]. Dieser Auffassung sind auch die *Rechtsanwaltskammern*[34] in *Berlin, Düsseldorf*[35] und *Hamburg*. Eine *Umfrage des Deutschen Anwaltvereins* zum Anwaltstag 1989 kam mehrheitlich zum gegenteiligen Ergebnis[36]. Die Hauptversammlung der *Bundesrechtsanwaltskammer* ist ebenfalls dieser Ansicht und

---

[32] → Fußn. 13.

[33] AnwBl 1989, 272.

[34] Vgl. *Schroeder-Teichmann* AnwBl 1990, 23.

[35] Moerser Beschluß vom 10. 5. 1989, AnwBl 1989, 390:
Der Vorstand der Rechtsanwaltskammer Düsseldorf hat in seiner Sitzung am 10.5.1989 in Moers folgendes beschlossen:
"Der Vorstand der Rechtsanwaltskammer Düsseldorf hält eine überörtliche Sozietät für zulässig,
unter folgenden Voraussetzungen:
a) Jeder der Sozien erfüllt seine Kanzleipflicht seiner Zulassung entsprechend und übt seine anwaltliche Tätigkeit grundsätzlich nach außen hin und für jedermann ersichtlich von seiner Kanzlei aus.
b) Das Briefpapier der Sozietät, die Praxisschilder und sonstiges rechtserhebliches Auftreten der Sozietät müssen die räumlich getrennten Kanzleien und die Zuordnung eines jeden genannten Sozius zu seiner Kanzlei und dem Ort oder Gericht seiner Zulassung unmißverständlich deutlich machen.
c) Bei der zulässigen Verwendung von Kurzbezeichnungen für die Sozietät auf dem Praxisschild darf nicht der Eindruck entstehen, daß auch die auswärtigen Sozietäten [gemeint ist offenkundig: "Sozien"] ständig und auf Dauer in der Kanzlei tätig und dort erreichbar sind.
d) Die jederzeit zulässige Dienstleistung eines Rechtsanwalts an jedem Ort bleibt von diesen Regeln unberührt."

[36] 69,9 % der befragten Anwälte sprachen sich für ein Verbot der überörtlichen Sozietät aus, AnwBl 1989, 276.

sieht die überörtliche Sozietät als unzulässig an[37]. Derselben Meinung sind andere Rechtsanwaltskammern, z. B. der Vorstand der *Rechtsanwaltskammer Frankfurt am Main*. Die jeweiligen Gremien der Anwaltskammern faßten ihre Beschlüsse nicht einstimmig, sondern meist gegen eine nicht unerhebliche Minderheit (etwa 30 %); und zwar in gleicher Weise sowohl die Stellungnahmen *gegen* als auch die Entschließungen *für* die überörtliche Sozietät. Die *literarischen Äußerungen* der letzten Zeit bejahen überwiegend die Zulässigkeit der überörtlichen Rechtsanwaltssozietät[38].

Diese Diskussion um die überörtliche Rechtsanwaltssozietät wird belebt durch die vom Gesetz nunmehr[39] bejahte *Zulässigkeit grenzüberschreitender überörtlicher Anwaltsniederlassungen*: Der neue § 29 a BRAO[40] geht davon aus, daß es einem inländischen Rechtsanwalt bereits nach der gegenwärtigen Rechtslage gestattet ist, Kanzleien in anderen Staaten einzurichten und zu unterhalten[41]. Umgekehrt ist allen Rechtsanwälten, die Staatsangehörige eines Mitgliedstaates der Europäischen Gemeinschaft[42]

---

[37] Vgl. *Schroeder-Teichmann* AnwBl 1990, 23; *Kewenig* S. 22.

[38] → die Nachweise in Fußn. 15.

[39] Durch das Gesetz zur Änderung des Berufsrechts der Rechtsanwälte und der Patentanwälte vom 13.12.1989, BGBl. I S. 2135.

[40] Text → Rdnr. 72.

[41] Zur gemeinschaftsrechtlichen Zulässigkeit grenzüberschreitender Zweitkanzleien: *EuGHE* 1984, 2971 (2989 f.) = NJW 1985, 1275 (Fall *Klopp*): Die Niederlassungsfreiheit des Art. 52 EWG-Vertrag umfaßt auch bei den freien Berufen die Befugnis, "unter Beachtung der jeweiligen Berufsregelungen im Gebiet der Gemeinschaft mehr als eine Stätte für die Ausübung einer Tätigkeit einzurichten und beizubehalten"; vgl. auch *Feuerich* AnwBl 1989, 366; *Zuck* AnwBl 1988, 19. Daß der Beruf des Rechtsanwalts unter Art. 52 EWG-Vertrag fällt und nicht zu den Ausnahmen des Art. 55 EWG-Vertrag [Teilnahme an der öffentlichen Gewalt] gehört, ist seit langem unbestritten, vgl. *EuGHE* 1974, 631 (667 ff.) = NJW 1974, 513 (Fall *Reyners*) und auch *EuGHE* 1977, 765 (776 ff., Fall *Thieffry*).

[42] *Zuck* NJW 1987, 3033 (3035) hielt bereits 1987 die grenzüberschreitende Sozietät *auch über den EG-Bereich hinaus* für zulässig.

sind, sowie anderen ausländischen Rechtsanwälten die Niederlassung im Inland gestattet[43].

Schließlich zeigt die *Entwicklung im Ausland* die zunehmende Beliebtheit (und Zulässigkeit) überörtlicher Rechtsanwaltssozietäten[44].

5. Der die Zulässigkeit der überörtlichen Sozietät bejahende Beschluß des Bundesgerichtshofs vom 18. September 1989

6 Auch in der Rechtsprechung zeichnet sich eine bejahende Tendenz ab: Die früher ergangenen gegenteiligen Entscheidungen des *Ehrengerichtshofs Nordrhein-Westfalen*[45] und des *Landgerichts München I*[46] erscheinen überholt. Neben den sorgfältig begründeten Urteilen der *Landgerichte Köln*[47] und *Nürnberg-Fürth*[48] stehen die klaren und überzeugenden Aussagen des *Bundesgerichtshofs*[49]; sie bejahen sämtlich die Zulässigkeit der überörtlichen Rechtsanwaltssozietät. Die maßgebenden Passagen des Beschlusses des Bundesgerichtshofs lauten:

Rechtsanwälte, die nach dem Zusammenschluß mit anderen Rechtsanwälten (oder mit Wirtschaftsprüfern und Steuerberatern, wie vom Ast. er-

---

43 Näher §§ 206, 207 BRAO, Text → Rdnr. 73 und 74. Ausgangspunkt sind Art. 52 ff. EWG-Vertrag, die innerhalb der Gemeinschaft das Niederlassungsrecht garantieren. Zur Bedeutung der EG für die überörtliche Rechtsanwaltssozietät → auch Rdnr. 177.

44 Hinweise zu den wichtigsten Staaten finden sich bei *Winters* S. 238 f. [Niederlande], 241 [Schweden], 242 [Norwegen], 244 [Finnland], 259 [England], 260 [Irland], 262 [Spanien, Portugal], 263 [Schweiz], 266 [Vereinigte Staaten]; vgl. hierzu auch *Salger* NJW 1988, 186; *Harte-Bavendamm* AnwBl 1989, 547 f.; *Schroeder-Teichmann* AnwBl 1990, 25.

45 Beschluß vom 3.3.1989, Az.: 1 ZU 49/88, AnwBl 1989, 395.

46 Urteil vom 23.8.1989, Az.: 7 HK O 10332/89, NJW 1989, 2894 f.

47 Urteil (rechtskräftig) vom 8.8.1989, Az.: 31 O 371/89, NJW 1989, 2894 ff.

48 Urteil vom 29.11.1989, Az.: 3 O 3530/89 UWG.

49 Beschluß vom 18.9.1989, Az.: AnwZ (B) 30/89, NJW 1989, 2890 f. = LM § 27 BRAO Nr. 3 = BB 1989, 1994 f. = DB 1989, 2168 f. = BGH EWiR § 28 BRAO 1/89, 993 (Anm. *H. P. Westermann*); hierzu *Heintzen* S. 73 ff., *ders.* DB 1989, 2419 ff.

strebt) weiterhin bei bestimmten Gerichten zugelassen bleiben und die ihre Wohnsitzpflicht sowie die Pflicht erfüllen, am Ort ihrer Zulassung eine Kanzlei zu unterhalten, verletzen indes weder die Pflicht zur Lokalisierung (§ 18 BRAO) noch die Residenzpflichten (§ 27 BRAO). Es stellt sich aber die Frage, ob der Rechtsanwalt, der mit einem anderen Rechtsanwalt oder, was für diese Frage keinen Unterschied macht, mit einem Steuerberater oder Wirtschaftsprüfer eine überörtliche Sozietät eingeht, gegen den aus den §§ 27 und 28 BRAO folgenden Grundsatz verstößt, daß er (von gesetzlich vorgesehenen Ausnahmen abgesehen) nur eine Kanzlei einrichten darf. Es sind bei einer überörtlichen Sozietät Sachverhaltsgestaltungen denkbar, in denen der Rechtsanwalt "seine" Kanzlei nicht nur an dem Ort seiner Zulassung hat, sondern daß auch die Kanzlei am anderen Ort rechtlich als "seine" Kanzlei zu werten ist. Das wäre dann der Fall, wenn er auch diese zweite Kanzlei zu einem tatsächlichen Mittelpunkt seiner beruflichen Tätigkeit (zu einer "Niederlassung") macht, ähnlich wie die erste. Die §§ 27 und 28 BRAO stünden - vorbehaltlich ihrer verfassungsrechtlichen Überprüfung - einer solchen Sachverhaltsgestaltung entgegen. Indessen ist nach Auffassung des *Senats* mit der Ankündigung und Führung einer überörtlichen Sozietät nach heutiger Anschauung nicht wesensnotwendig verbunden, daß alle Kanzleien der Sozietät jedem Mitglied der Sozietät als "seine" Kanzlei zugerechnet werden, daß also jedes Mitglied der Sozietät im Rechtssinn zwangsläufig mehrere Kanzleien unterhält. Es sind vielmehr Sachverhaltsgestaltungen denkbar, bei denen nach der Verkehrsanschauung die Kanzlei des einen Mitglieds der Sozietät (nur) an dem einen Ort besteht, während die Kanzlei an dem anderen Ort (nur) einem anderen Mitglied der Sozietät zugerechnet wird. Einer solchen Sachverhaltsgestaltung stehen die §§ 27, 28 BRAO nicht entgegen.

Die - z. B. in der Verwendung eines gemeinsamen Briefkopfs liegende - Ankündigung, daß eine Sozietät bestehe, muß freilich auch der Wahrheit entsprechen. Trotz der getrennten Kanzleien muß eine die Ankündigung als Sozietät rechtfertigende Zusammenarbeit gegeben sein. Bei Sachverhaltsgestaltungen, bei denen dieses Merkmal nicht in ausreichendem Maße erfüllt ist, könnte gegen das Verbot irreführender Werbung verstoßen sein. Ebenso darf der Rechtsanwalt nicht den Anschein erwecken, daß er zwei Kanzleien unterhält, wenn in Wirklichkeit eine überörtliche Sozietät besteht, bei der jedes Mitglied "seine" Kanzlei (nur) an einem Ort hat.

II. Teil.
Das Prinzip der Freizügigkeit anwaltlicher Tätigkeiten

7 Bevor sich die Untersuchung der Frage widmet, ob die Rechtsform der überörtlichen Rechtsanwaltssozietät zulässig ist, wendet sie sich erst einmal dem Thema zu, ob es eine Ortsgebundenheit für die Anwaltstätigkeit gibt. Denn bei der Diskussion um die überörtliche Rechtsanwaltssozietät schwingt die Vorstellung mit, der Anwalt sei kraft seiner "Lokalisierung" auf eine ortsgebundene Tätigkeit festgelegt. Die folgenden Ausführungen werden schnell das "*Prinzip der Freizügigkeit der deutschen Rechtsanwälte*"[1] erkennen lassen. Das deutsche Anwaltsrecht ist vom Grundsatz der Zulässigkeit überörtlicher Tätigkeiten geprägt. Nur *in einem schmalen Sektor* kann überhaupt von einer Art "Verörtlichung des Berufskreises der Anwälte"[2] gesprochen werden.

§ 2. Die Zulässigkeit überörtlicher Tätigkeiten im gerichtlichen Bereich

A. Die Regelung der lokalisierten Postulationsfähigkeit in der streitigen Zivilgerichtsbarkeit

1. Die einschlägigen Vorschriften der Zivilprozeßordnung

8 **§ 78 ZPO. [Anwaltsprozeß]** (1) Vor den Landgerichten und vor allen Gerichten des höheren Rechtszuges müssen die Parteien sich durch einen bei dem Prozeßgericht zugelassenen Rechtsanwalt als Bevollmächtigten vertreten lassen (Anwaltsprozeß).

---

[1] In Anlehnung an den Sprachgebrauch während der Entstehung der Rechtsanwaltsordnung, so z. B. Abg. *Klotz* am 29.3.1878 in der Justizkommission, *Siegeth* Anhang S. 105, vgl. auch Hauptteil S. 70 oben.

[2] So die "Eindeutschung" des Ausdrucks "Lokalisierung" bei *Wagner* JW 1872, 86: "Eine Verörtlichung des Berufskreises der Anwälte im Sinne der Preußischen und Bayrischen Einrichtungen besteht nicht, indem jeder Anwalt bei *allen* Gerichten des Landes unmittelbar Schriftsätze einreichen und mündlich verhandeln kann"; vgl. auch *Ostler* S. 13.

(2) In Familiensachen müssen sich die Parteien und Beteiligten nach Maßgabe der folgenden Vorschriften durch einen bei dem Gericht zugelassenen Rechtsanwalt vertreten lassen:

1. die Ehegatten in Ehesachen und Folgesachen in allen Rechtszügen, am Verfahren über Folgesachen beteiligte Dritte nur für die weitere Beschwerde nach § 621 e Abs. 2 vor dem Bundesgerichtshof,
2. die Parteien und am Verfahren beteiligte Dritte in selbständigen Familiensachen des § 621 Abs. 1 Nr. 8 in allen Rechtszügen, in selbständigen Familiensachen des § 621 Abs. 1 Nr. 4 und 5 nur vor den Gerichten des höheren Rechtszuges,
3. die Beteiligten in selbständigen Familiensachen des § 621 Abs. 1 Nr. 1 bis 3, 6 nur für die weitere Beschwerde nach § 621 e Abs. 2 vor dem Bundesgerichtshof.

Vor dem Familiengericht ist auch ein bei dem übergeordneten Landgericht zugelassener Rechtsanwalt zur Vertretung berechtigt. Das Jugendamt, die Träger der gesetzlichen Rentenversicherungen sowie die in § 6 Abs. 1 Nr. 2, § 8 Abs. 1 des Angestelltenversicherungsgesetzes genannten Körperschaften und Verbände brauchen sich in den Fällen des Satzes 1 Nr. 1 und 3 nicht durch einen Rechtsanwalt vertreten zu lassen.

(3) Diese Vorschriften sind auf das Verfahren vor einem beauftragten oder ersuchten Richter sowie auf Prozeßhandlungen, die vor dem Urkundsbeamten der Geschäftsstelle vorgenommen werden können, nicht anzuwenden.

(4) Ein Rechtsanwalt, der nach Maßgabe der Absätze 1 und 2 zur Vertretung berechtigt ist, kann sich selbst vertreten.

2. Der Inhalt der zivilprozessualen Regelung

9 Die Lokalisierung der Anwaltschaft ist in einem engen Zusammenhang mit dem (zivilprozessualen) Anwaltszwang des § 78 ZPO zu sehen: Soweit er reicht[3], kann die betreffende Prozeßpartei nicht selbst Prozeßhandlungen vornehmen und vor Gericht auftreten; ihr fehlt die Postulationsfähigkeit. Die Prozeßpartei muß sich deshalb eines Rechtsanwalts bedienen.

Die Besonderheit des *zivilprozessualen Anwaltszwanges* besteht in seiner *Kombination mit der Lokalisierung*: Postulationsfähig ist nämlich vor den genannten[4] Gerichten nicht jeder Rechtsanwalt, sondern nur der *dort zugelassene* Anwalt.

---

[3] Der Anwaltszwang beschränkt sich auf streitige Zivilverfahren vor dem Familiengericht beim AG, vor dem LG, OLG, BayObLG und BGH; Einzelheiten → Rdnr. 14 ff.

[4] → Fußn. 3.

3. Der Zweck der lokalisierten Postulationsfähigkeit

a) Der scharfe Unterschied zwischen Anwaltszwang und zivilprozessualer Postulationsfähigkeit

10 Um sich den Zweck der zivilprozessualen Regelung zu vergegenwärtigen, muß die *scharfe Unterscheidung* betont werden[5], die zwischen der zivilprozessualen lokalisierten Postulationsfähigkeit und dem Anwaltszwang als solchem besteht. "Anwaltszwang und Lokalisierung" ... sind "zwei ganz verschiedene Begriffe"[6]: Wo *Anwaltszwang* herrscht, darf nur ein Rechtsanwalt die Prozeßhandlungen vornehmen - aber dies muß nicht ein am Ort dieses Gerichts wohnender Anwalt sein[7]. Wo das Prinzip der *Lokalisierung* gilt, ist die Postulationsfähigkeit nur auf bestimmte - die zugelassenen - Rechtsanwälte beschränkt. Ein Anwaltszwang muß schon *rein begrifflich* nicht zur Lokalisierung führen[8], und *tatsächlich* existiert in der Bundesrepublik Deutschland vielfältiger *Anwaltszwang ohne Lokalisierung*[9]. Im deutschen Prozeßrecht taucht nur im *Zivilprozeß* eine derartige *lokale* Komponente auf.

Dementsprechend hat die zivilprozessuale Regelung *zwei* Zielrichtungen: Einerseits enthält sie einen - wie auch in anderen Gerichtsbarkeiten üblichen - Anwaltszwang. Ferner beschränkt sie die Postulationsfähigkeit auf die bei dem Gericht zugelassenen Anwälte.

b) Zweck des Anwaltszwanges

11 Der *Zweck des Anwaltszwanges* braucht hier nicht näher erörtert zu werden. Auch wenn immer wieder einmal Gegenstimmen zu hören sind[10], so spricht die zunehmende Kompliziertheit von

---

[5] → auch Rdnr. 39 Fußn. 1 und Rdnr. 66 Fußn. 68.

[6] *Hartstang* S. 96 (m. w. Nachw. S. 97); ähnlich klar schon *Levin* S. 112.

[7] → die Aufzählung der Gerichte und Verfahren mit Anwaltszwang in Rdnr. 66.

[8] So zutreffend z. B. *Bergerfurth* Rdnr. 29, *Hartstang* S. 97, *Levin* S. 113 u. a. m.

[9] → Rdnr. 66 bei Fußn. 70 ff.

[10] Z. B. schon frühzeitig *Spaltenstein* S. 22 ff. - *Bergerfurth* Rdnr. 34 ff. schildert den Meinungsstand sehr prägnant.

Recht und Prozeß eher für eine *Ausweitung* als für eine Beschränkung des Anwaltszwanges.

c) Zweck der lokalisierten zivilprozessualen Postulationsfähigkeit

12 Die Untersuchung muß hingegen innehalten, wenn es um den *Zweck* geht, den die *zivilprozessuale Regelung* der Postulationsfähigkeit verfolgt; denn es ist aus der Sicht des zu Ende gehenden 20. Jh. schwer, den Überlegungen zu folgen, die seinerzeit - vor über 100 Jahren - zu dem zivilprozessualen Anwaltszwang geführt haben. Schon 1905 meinte *Weißler*: "Übrigens wurden innere Gründe für die Lokalisierung nicht vorgebracht"[11].

Bei der Lektüre der *amtlichen Begründung* und der *Protokolle* bestätigt sich dieses Bild: Die Diskussion bei der CPO verweist lapidar bei § 72 des Entwurfs (= heute § 78 ZPO) auf die noch zu erlassende Anwaltsordnung[12]; die Materialien zur Anwaltsordnung gehen umgekehrt davon aus, daß die Lokalisierung schon durch die CPO entschieden sei[13] und nennen dann mehr beiläufig die "stete Leichtigkeit und Unmittelbarkeit des Verkehrs sowohl der Parteien mit dem Anwalt, als des Anwalts mit dem Gerichte"[14]. Diese an den tatsächlichen Verhältnissen orientierten Motive sind die einzig greifbaren Überlegungen, die unmittelbar mit dem Prozeßbetrieb zu tun haben: Die Regelung der zivilprozessualen Postulationsfähigkeit solle dazu beitragen, den Zivilprozeß reibungslos ablaufen zu lassen. Besonders die in der neuen CPO gestärkte mündliche Verhandlung verlange ein "enges Zusammenwirken zwischen Richtern und Rechtsanwälten"[15]; nur die Lokalisierung garantiere die "prompte Einhaltung

---

[11] S. 589.

[12] Vgl. Begründung des CPO-Entwurfs, *Hahn-Stegemann* [CPO] S. 187.

[13] Vgl. Begründung des RAO-Entwurfs, *Siegel* S. 221 = *Siegeth* S. 16 f.: "Durch § 74 der Civil-Prozeß-Ordnung ist für den Entwurf die Frage der Lokalisirung der Anwaltspraxis grundsätzlich bereits entschieden", sie folge "aus der Natur" des von der CPO vorgeschriebenen Verfahrens.

[14] A. a. O. *Siegel* S. 221 = *Siegeth* S. 17.

[15] So die Motive von *Kurlbaum* zum preußischen Vorentwurf 1872, vgl. *Schubert* [Rechtsanwaltsordnung] S. 23, ähnlich S. 47 sowie § 1 dieses Entwurfes S. 77 und später *Leonhardt* in einem Votum vom 1.6.1878, *Schubert* a. a. O. S. 209; vgl. auch

der Termine" und verhindere "Vertagungen" und "Kontumazialanträge"[16]. Die leichte Erreichbarkeit[17] des Rechtsanwalts sowie die persönliche Bekanntschaft zwischen Richterschaft und Advokatenstand zusammen mit der Kenntnis von "Rechtsprechung und Verfahrensweise"[18] sind daher die damals immer wieder genannten Gründe. Diese Verbindung der zivilprozessualen Postulationsfähigkeit mit dem mündlichen Verfahren hindert die *Motive zur Rechtsanwaltsordnung* freilich nicht, in ein und demselben Atemzug die Bedeutung dieser Postulationsfähigkeit für die mündliche Verhandlung stark einzuschränken[19].

---

die Gutachten zum 14. deutschen Juristentag (1878) von *Wernz* S. 27 u. ö. und *Kühne* S. 32 u. ö.

16 Bericht der Reichsjustizkommission zur RAO, *Siegel* S. 410.

17 Vgl. *Lasker* Reichstagsplenum vom 11.5.1878 (*Siegel* S. 486) ..... "bei der allerkleinsten Entfernung kann ein ganzer Tag darauf gehen, wenn man an einen anderen Ort und wieder zurück gehen will".

18 So auch *Entwurf einer ZPO* von 1931, S. 292 (zu § 79): Die Reichsjustizgesetzgebung "geht dabei von der Annahme" (!) "aus, daß derjenige Anwalt, der ständig" (!) "vor einem Kollegialgericht auftritt und dessen Rechtsprechung und Verfahrensweise kennt, zur Vertretung vor diesem Gericht am besten geeignet ist"; vgl. auch *Vollkommer* [Anwalt] S. 19 f. m. w. Nachw.

19 "Denn in der mündlichen Verhandlung tritt die Seite der Advokatur allgemein in den Vordergrund. Für sie besteht das Bedürfniß einer Lokalisirung der Praxis nicht. Im Gegentheil kann es unter Umständen der Partei wünschenswerth erscheinen, in der mündlichen Verhandlung erster oder höherer Instanz durch einen anderen, nicht bei dem Prozeßgerichte zugelassenen Rechtsanwalt vertreten zu werden, sei es, daß die Partei zu diesem ein besonderes Vertrauen hat, oder sei es, daß die Anwendung von Rechtsnormen in Frage kommt, die nur in gewissen Bezirken gelten, oder sei es, daß die richtige Beurtheilung des Falles in thatsächlicher Beziehung eine besondere Kenntniß lokaler Verhältnisse voraussetzt. Den Grundsätzen der Civilprozeßordnung widerspricht es durchaus nicht, daß im Anwaltsprozesse neben dem Prozeßbevollmächtigten ein anderer Rechtsanwalt in der mündlichen Verhandlung die Rechtsvertheidigung führe, d. h. die Ausführung des Rechtspunktes dem Gerichte vortrage und ebensowenig, daß der Prozeßbevollmächtigte die Vertretung der Partei in der mündlichen Verhandlung einem anderen Rechtsanwalte übertrage." (*Siegeth* S. 18 = *Siegel* S. 223). Gegen diese Passage wandte sich auch die zeitgenössische Kritik und betonte den Bruch in der Argumentation, vgl. *Kühne* S. 46 ff. sowie auch S. 23 f.

Die vor über hundert Jahren vorgetragenen Gründe werden zwar auch in der Gegenwart noch vertreten[20]; aber vieles erscheint heute überholt[21]: Angesichts der modernen Verkehrs- und Kommunikationsverhältnisse ist die *Erreichbarkeit* ohne weiteres gesichert, ja sogar fast weltweit möglich[22]. Das Anwachsen der Zahl von Rechtsanwälten und Richtern erschwert die (sicher wünschenswerte) *persönliche Vertrautheit* zwischen den Berufen erheblich und macht sie bei Großstadtgerichten leider besonders schwierig.

Bei dem historischen Rückblick darf man sich übrigens nicht auf die Argumente aus dem Bereich der mündlichen Verhandlung und der persönlichen Beziehungen zwischen Richterschaft und Anwaltsstand beschränken. Deutlich bestanden nämlich *berufslenkende* Erwägungen, die mit dem Zivilprozeß nicht unmittelbar zusammenhängen[23]. Vor allem *Preußen*, das stets eine strikte

---

[20] *Nichtannahmebeschluß der 2. Kammer des BVerfG* vom 8.11.1989 AnwBl 1989, 669 (ablehnend *Wörlen* AnwBl 1990, 18): "Noch immer erleichtert die Lokalisierung bei einem bestimmten Gericht im Zivilprozeß die Terminierung und zügige Durchführung des Prozesses und stellt die Grundlage für eine vertrauensvolle Zusammenarbeit zwischen Gericht und Anwaltschaft dar." Ähnlich *Bericht der Kommission zur Vorbereitung einer Reform der Zivilgerichtsbarkeit* (1961) S. 277 f.: ..."bietet die Lokalisierung eine Reihe wesentlicher Vorteile. Der beim Prozeßgericht zugelassene Anwalt kennt die Rechtsprechung und die Verfahrensweise des Gerichts. Der ständige Kontakt des Gerichts mit einer begrenzten Anzahl vor ihm auftretender Anwälte begünstigt eine enge und vertrauensvolle Zusammenarbeit. Die Ortsnähe des zugelassenen Anwalts erleichtert eine schnelle Verbindung mit dem Gericht; notwendige Rückfragen, Hinweise oder Verständigungen über Termine und Terminsverlegungen können ohne größeren Zeitverlust erledigt werden."

[21] *Commichau* Handelsblatt vom 25. 7. 1989: Stammt "aus den Zeiten der Duodezadvokatur, als der Anwalt das für ihn zuständige Landgericht noch mit der Postkutsche erreichte".

[22] → auch Rdnr. 165.

[23] Vgl. z. B. die Begründung der RAO-Entwurfs: "Daneben kommt in Betracht, daß die Aussicht, bei mehreren Kollegialgerichten zu praktiziren, den Andrang nach den größeren Orten vermehren und der Rechtsanwaltschaft an entlegeneren Orten noch mehr Kräfte entziehen wird" (*Siegel* S. 222 = *Siegeth* S. 18). Ähnlich berufslenkend auch der *Nichtannahmebeschluß des BVerfG* (→ Fußn. 20): "Mit dem Lokalisationsgebot soll weiter verhindert werden, daß sich eine kleine Zahl von Anwälten die Mehrzahl der Mandate teilt." (!)

Lokalisierung forderte[24], wollte durch eine Beschränkung der zivilprozessualen Postulationsfähigkeit auch eine gleichmäßige Verteilung der Advokaten bei den Gerichten sichern[25] und die Anwälte anhalten, ihre "Haupttätigkeit einem einzigen Gericht" zuzuwenden[26].

Auch wenn sich die damaligen preußischen Vorstellungen trotz des Widerstandes bei den meisten anderen Staaten[27] durchsetzten und Gesetz wurden, können bei einer heutigen Betrachtung der Lokalisierung die insbesondere von Preußen vorgetragenen berufslenkenden Motivationen nicht übersehen werden. Es ist daher verständlich, daß die Rufe nach Abschaffung der zivilprozessualen Regelung nicht verstummen[28], ja daß die Ansicht

---

[24] *Schubert* [Rechtsanwaltsordnung] S. 48, 49, 73 sowie 26 f., 177 f. [Bericht Krüger], 208 ff. [Votum Leonhardt] u. ö. Andere Staaten oder Vorschläge sahen zwar die Zulassung vor, aber keine Beschränkung der zivilprozessualen Postulationsfähigkeit (vgl. *Schubert* a. a. O. S. 3, 10, 12, 17, 36, 177, 195, 209) oder erstreckten sie auf den gesamten OLG-Bezirk (vgl. *Schubert* a. a. O. S. 30, 38, 49, 177 und *Siegel* S. 300).

[25] Ausreichende Domizilierung der Anwälte bei allen Gerichten, vgl. *Schubert* a. a. O. S. 35, 74, 210.

[26] Vgl. *Schubert* [Rechtsanwaltsordnung] S. 47. Verräterisch in der Formulierung ist der Entwurf eines Berichts des Reichskanzleramtes an den Kaiser vom 10.11.1876, in dem es heißt: "Der Anwalt ist nur vor dem Gerichte, bei welchem er angestellt" (!) "ist" ... "zur Vertretung von Parteien befugt", abgedruckt bei *Schubert* a. a. O. S. 142.

[27] *Schubert* a. a. O. S. 73: "Die preußischen Forderungen, die Freigabe der Anwaltschaft mit Zulassungsbeschränkungen und strenger Lokalisierung zu verbinden, stießen bei den meisten Bundesstaaten auf Unverständnis, weil dort ähnliche Mißstände, wie sie Leonhardt bei seinem Amtsantritt in Preußen vorgefunden hatte, nicht bestanden. Die freien Städte, viele Kleinstaaten und einige Mittelstaaten wie Baden und Württemberg hatten ein außerordentlich liberales Anwaltsrecht, das mit den Bedürfnissen der Rechtspflege kaum in Konflikt geraten war. Auch wenn Preußen politische Hintergedanken bei den von ihm vorgeschlagenen Restriktionen in Abrede stellte, fand es damit im Reichstag und in der Öffentlichkeit wenig Glauben; denn die Misere der preußischen Justiz war noch keineswegs überwunden."

[28] In Vergangenheit und Gegenwart wurden immer wieder *rechtspolitische* Bedenken dagegen vorgetragen, daß sich die Postulationsfähigkeit auf diejenigen Anwälte beschränkt, die bei dem betreffenden (Zivil-)Gericht zugelassen sind (z. B. *Prölß* AnwBl 1928, 127 und 1929, 43, *Commichau* Handelsblatt vom

vertreten wird, sie habe keinerlei sachgerechte Legitimation[29]. Zu solchen Thesen[30] muß hier nicht Stellung genommen werden. Aber ihr Zusammenhang mit dem Thema der Untersuchung liegt auf der Hand: *Läßt sich die zivilprozessuale Einschränkung der Postulationsfähigkeit grundrechtlich nicht halten, entfällt ein weiteres Argument der Gegner der überörtlichen Anwaltssozietät.* Denn dann wird offenkundig, daß der Zweck der Lokalisierung nur in dem mitgliedschaftlichen Band zur jeweiligen Anwaltskammer besteht[31], aber nichts mit der Berufsausübung des Rechtsanwalts zu tun hat.

B. Der beschränkte Bereich der zivilprozessualen Regelung

13 Die zivilprozessuale Regelung über eine lokalisierte Postulationsfähigkeit ergreift *keineswegs alle vor den Zivilgerichten* ablaufenden Verfahren. Die Regelung bezieht sich nicht auf alle Gerichte (siehe sogleich 1) und ergreift nicht sämtliche bei den betroffenen Gerichten laufenden Verfahren (siehe sodann 2); soweit sie für einen Prozeß gilt, spart sie bestimmte Situationen aus (siehe 3) und zielt insbesondere auf die Parteien des Rechtsstreits, nicht auf andere Beteiligte (siehe 4). Vor allem aber verbietet das Zivilprozeßrecht nicht etwa das Auftreten des nicht zugelassenen Rechtsanwalts (siehe 5) und dessen schriftliche und persönliche Prozeßbetreuung (siehe schließlich 6).

25.7.1989, *Winters* S. 185 ff. und etwa die Hälfte der Antworten der DAV-Umfrage AnwBl 1989, 275).

[29] Eindrucksvolle *verfassungsrechtliche* Bedenken äußern z.B. *Körner* ZRP 1971, 126 ff.; *Sauer* NJW 1970, 230 ff.; sie sehen keine Rechtfertigung, daß ein ordnungsgemäß zugelassener Rechtsanwalt nicht vor einem fremden Land- oder Oberlandesgericht auftreten darf. Der *Nichtannahmebeschluß des BVerfG* (→ Fußn. 20) hat diese Bedenken nicht zerstreut; er setzt sich mit ihnen auch nicht näher auseinander. Der *BGH* geht in ständiger Rechtsprechung ebenfalls von der Verfassungsmäßigkeit der zivilprozessualen Regelung aus, vgl. aus jüngster Zeit *BGH* BB 1989, 2207 (2208).

[30] Sehr informativ zum Streitstand *Bergerfurth* Rdnr. 29 ff.

[31] Näher zu diesem Zweck → Rdnr. 62.

1. Die lokalisierte zivilprozessuale Postulationsfähigkeit besteht nur bei bestimmten Gerichten

14 Der Anwaltszwang der ZPO[32] gilt für die *Landgerichte* und die *Oberlandesgerichte*, das *Bayerische Oberste Landesgericht* und den *Bundesgerichtshof*. Bei den *Amtsgerichten*[33] herrscht der Anwaltszwang nicht - ausgenommen sind die in § 78 Abs. 2 ZPO bezeichneten *Familiensachen* der dort genannten Prozeßbeteiligten[34].

2. Die lokalisierte zivilprozessuale Postulationsfähigkeit existiert grundsätzlich nur in streitigen Zivilsachen

15 Vor den soeben aufgeführten Gerichten sind nicht etwa sämtliche Zivilsachen vom Anwaltszwang ergriffen. Er beschränkt sich nämlich - entsprechend dem gegenständlichen Geltungsbereich der ZPO - auf die *streitige Zivilgerichtsbarkeit*. Den *anderen* Zivilsachen - insbesondere den Verfahren der freiwilligen Gerichtsbarkeit - *ist der Anwaltszwang grundsätzlich*[35] *fremd*.

3. Die lokalisierte zivilprozessuale Postulationsfähigkeit greift nicht in allen Verfahrenssituationen ein

16 Selbst wenn Anwaltszwang herrscht, sind ihm nicht unweigerlich alle Prozeßsituationen unterworfen[36]: Prozeßhandlungen vor dem *Urkundsbeamten* und dem *Rechtspfleger* können von jedermann und damit auch vom "überörtlichen" (ortsfremden) Rechtsanwalt abgegeben werden[37]. Dasselbe gilt für das Verfah-

---

32 → Rdnr. 8 mit dem Text des § 78 Abs. 1 ZPO.

33 Zu den Amtsgerichten als Rechtshilfegericht → Rdnr. 16 Fußn. 41.

34 Zum *Behördenprivileg* in dieser Vorschrift → Rdnr. 17.

35 Zu den Ausnahmen vgl. *Brehm* § 13 I 2d, § 24 III 2, § 33 IV; *Bumiller-Winkler* § 29 Anm. 2; *Habscheid* § 17 II 1. Soweit ausnahmsweise Anwaltszwang besteht, ist in der Regel nicht erforderlich, daß der Anwalt bei dem betreffenden Gericht zugelassen ist.

36 Zum folgenden Text vgl. auch *Vollkommer* [Anwalt] S. 22 - 27.

37 Vgl. § 78 Abs. 3 ZPO [Text → Rdnr. 8]. Dies sind etwa Gesuche um *Prozeßkostenhilfe*, auf *Beweissicherung*, Anträge auf Erlaß eines *Arrestes* oder einer *einstweiligen Verfügung* oder einer *einstweiligen Anordnung* in Familien- oder Kind-

ren vor dem *beauftragten Richter* und für das Prozedieren vor dem *ersuchten Richter*[38]. Die letztgenannte Regelung ist besonders hervorzuheben. Denn sie hat eine bemerkenswerte praktische Folge: Sobald eine *Beweisaufnahme* nicht vom gesamten erkennenden Gericht[39] durchgeführt wird, fällt der Anwaltszwang weg[40]; gleichgültig ist es hierbei, wo die Beweisaufnahme stattfindet[41].

Gerichtskostensachen sind ebenfalls gänzlich vom Anwaltszwang frei[42]; teilweise besteht er auch nicht für das Auftreten in *Baulandsachen* und für das *Wiedergutmachungsverfahren*[43]. Nach einer (nicht herrschenden) Meinung ist sogar der Abschluß des *Prozeßvergleichs* vom Anwaltszwang befreit[44]; unbestritten sind dies auch die *Streitverkündung*[45] und der dem Gegner erklärte *Verzicht auf ein Rechtsmittel* oder einen *Rechtsbehelf*[46].

---

schaftssachen, näher *Stein-Jonas-Leipold* § 78 Rdnr. 21 - 29 [mit Aufzählung weiterer Ausnahmen, die hier nicht angesprochen wurden].

38 § 78 Abs. 3 ZPO [Text → Rdnr. 8]; vgl. *BGHZ* 86, 160 (164); *Stein-Jonas-Leipold* a. a. O. Rdnr. 24.

39 "Gesamtes erkennendes Gericht" ist natürlich auch der Einzelrichter nach Übertragung des Rechtsstreits, *Stein-Jonas-Schumann* § 348 Rdnr. 1.

40 Zu Beweisaufnahmen vor dem beauftragten und dem ersuchten Richter: *Stein-Jonas-Schumann* § 355 Rdnr. 11 ff.

41 Dies gilt insbesondere für *(innerstaatliche) Rechtshilfeersuchen.* Rechtshilfegericht ist das *Amtsgericht* (§ 157 Abs. 1 GVG), auch wenn das Ersuchen von einem Zivilgericht mit Anwaltszwang stammt. Der Hamburger Rechtsanwalt darf also ohne weiteres seine Partei vertreten, wenn das Amtsgericht München einen Zeugen aufgrund eines Hamburger Rechtshilfeersuchens vernimmt. Ebenso ist für die Erledigung eingegangener *ausländischer Rechtshilfeanträge* das *Amtsgericht* zuständig (§ 2 Abs. 1 Gesetz zur Ausführung des Haager Übereinkommens vom 1. März 1954 über den Zivilprozeß, BGBl 1985, I S. 939; zur Rechtshilfe gegenüber dem Ausland vgl. *Stein-Jonas-Schumann* Einl. Rdnr. 855 ff.). Zum Auftreten ausländischer Anwälte in solchen Zusammenhängen → Rdnr. 19 Fußn. 59.

42 *Stein-Jonas-Leipold* a. a. O. Rdnr. 26.

43 *Stein-Jonas-Leipold* a. a. O. Rdnr. 27 und 28.

44 *A.Blomeyer* § 8 IV Fußn. 21 [anders freilich § 65 VI]; *Bruns* Rdnr. 162 a mit weit. Nachw.; offen gelassen vom BGH (*BGHZ* 86, 160 [163]).

45 *Stein-Jonas-Leipold* § 73 Rdnr. 2.

46 *A. Blomeyer* § 8 IV bei Fußn. 20.

4. Die lokalisierte zivilprozessuale Postulationsfähigkeit gilt nicht für alle Prozeßbeteiligten

17 Soweit der Anwaltszwang reicht, betrifft er die Prozeßparteien und die Streitgehilfen (Nebenintervenienten), richtet sich aber *nicht an andere Beteiligte*. So kann trotz der zivilprozessualen Postulationsregelung jeder deutsche Rechtsanwalt als Vertreter eines "Dritten" beim *Prozeßvergleich*[47] oder als Anwalt eines *Zeugen*[48] oder eines nach § 372 a ZPO[49] *Untersuchungspflichtigen* vor einem Zivilgericht auftreten, bei dem er nicht zugelassen ist. Hinzu tritt das durch das Unterhaltsänderungsgesetz 1986[50] erheblich ausgeweitete "*Behördenprivileg*"[51]: Soweit ein derart privilegierter behördlicher Beteiligter dem Anwaltszwang nicht unterworfen ist[52], kann er sich durch jedermann vertreten lassen und daher jeden Anwalt hinzuziehen - er ist bei seiner Wahl nicht auf die bei dem Gericht zugelassenen Rechtsanwälte begrenzt.

5. Die lokalisierte zivilprozessuale Postulationsfähigkeit verbietet nicht das Anwaltsauftreten vor einem "fremden" Gericht

18 Für den in den vorherigen Ausführungen abgesteckten Bereich des zivilprozessualen Anwaltszwanges steht die Postulationsfähigkeit nur den am jeweiligen Gericht zugelassenen Rechtsanwälten zu. Hieraus darf aber nicht etwa der Umkehrschluß gezogen werden, es sei den bei anderen Gerichten zugelassenen An-

---

47 *BGHZ* 86, 160 (166); *Stein-Jonas-Leipold* § 78 Rdnr. 16; *Vollkommer* [Anwalt] S. 23 f.

48 Vgl. *BVerfGE* 38, 105, (112); *Stein-Jonas-Schumann* Rdnr. 47 vor § 373; s. auch § 387 Abs. 2 ZPO zum Zwischenstreit über die Zeugnisverweigerung.

49 Vgl. *Stein-Jonas-Schumann* § 372 a Rdnr. 20.

50 Gesetz zur Änderung unterhaltsrechtlicher, verfahrensrechtlicher und anderer Vorschriften vom 20. 2. 1986, BGBl I S. 301; hierzu *Bergerfurth* FamRZ 1985, 546.

51 Zu ihm z. B. *Zöller-Vollkommer* § 78 Rdnr. 44 und (vor der genannten Gesetzesänderung) *Vollkommer* [Anwalt] S. 15 Fußn. 30, S. 26 f.

52 Aufgrund der Ausnahmen in § 78 Abs. 2 Satz 3 ZPO [Text → Rdnr. 8].

wälten das Auftreten vor dem fremden[53] Gericht verwehrt[54]. Vielmehr kann *jeder deutsche Rechtsanwalt vor einem fremden Gericht* der streitigen Zivilgerichtsbarkeit *trotz eines bestehenden Anwaltszwanges auftreten*, wenn er *neben* einem dort zugelassenen Anwalt tätig wird. Dies sagt die Bundesrechtsanwaltsordnung ausdrücklich:

19 **§ 52. BRAO. Vertretung des Prozeßbevollmächtigten.** (1) .....

(2) Der bei dem Prozeßgericht zum Prozeßbevollmächtigten bestellte Rechtsanwalt darf in der mündlichen Verhandlung einem Rechtsanwalt, der nicht selbst zum Prozeßbevollmächtigten bestellt werden kann, die Ausführung der Parteirechte in seinem Beistand überlassen.

Auf diesen Umstand ist im Rahmen der Diskussion um die überörtliche Anwaltssozietät besonders hinzuweisen: Selbst unter den strengen Vorschriften des zivilprozessualen Anwaltszwanges ist *ein überörtliches forensisches Auftreten ausdrücklich vom Gesetz als zulässig* bezeichnet worden. Im übrigen gebieten dies schon die Erfordernisse der Praxis: Der vor dem fremden Gericht nicht zugelassene Rechtsanwalt ("*Verkehrsanwalt*", "*Korrespondenzanwalt*") ist fast immer der Hausanwalt der Prozeßpartei. Er genießt deren Vertrauen und kennt ihre Lebens- und Geschäftsverhältnisse; häufig hat er den Rechtsfall bisher schon betreut[55]. Nicht wenige Hausanwälte bemühen sich, in allen Fällen auswärtiger Termine neben dem dort zugelassenen Kollegen aufzutreten; in weiten Kreisen der Mandantschaft wird dies übrigens als selbstverständlich angesehen.

Nicht verwunderlich ist es übrigens, daß die Rechtsanwaltsordnung von 1878 eine noch *viel liberalere Regelung* kannte[56].

---

[53] "Fremdes" Gericht also im Sinne eines Gerichts, bei dem der betreffende Rechtsanwalt nicht zugelassen ist.

[54] Die Sondersituation der beim BGH zugelassenen Rechtsanwälte (vgl. § 172 BRAO) bleibt hier unberücksichtigt.

[55] Und betreut ihn auch weiterhin, was zulässig ist, → sogleich Rdnr. 20.

[56] § 27 Abs. 2 RAO; hierzu *Friedlaender* § 27 Rdnr. 6; *Hegler* S. 15; *Meyer* S. 45. Gesetzeswortlaut, Motive (wörtliches Zitat → Rdnr. 65) sowie die Rechtsprechung des Reichsgerichts (*RGZ* 3, 404 [405 ff.] und vor allem 83, 1 [4 ff.]) ließen ein Auftreten des nicht zugelassenen Rechtsanwalts *statt* des (und nicht nur wie heute: *neben* dem) zugelassenen Kollegen zu. Auch hier führte erst das Dritte Reich zu Einschränkungen, zunächst durch die Rechtsprechung des *Ehrengerichtshofs für die deutschen Rechtsanwälte* (zu ihm → Rdnr. 130 Fußn. 7) in einer Entscheidung vom

Die Vertretungsregelung des § 52 Abs. 2 BRAO wurde inzwischen auf diejenigen Anwälte erweitert[57], die in anderen EG-Mitgliedstaaten[58] niedergelassen sind. Im übrigen entspricht es ständiger Übung deutscher Zivilgerichte, Rechtsanwälte aus dem Ausland nicht zurückzuweisen, wenn sie in analoger Anwendung von § 52 Abs. 2 BRAO auftreten[59].

---

5. Juli 1933 (*EGH* XXVII, 96 ff.), sodann durch § 33 Abs. 2 Reichs-Rechtsanwaltsordnung, vgl. hierzu *Noack* [Kommentar] S. 137.

[57] Durch § 4 Abs. 3 (jetzt Abs. 4) Gesetz zur Durchführung der Richtlinie des Rates der Europäischen Gemeinschaften vom 22. März 1977 zur Erleichterung der tatsächlichen Ausübung des freien Dienstleistungsverkehrs der Rechtsanwälte, Rechtsanwaltsdienstleistungsgesetz (RADG), vom 16.8.1980, BGBl Teil I, S. 1453 - 1456. Der Text dieser dem RADG zugrundeliegenden Richtlinie findet sich auch bei *Séché* S. 213 f., der Text der ursprünglichen Fassung des RADG auch bei *Stein-Jonas-Schumann* § 157 Rdnr. 122. Die Regelung des RADG hat der *EuGH* mit Urteil vom 25.2.1988 in der Rechtssache 427/85 (NJW 1988, 887 = IPRax 1989, 33) beanstandet, weil sie ausländische Rechtsanwälte dem § 52 Abs. 2 BRAO unterwirft, also ihre Tätigkeit vom Auftreten eines beim Prozeßgericht zugelassenen (d. h. in der Regel von der Mitwirkung eines deutschen) Rechtsanwalts abhängig macht (sog. "Gouvernantenklausel": *Rabe* AnwBl 1987, 2187). Deshalb ist das RADG geändert worden durch Gesetz vom 14.3.1990, BGBl. Teil I, S. 479; zur Begründung vgl. Entwurf der Bundesregierung eines Änderungsgesetzes zum RADG, BTDrucks. 11/4793 vom 15.6.1989 sowie schriftliche Fragen der Abg. Frau Hoffmann (Soltau), BTDrucks. 11/2860 Nr. 6 - 8.

[58] *Belgien, Dänemark, Frankreich, Irland, Italien, Luxemburg, Niederlande, Portugal, Spanien, Vereinigtes Königreich*, vgl. *Stein-Jonas-Schumann* § 157 Rdnr. 122 Fußn. 68 und Art. 1 Nr. 2 des in der vorhergehenden Fußn. zitierten Gesetzes vom 14.3.1990.

[59] Hier darf die Erledigung ausländischer Rechtshilfeanträge nicht unerwähnt bleiben (auch wenn der Fragenkreis systematisch zu der bereits oben in Fußn. 41 behandelten Rechtshilfe gehört). Bei der Ausführung derartiger Rechtshilfegesuche treten vermehrt ausländische Anwälte auf. Auch wird durch ausländische Anwälte die Möglichkeit des Art. 17 *Haager Beweisaufnahmeübereinkommens* [Übereinkommen über die Beweisaufnahme im Ausland in Zivil- und Handelssachen, BGBl 1977, II S. 1472] genutzt. Danach können ausländische Beauftragte ("*Commissioners*") in der Bundesrepublik Deutschland Beweisaufnahmen durchführen. Bei diesen Beauftragten handelt es sich regelmäßig um Rechtsanwälte aus dem Ausland (vgl. *Stein-Jonas-Schumann* § 363 Rdnr. 211). Das Auftreten ausländischer Anwälte bei Beweisaufnahmen vor deutschen Rechtshilfegerichten hat ferner die *discovery-Problematik* verschärft (zu ihr *Stein-Jonas-Schumann* a. a. O. Rdnr. 213 mit weit. Nachw.).

6. Die lokalisierte zivilprozessuale Postulationsfähigkeit untersagt nicht die Vorbereitung und Betreuung des Prozesses vor dem "fremden" Gericht

20 Eng mit dem soeben behandelten persönlichen Auftreten des Hausanwalts vor dem "fremden" Gericht hängt auch die Zulässigkeit der sonstigen Betreuung des Rechtsstreits vor dem "fremden" Gericht zusammen: Dem *Hausanwalt* ist es *gestattet*[60], *sämtliche Schriftsätze auszuarbeiten*, die bei dem "fremden" Gericht eingereicht werden[61]. Er darf die hierzu notwendigen Gespräche mit der Prozeßpartei durchführen und sie auch fortlaufend beraten[62]. In solchen (nicht seltenen) Fällen beschränkt sich der *tatsächliche* Bereich des zivilprozessualen Anwaltszwanges in der Bereitstellung von Stempel[63] oder Briefpapier und in der Unterschrift des zugelassenen Rechtsanwalts sowie in dessen Anwesenheit im Termin[64].

---

[60] *Feuerich* § 52 Rdnr. 30; *Vollkommer* [Formenstrenge] S. 278 mit Fußn. 51; vgl. auch *Hummel* in: *Lingenberg-Hummel-Zuck-Eich* § 55 a Rdnr. 11.

[61] Allerdings mit dem Stempel des dort zugelassenen Kollegen und seiner Unterschrift.

[62] *Feuerich* a. a. O. - § 55 a Abs. 2 der anwaltlichen Standesrichtlinien berücksichtigt derartige Formen der Zusammenarbeit von Prozeßanwalt und Verkehrsanwalt; er gestattet demgemäß [im Gegensatz zu früheren standesrechtlichen Vorstellungen] eine *Gebührenteilung zugunsten des Verkehrsanwalts*; näher *Hummel* a. a. O. Rdnr. 10 ff. zur Gebührenteilung und *Zuck* ebenda N Rdnr. 123 f. zur Weitergeltung der Regelung.
Die Arbeit des Verkehrsanwalts anerkennt auch § 52 Abs. 1 BRAGO. Vor allem aber kann seine Tätigkeit schon seit langem (seit *RGZ* 15, 402 ff.) als Teil der "zweckentsprechenden Rechtsverfolgung und Rechtsverteidigung" (§ 91 Abs. 1 Satz 1 ZPO) angesehen werden und somit der Kostenerstattungspflicht des Gegners unterliegen; vgl. *Stein-Jonas-Leipold* § 91 Rdnr. 70 ff.

[63] Daher die Bezeichnung "*Stempelanwalt*", vgl. *Zuck* in: *Lingenberg-Hummel-Zuck-Eich* § 18 Rdnr. 48.

[64] Daß hier im Einzelfall Bedenken bestehen können, kann nicht übersehen werden (vgl. *Zuck* a. a. O.). Die Verantwortung des Prozeßanwalts darf durch solche Gewohnheiten nicht ausgeschaltet werden. Die Pflicht des Prozeßanwalts zu ordnungsgemäßem prozessualem Handeln gegenüber dem Prozeßgericht betont auch der *BGH* in neueren Entscheidungen, NJW 1988, 1079 und 3013 f.

C. Keine Beschränkungen in der Strafgerichtsbarkeit

21 Als Verteidiger oder als Vertreter des Privat-(Neben-)klägers unterliegt das Auftreten eines Rechtsanwalts keinerlei Beschränkungen, auch nicht vor dem Bundesgerichtshof[65].

D. Keine Beschränkungen in anderen Gerichtsbarkeiten

22 In allen anderen staatlichen Gerichtsbarkeiten darf jeder deutsche Rechtsanwalt vor jedem Gericht auftreten, also vor dem *Bundesverfassungsgericht* und den *Landesverfassungsgerichten*, allen Gerichten der *Arbeitsgerichtsbarkeit* sowie der allgemeinen und der besonderen *Verwaltungsgerichtsbarkeit* (d.h. in allen Verfahren nach dem ArbGG, der VwGO, der FGO und des SozGG). Dasselbe gilt für alle sonstigen staatlichen (Sonder-)Gerichte einschließlich der *Ehren-*, *Berufs-* und *Disziplinargerichtsbarkeit*[66].

E. Keine Beschränkungen in der Schiedsgerichtsbarkeit

23 Auch die staatlichen Regelungen über die Schiedsgerichtsbarkeit kennen keine Beschränkungen der Postulationsfähigkeit. Im Gegenteil garantiert § 1034 Abs. 1 Satz 2 ZPO ausdrücklich die Tätigkeit von Rechtsanwälten als Prozeßbevollmächtigte vor Schiedsgerichten und verhindert entgegenstehende Parteiabsprachen[67]. Nur in sehr engen Grenzen können die Schiedsvertragsparteien etwas anderes vereinbaren[68].

---

[65] § 138 Abs. 1 StPO, vgl. auch § 350 StPO. In Strafsachen kann jeder Rechtsanwalt vor dem BGH auftreten. Die Mitgliedschaft in der Rechtsanwaltskammer bei dem Bundesgerichtshof (§§ 162 ff. BRAO) ist nur für die Postulationsfähigkeit in *Zivilsachen* bedeutsam.

[66] Vgl. z. B. die Vorschriften in § 22 BVerfGG, Art. 14 BayVerfGHG, § 11 ArbGG, § 67 VwGO, § 62 FGO, § 73 SozGG, § 116 BRAO i. V. m. § 138 Abs. 1 StPO, § 107 StBerG, § 40 BDO.

[67] Vgl. *BGHZ* 106, 336 (339).

[68] *Stein-Jonas-Schlosser* § 1034 Rdnr. 20. Bei dem Verfahren vor dem *Landgericht* gemäß § 1045 Abs. 1 ist die Postulationsfähigkeit beschränkt, *Stein-Jonas-Schlosser* § 1045 Rdnr. 11.

In der Praxis werden die Parteien häufig zum Abschluß eines Schiedsvertrages deshalb motiviert, weil sie dann die Möglichkeit haben, sich auch weiterhin durch die Anwälte ihres bisherigen Vertrauens vor einem Gericht vertreten zu lassen und nicht gezwungen sind, neue Anwälte zu bestellen, da ihre Hausanwälte vor demjenigen Zivilgericht nicht zugelassen sind, das für den Rechtsstreit zuständig ist[69]. Dabei beeinflussen gerade auch *Kostenargumente* den Entschluß der Parteien: Denn ein Anwaltswechsel verursacht zusätzliche Gebühren[70]. Daneben fällt die bekannte Abneigung der Mandanten ins Gewicht, einen neuen Rechtsanwalt zu betrauen und ihn zu informieren.

F. Keine Beschränkungen vor Internationalen Gerichten

24 Ebenfalls ist das Auftreten vor internationalen Gerichten, z.B. dem *Gerichtshof der Europäischen Gemeinschaften* in Luxemburg[71] und den Instanzen des *Europäischen Menschenrechtsschutzes* (Kommission und Gerichtshof für Menschenrechte[72]) in keiner Weise beschränkt.

G. Zwischenergebnis

25 Der Blick auf die überörtlichen Tätigkeiten eines Rechtsanwalts im *gerichtlichen* Bereich zeigt ein Bild prinzipieller Zulässigkeit: Grundsätzlich vor allen Gerichten in der Bundesrepublik Deutschland darf ein bei einem bestimmten Gericht zugelassener Rechtsanwalt tätig werden. Ausgenommen ist lediglich ein Sektor der streitigen Zivilgerichtsbarkeit - das Gebiet der dem Anwaltszwang unterworfenen Prozeßhandlungen -, und selbst hierbei ist der fremde Anwalt keineswegs vom Handeln ausgeschlossen. Er darf sogar in der mündlichen Verhandlung persön-

---

[69] Mit einer Prorogation - soweit sie zulässig ist - kann dasselbe Ziel nur dann erreicht werden, wenn *beide* Hausanwälte bei demselben Gericht zugelassen sind.

[70] Vgl. §§ 5 und 52 BRAGO.

[71] Art. 17 Abs. 2 der Satzung des Gerichtshofs der EWG, BGBl. 1957 II S. 1172.

[72] Art. 26 Abs. 2 Verfahrensordnung der Europäischen Kommission für Menschenrechte, BGBl. 1977 II S. 1277; Art. 28 Verfahrensordnung des Europäischen Gerichtshofes für Menschenrechte, BGBl. 1979 II S. 212.

lich mitwirken, also gerade dann, wenn es um den Kernbereich der lokalisierten zivilprozessualen Postulationsfähigkeit geht. Diese lokalisierte zivilprozessuale Postulationsfähigkeit ist übrigens *scharf* vom Begriff des Anwaltszwanges zu unterscheiden. Denn Anwaltszwang existiert in der Bundesrepublik Deutschland in vielfältiger Weise ohne eine lokale Komponente.

§ 3. Die Zulässigkeit überörtlicher Tätigkeiten im außergerichtlichen Bereich

A. Auftreten vor nationalen und internationalen Behörden

26 *Keine Behörde ist befugt, einen Rechtsanwalt zurückzuweisen, weil er nicht am Sitz der Behörde wohnt*[1]. Diese selbstverständliche Aussage ist nicht ohne Gewicht für die Frage überörtlicher Anwaltstätigkeiten. Denn in *zweifacher* Weise hat sich der Arbeitsbereich der deutschen Rechtsanwaltschaft gegenüber Behörden erheblich ausgeweitet.

1. Expansion der Staatstätigkeit

27 Die Expansion der Staatstätigkeit, die stürmische Entwicklung des öffentlichen Rechts, die inzwischen fast vollständig abgeschlossene Verrechtlichung aller Bereiche der Verwaltung und die Ausbildung eines justizförmigen Verwaltungsverfahrens erfordern allenthalben rechtskundige Vertretung. Die deutsche Anwaltschaft hat diese Herausforderung angenommen, und überall ist der Versuch sichtbar, sich für Mandate aus dem öffentlichen Recht zu spezialisieren[2]. Dies gilt gleichermaßen für den "einfachen" Fall aus dem Bau- oder Enteignungsrecht oder aus dem Beamten-, Sozial- oder Umweltschutzrecht bis hin zur anwaltlichen Betreuung komplizierter Planungs- und Bauvorhaben, etwa bei Kraftwerken, Flug- oder Schiffshäfen, Autobahnen oder Flächensanierungen. Auch durch diese Entwicklung

---

[1] § 3 Abs. 2 BRAO; vgl. *BVerfGE* 38, 105 (119).

[2] Deutliches Indiz waren die Bezeichnungen *"Fachanwalt für Verwaltungsrecht"*, ...*"für Arbeitsrecht"*, ...*"für Sozialrecht"*, die - neben der bereits seit 1964 bundesweit bestehenden Benennung *"Fachanwalt für Steuerrecht"* - 1986 eingeführt wurden; vgl. § 76 der anwaltlichen Standesrichtlinien. Ob solche Fachbezeichnungen nach der Entscheidung des BVerfG vom 14.7.1987 (→ Rdnr. 2 Fußn. 13) noch verliehen (und weitergeführt) werden dürfen, kann hier dahinstehen; vgl. [die Frage für den Regelfall verneinend] *Zuck* in: *Lingenberg-Hummel-Zuck-Eich* N Rdnr. 154 - 157 und [allgemein zur Problematik] *Michalski* S. 382 m. w. Nachw.

hat sich der Anteil der klassischen "Zivilprozeßsachen" bei der deutschen Anwaltschaft weiter verringert. Prägten sie vor hundert Jahren den Beruf des Rechtsanwalts, so haben heute zahlreiche andere Gebiete an Bedeutung gewonnen; in vielen Kanzleien bilden sie nur noch einen geringen Teil der anwaltlichen Tätigkeit[3].

2. Die Notwendigkeit überörtlicher Tätigkeit

28 Die geschilderte stürmische Zunahme der Anwaltstätigkeiten gegenüber Behörden hat vielfach zugleich auch überörtliche Aktivitäten der Rechtsanwaltschaft notwendig gemacht. Für diejenigen Unternehmen, die keinen rein lokalen Zuschnitt haben, sind häufig für denselben Sachverhalt oder für vergleichbare Vorgänge mehrere Behörden, nicht selten die Behörden verschiedener Länder zuständig. Dies gilt für Fälle des Immissionsschutzes oder der Lebensmittelüberwachung genauso wie z. B. für kartellrechtliche, medienpolitische, bank- oder versicherungsaufsichtliche Situationen. Schon längst gibt es daher den "allörtlich" tätigen Rechtsanwalt, der mit dem für seine Mandantschaft typischen[4] sehr speziellen Sachverhalt vertraut ist, obwohl er keineswegs am konkreten Ort der zuständigen Behörde wohnt.

Die europäische und internationale Situation zeigt dasselbe Bild: Die Anwälte von Fluggesellschaften, Reedereien, Speditions- und Außenhandelsunternehmungen - um nur einige Beispiele zu nennen - sind zwangsläufig weltweit gegenüber den jeweils zuständigen Behörden tätig.

---

[3] *Senninger* AnwBl 1989, 300 meint, mindestens 60 % der anwaltlichen Tätigkeit sei außergerichtlich - mit steigender Tendenz.

[4] Gerade auch in *tatsächlicher* Beziehung können solche Vorgänge von üblichen Gestaltungen erheblich abweichen und vielfältige, schwierig zu erfassende Besonderheiten aufweisen.

3. Insbesondere die Verbandsberatung

29 Zur überregionalen Tätigkeit der Anwälte - allerdings häufig in unselbständiger Stellung - haben auch Entwicklung und Ausbau des Verbandswesens beigetragen. In den letzten Jahrzehnten sind in der Bundesrepublik Deutschland für fast alle Lebensbereiche regionale, überregionale (d.h. nationale) und vielfach schon internationale (europäische) Vereinigungen entstanden, die sich zum Ziel gesetzt haben, die Interessen ihrer Mitglieder durchzusetzen und zu fördern. Zum "Service" der Verbände gehört - meist sogar in der Satzung niedergelegt - die Hilfe bei der Lösung rechtlicher Fragen[5]. Wer als Anwalt solche Verbände betreut, wird daher täglich mit Problemen konfrontiert, die aus dem gesamten Tätigkeitsraum des Verbandes stammen und jeden örtlichen Bezug zum Sitz der Anwaltskanzlei vermissen lassen.

B. Rechtsberatung

30 Die bisherigen Ausführungen haben gezeigt, daß das forensische Auftreten eines Rechtsanwalts überhaupt nicht beschränkt ist. Selbst im Kernbereich des lokalisierten zivilprozessualen Anwaltszwanges darf er tätig sein[6]; vor den meisten *Gerichten* ist er selbst postulationsfähig. Gegenüber *Behörden* gibt es überhaupt keine Beschränkungen. Nicht anders ist das Bild bei der nunmehr ins Blickfeld zu rückenden Rechtsberatung: Es zeigen sich auch bei ihr *keinerlei örtliche Schranken*. Vor allem gibt es - anders als beim Notar (§ 11 Abs. 2 BNotO) - *keinen Tätigkeitssprengel* ("Amtsbezirk") für einen Rechtsanwalt. Diese Feststellung korrespondiert mit der zentralen Aussage des *Bundesverfassungs-*

---

[5] Das *Rechtsberatungsgesetz* unterstützt die Verbandsberatung ausdrücklich, vgl. Art. 1 § 7: "Einer Erlaubnis bedarf es nicht, wenn auf berufsständischer oder ähnlicher Grundlage gebildete Vereinigungen oder Stellen im Rahmen ihres Aufgabenbereichs ihren Mitgliedern Rat und Hilfe in Rechtsangelegenheiten gewähren. Diese Tätigkeit kann ihnen jedoch untersagt werden."

[6] → Rdnr. 18 - 20.

gerichts zur anwaltlichen Rechtsberatung[7]: "Die umfassende Beratung in Rechtsangelegenheiten aller Art gehört zu den wesentlichen Berufsaufgaben des Rechtsanwalts".

Mit dem geltenden Recht ist deshalb die Vorstellung schlechthin unvereinbar, dem Anwalt sei auferlegt, nur ortsbezogen tätig zu sein. Nicht einmal bei fehlender zivilprozessualer (lokalisierter) Postulationsfähigkeit besteht ein derartiges Gebot: § 52 Abs. 2 BRAO hat das Gegenteil gezeigt[8].

1. Örtlicher "Mandatskuchen"?

31 Damit fällt auch das "Kuchenargument"[9] in sich zusammen: Soweit es überhaupt einen rechtlich gesicherten Anspruch einer lokalen Anwaltschaft auf die Stücke des "Mandatskuchens"[10] gibt, können als zu verteilender Kuchen allenfalls nur diejenigen Honorare in Betracht kommen, die durch die Regelung der lokalisierten Postulationsfähigkeit in § 78 ZPO erfaßt sind[11]: Nur in diesem schmalen Bereich hätte ein "Kuchenargument" möglicherweise[12] eine Rechtfertigung. Doch auf *diese* Kuchenstücke kann ohnehin kein Mitglied einer überörtlichen Kanzlei zugreifen[13]. Neben dem von § 78 ZPO gebackenen Kuchen offeriert die Rechtsordnung aber keinerlei sonstiges Backwerk, das nur eine bestimmte Anwaltschaft verzehren darf. *Lokale "Mandatskuchen" gibt es in der Rechtsberatung nicht.*

---

7 *BVerfGE* 38, 105 (119).

8 → Rdnr. 19 und 20.

9 Dessen rechtliche Qualifikation hier dahingestellt wird.

10 So der Ausdruck von *Feuerich* AnwBl 1989, 364: "Frankfurter Mandatskuchen".

11 → Rdnr. 8 - 20.

12 Konkurrenzschutzgründe sind natürlich vor der Berufsfreiheit des Art. 12 GG unhaltbar. Das "Kuchenargument" ist deshalb auch grundrechtlich ungenießbar.

13 Die bei dem betreffenden Gericht zugelassenen Anwälte dürfen dies naturgemäß - aber nicht infolge ihrer Mitgliedschaft in einer überörtlichen Kanzlei.

2. Das "Klischee des Anwalts als Prozeßvertreter"

32 Die Vorstellung, es gäbe derartige örtliche Mandatskuchen, hängt sichtlich auch mit dem Mißverständnis zusammen, die eigentliche und zentrale Aufgabe eines Rechtsanwalts sei seine *prozessuale* Tätigkeit. Dieses Mißverständnis beruht auf dem "Geburtsfehler" der Rechtsanwaltsordnung 1878, die nur aufgrund der Gesetzgebungskompetenz für das gerichtliche Verfahren vom Reich erlassen werden konnte[14]. Diese rein prozessuale Orientierung traf schon vor hundert Jahren auf Kritik[15]:

"Ich glaube nun, daß bei allen den Berathungen die wir angestellt haben, namentlich auch in dem Material, das man uns zugeführt hat, sei es vom Anwaltstag, sei es von einzelnen Anwälten und Vereinen, zu viel Gewicht gelegt ist auf den Gesichtspunkt, als ob der Advokat in der That aus dem Proceß allein sein Einkommen beziehe. Für uns Altpreußen trifft dieser Gesichtspunkt unter allen Umständen nicht zu, denn bei uns ist es, abgesehen von einzelnen Obergerichten, kaum möglich, daß ein Anwalt aus den Processen sein Einkommen gewinnt. Der Anwalt ist bei uns der Berather des Volks, er ist sein Patron, er ist der Träger aller Rechtsangelegenheiten des Publikums".

Vehement und überzeugend wendet sich auch heute wieder eine der neuesten Studien zur Anwaltsforschung gegen ein solches - zwar weit verbreitetes, aber dennoch abwegiges - "Klischee"[16] des Rechtsanwalts als eines reinen Prozeßvertreters.

3. Kein Gebot der Ortsbezogenheit der Rechtsberatung

33 Da kein Gebot der Ortsbezogenheit der Rechtsberatung existiert, braucht nur kurz angedeutet zu werden, vor welchen Schwierigkeiten jedermann stünde, der lediglich ortsbezogenen Rechtsrat erteilen dürfte; denn er muß sich ja bei jedem Vorgang fragen, nach welchen Kriterien sich die "Ortsbezogenheit"

---

[14] Näher hierzu später in dieser Untersuchung → Rdnr. 64 - 66.

[15] Abg. *v. Goßler*, Stenographische Berichte über die Verhandlungen des Deutschen Reichstages, 4. Legislaturperiode, II. Session 1879, 2. Band, S. 905, Sitzung vom 30. April 1879 bei der Beratung des Entwurfs der Gebührenordnung für Rechtsanwälte.

[16] Hierzu *Wettmann-Jungjohann* S. 30, 38; vgl. auch *Franzen* S. 151: "Prozessieren schadet dem Ruf: der Wirtschaftsanwalt".

richtet: Nach dem Sitz des betreffenden Gerichts? - aber der Rechtsanwalt darf ja grundsätzlich[17] vor allen Gerichten in der Bundesrepublik Deutschland auftreten; nach dem Sitz der Behörde? - doch gegenüber allen Behörden ist die Anwaltstätigkeit zulässig; nach welchen Merkmalen, wenn kein Gericht und keine Behörde mit der Sache befaßt ist oder werden soll? - etwa beim Entwurf von Kauf- oder Gesellschaftsverträgen, Testamenten oder Erbverträgen? Die Fragen zeigen, wie praxisfremd alle Vorstellungen einer ortsgebundenen Rechtsberatung sind[18].

4. Die Bedeutung der Rechtsberatung in der modernen Anwaltskanzlei

34 Umfang und Bedeutung der (reinen[19]) Rechtsberatung sind in letzter Zeit immer wieder geschildert worden. So können sich die Ausführungen kurz fassen.

Die "vorsorgende" Rechtspflege stellt einen *wichtigen und unverzichtbaren Bereich des anwaltlichen Berufs* dar. Auch wenn der Mandant sich auf rein rechtliche Fragestellungen beschränkt, verlangt er umfassende Antworten: Der Entwurf des OHG-Vertrags muß natürlich auch familien-, erb- und steuerrechtlich "stimmen"; der Unternehmenszusammenschluß darf das Mitbestimmungsrecht nicht übersehen; die Ansiedlung eines Betriebs hat die gesamte Palette der Industrieförderung zu beachten. Schnell wird die *Zusammenarbeit spezialisierter Anwälte* notwendig, und "team work" ist deshalb vor allem bei der Rechtsberatung gefragt.

---

17 Mit Ausnahme der schon mehrfach genannten Fälle des § 78 ZPO, → Rdnr. 8 ff.

18 Mit dem geltenden Recht sind sie ohnedies unvereinbar.

19 Gemeint sind damit alle diejenigen Fälle, die nicht im Zusammenhang mit Prozessen und Verwaltungsverfahren stehen; dieser Bereich der Anwaltstätigkeiten wurde schon erörtert, → Rdnr. 8 - 25.

5. Von der Rechtsberatung zur umfassenden Mandantenberatung und zur Unternehmensberatung

35 Die Betreuung des Mandanten geht im übrigen vielfach weit über juristische Auskünfte hinaus und verschränkt sich mit (unternehmens-, betriebs- oder verbands-)politischen und marktstrategischen Beratungen. Sie kann zu einer breiten Mandantenberatung werden[20]. Je mehr sich die rein juristische Tätigkeit mit solchen Aspekten verbindet, umso interessanter ist sie für die Mandantschaft[21], aber umso schwieriger wird sie für den Anwalt, der sich mit den betreffenden nicht-juristischen Gebieten vertraut zu machen hat. Am Ende einer solchen Entwicklung könnte eine "Gesamtberatung"[22] des Mandanten und damit auch eine umfassende Unternehmensberatung stehen, wie sie heute offensichtlich nur noch den (Tochterunternehmungen von) Wirtschaftsprüfungsgesellschaften zugetraut wird[23].

---

[20] Statt bisheriger lediglich "*punktueller Kundenkontakte*", vgl. *Wettmann-Jungjohann* S. 39 sowie *Franzen* S. 153 ff.

[21] Denn sie erhält *eine* Antwort auf ihre Frage (und muß nicht selbst die Antworten verschiedener Spezialisten koordinieren, die häufig ihre "Existenzberechtigung" durch abweichende Meinungen unter Beweis stellen wollen). Außerdem muß die Frage nur *einmal* gestellt und der Sachverhalt nicht mehrfach den unterschiedlichen Beratern dargestellt werden. Schließlich sind durch die einheitliche Beratung auch die Verantwortlichkeiten eindeutig. Zum "Beratungsservice aus einer Hand" und "aus einem Mund" → auch Rdnr. 191 - 198.

[22] Ausdruck von *Zuck* JZ 1989, 356: "Ich halte daran fest, daß der Bürger Gesamtberatung und nicht Rechtsberatung will." Vgl. auch *Wettmann-Jungjohann* S. 39.

[23] Vgl. als Beispiel *Baehring* Börsenzeitung vom 29. 3. 1989 (am Schluß) und vom 30. 3. 1989; DER SPIEGEL Nr. 17 vom 24.4.1989, S. 132. Zum "consulting-Anteil" der 10 größten deutschen WP-Gesellschaften vgl. *Friedemann* FAZ vom 16.5.1989.

C. Weitere anwaltliche Tätigkeiten

36 Zum Berufsfeld des Rechtsanwalts gehören ferner weitere Gebiete, die nicht weniger die fehlende Ortsgebundenheit zeigen[24]:

Die deutsche und internationale *Schiedsgerichtsbarkeit* kennt den Rechtsanwalt als *Schiedsrichter*, sei es als Beisitzer, sei es als Obmann; bisweilen sehen Schiedsverträge sogar vor, daß nur ein Rechtsanwalt als Schiedsrichter bestimmt werden darf[25].

Umfangreich werden deutsche Anwälte als "*Partei kraft Amtes*" tätig, als *Testamentsvollstrecker*, als *Vergleichs-* oder *Konkursverwalter*, als *Vormund* oder *Pfleger*. In diesen und ähnlichen Tätigkeiten entfaltet ein Anwalt häufig typisch unternehmerische Funktionen; der Gedanke, er sei dabei "ortsgebunden", erscheint auch hier als abwegig.

Vergleichbare Funktionen übt der Rechtsanwalt ferner aus, wenn er zulässigerweise[26] Mitglied des *Organs einer Kapitalgesellschaft* (des Vorstands oder Aufsichtsrats einer AG oder einer GmbH) oder persönlich haftender Gesellschafter (Komplementär) einer Personalgesellschaft ist oder wenn er in die Leitung eines wirtschaftliche Ziele verfolgenden Verbandes berufen wurde[27].

---

[24] Vgl. zum folgenden *Commichau* Rdnr. 58 - 66.

[25] Vgl. *Schwab* S. 65.

[26] Vgl. hierzu *BGHZ* 94, 65 (68 - 71): Rechtsanwalt als geschäftsführender Gesellschafter einer Wirtschaftsprüfungs- oder SteuerberatungsOHG.

[27] Vgl. *BGHZ* 33, 276 (277 f.): "Die Ansicht"..."jede wirtschaftspolitische, kaufmännische oder sonstwie gewerbliche Betätigung sei mit dem Anwaltsberuf unvereinbar, ist unrichtig."

D. Zwischenergebnis

37 Der Blick auf die überörtlichen Tätigkeiten eines Anwalts im außergerichtlichen Bereich zeigt keinerlei Beschränkungen des deutschen Rechtsanwalts: Er darf überall auftreten. Mit dem geltenden Recht ist deshalb die Vorstellung unvereinbar, ein Anwalt dürfe nur ortsbezogen tätig sein oder für ihn gelte ein Gebot der Ortsbezogenheit der Rechtsberatung. Umgekehrt ist die heutige Zeit von der Notwendigkeit überörtlicher Tätigkeiten geprägt.

§ 4. Das Ergebnis dieses Teils der Untersuchung

38 Dieser Teil der Untersuchung kommt zu einem eindrucksvollen Ergebnis: Obwohl der deutsche Rechtsanwalt bei *einem* bestimmten Gericht zugelassen sein muß, darf er im außergerichtlichen Bereich überall und im gerichtlichen Bereich ebenfalls grundsätzlich unbehindert tätig werden. Selbst im schmalen Bereich des zivilprozessualen Anwaltszwanges ist der Anwalt nicht gehindert, vor fremden Gerichten aufzutreten. Nachdrücklich beweist sich das Prinzip der Freizügigkeit anwaltlicher Tätigkeiten.

III. Teil.
Ortsbindungen des Rechtsanwalts im Regelungswerk des deutschen Anwaltsrechts

§ 5. Lokalisierung

39 Die Lokalisierung (Lokalisation) der deutschen Rechtsanwälte ist seit dem Erlaß der Reichsjustizgesetze und der Rechtsanwaltsordnung gesetzlich geregelter Bestandteil des deutschen Anwaltsrechts[1]. Heute sind folgende Bestimmungen der Bundesrechtsanwaltsordnung maßgebend:

A. Die einschlägigen Vorschriften der BRAO

40 **§ 6 BRAO. Antrag auf Zulassung zur Rechtsanwaltschaft.** (1) Die Zulassung zur Rechtsanwaltschaft wird auf Antrag erteilt.
(2) Ein Antrag darf nur aus den in diesem Gesetz bezeichneten Gründen abgelehnt werden.

---

[1] Vgl. dazu *BGHZ* 47, 15 - 21; 56, 381 - 389; 65, 241 - 246. Soweit in der Vergangenheit rechtspolitische oder grundrechtliche *Bedenken gegen die Lokalisierung* vorgetragen wurden, liegt ihr Schwergewicht nicht im Angriff gegen die hier behandelte Zulassungsregelung, sondern in der Kritik an der Beschränkung der *zivilprozessualen* (lokalisierten) Postulationsfähigkeit auf diejenigen Anwälte, die bei dem betreffenden (Zivil-)Gericht zugelassen sind. Wer (wie z. B. *Commichau* Handelsblatt vom 25. 7. 1989 oder *Körner* ZRP 1971, 126 ff.) das Lokalisierungsprinzip (mit gewichtigen Argumenten) als unzeitgemäß ansieht, greift in aller Regel diese zivilprozessuale Beschränkung an und will mitnichten die Zuordnung des Rechtsanwalts zu einer Anwaltskammer bekämpfen. Es ist deshalb sehr wichtig, die *Zulassungsfrage strikt zu trennen von der lokalisierten Postulationsfähigkeit* (als der Regelung, vor welchen Zivilgerichten ein Rechtsanwalt [nicht] auftreten darf; → Rdnr. 10). Dementsprechend unterscheiden auch die nachfolgenden Ausführungen klar zwischen diesen verschiedenen Problemen. Die *zivilprozessuale* lokalisierte Postulationsfähgkeit wurde schon eingangs behandelt (→ Rdnr. 7 ff.; vgl. auch Rdnr. 59 Fußn. 5, Rdnr. 66 Fußn. 68, Rdnr. 64 Fußn. 35 und 36).

41 **§ 8 BRAO. Entscheidung über den Antrag.** (1) Über den Antrag auf Zulassung zur Rechtsanwaltschaft entscheidet die Landesjustizverwaltung.
(2) Vor der Entscheidung holt die Landesjustizverwaltung von dem Vorstand der Rechtsanwaltskammer, in deren Bezirk der Bewerber zugelassen werden will (§ 18), ein Gutachten ein. In dem Gutachten soll zu allen Versagungsgründen, die in der Person des Bewerbers vorliegen können, gleichzeitig Stellung genommen werden.
(3) Der Vorstand der Rechtsanwaltskammer soll das Gutachten unverzüglich erstatten. Kann er das Gutachten nicht innerhalb von zwei Monaten vorlegen, so hat er der Landesjustizverwaltung die Hinderungsgründe rechtzeitig mitzuteilen.
(4) Die Landesjustizverwaltung kann annehmen, daß der Vorstand der Rechtsanwaltskammer Versagungsgründe nicht vorzubringen habe, wenn er innerhalb von zwei Monaten weder das Gutachten erstattet noch Hinderungsgründe mitgeteilt hat.

42 **§ 12 BRAO. Urkunde über die Zulassung.** (1) Der Bewerber erhält über die Zulassung zur Rechtsanwaltschaft eine von der Landesjustizverwaltung ausgefertigte Urkunde.
(2) Die Zulassung zur Rechtsanwaltschaft wird wirksam mit der Aushändigung der Urkunde.
(3) Nach der Zulassung ist der Bewerber berechtigt, die Berufsbezeichnung "Rechtsanwalt" zu führen.

43 **§ 18 BRAO. Lokalisierung.** (1) Jeder Rechtsanwalt muß bei einem bestimmten Gericht der ordentlichen Gerichtsbarkeit zugelassen sein.
(2) Die erste Zulassung bei einem Gericht wird zugleich mit der Zulassung zur Rechtsanwaltschaft erteilt.
(3) Der Rechtsanwalt kann auf die Rechte aus der Zulassung bei einem Gericht nur verzichten, um bei einem anderen Gericht zugelassen zu werden.

44 **§ 19 BRAO. Antrag auf Zulassung bei einem Gericht.** (1) Die Zulassung bei einem Gericht wird auf Antrag erteilt.
(2) Über den Antrag entscheidet die Landesjustizverwaltung. Vor der Entscheidung ist der Vorstand der Rechtsanwaltskammer, in deren Bezirk der Bewerber als Rechtsanwalt zugelassen werden will, zu hören.
(3) Ein Antrag darf nur aus den in diesem Gesetz bezeichneten Gründen abgelehnt werden.

45 **§ 22 BRAO. Erstreckung der Zulassung auf auswärtige Kammern für Handelssachen.** Die Zulassung bei einem Landgericht erstreckt sich auch auf die Kammern für Handelssachen, die ihren Sitz an einem anderen Ort als dem ihres Landgerichts haben.

46 **§ 23 BRAO. Gleichzeitige Zulassung bei dem Amts- und Landgericht.** Der bei einem Amtsgericht zugelassene Rechtsanwalt ist auf seinen Antrag zugleich bei dem Landgericht zuzulassen, in dessen Bezirk das Amtsgericht seinen Sitz hat.

47 **§ 24 BRAO. Gleichzeitige Zulassung bei einem anderen Landgericht.** (1) Ein bei einem Landgericht zugelassener Rechtsanwalt ist auf seinen Antrag zugleich bei einem anderen an demselben Ort befindlichen Landgericht oder bei einem benachbarten Landgericht zuzulassen, wenn die Landesjustizverwaltung nach gutachtlicher Anhörung des Vorstandes der Rechtsanwaltskammer allgemein festgestellt hat, daß die gleichzeitige Zulassung unter den besonderen örtlichen Verhältnissen der Rechtspflege dienlich ist.

(2) Die Zulassungen bei dem benachbarten Landgericht können allgemein zurückgenommen werden, wenn die in Absatz 1 genannte Voraussetzung weggefallen ist.

48 **§ 25 BRAO. Ausschließlichkeit der Zulassung bei dem Oberlandesgericht.** Der bei einem Oberlandesgericht zugelassene Rechtsanwalt darf nicht zugleich bei einem anderen Gericht zugelassen sein.

49 **§ 31 BRAO. Eintragung in die Liste der Rechtsanwälte.** (1) Bei jedem Gericht der ordentlichen Gerichtsbarkeit wird eine Liste der bei ihm zugelassenen Rechtsanwälte geführt.

(2) Der Rechtsanwalt wird in die Liste eingetragen, nachdem er vereidigt ist (§ 26), seinen Wohnsitz genommen und eine Kanzlei eingerichtet hat (§ 27). Ist der Rechtsanwalt von den Pflichten des § 27 befreit worden (§ 29 Abs. 1), so wird er eingetragen, sobald er vereidigt ist.

(3) In der Liste sind der Zeitpunkt der Zulassung und der Vereidigung, der Wohnsitz und die Kanzlei des Rechtsanwalts sowie die Erlaubnis, auswärtige Sprechtage abzuhalten oder eine Zweigstelle einzurichten, zu vermerken. In den Fällen des § 29 Abs. 1 wird der Inhalt der Befreiung vermerkt.

(4) Der Rechtsanwalt erhält über seine Eintragung in die Liste eine Bescheinigung.

(5) Verlegt der Rechtsanwalt seinen Wohnsitz oder seine Kanzlei, so hat er dies der Landesjustizverwaltung und dem Gericht, bei dem er zugelassen ist, zur Eintragung in die Liste unverzüglich anzuzeigen.

50 **§ 32 BRAO. Aufnahme der Tätigkeit als Rechtsanwalt.** (1) Mit der Eintragung in die Liste der Rechtsanwälte beginnt die Befugnis, die Anwaltstätigkeit auszuüben.

(2) Die rechtliche Wirksamkeit von Handlungen, die der Rechtsanwalt vorher vorgenommen hat, wird hierdurch nicht berührt.

51 **§ 33 BRAO. Wechsel der Zulassung.** (1) Der Rechtsanwalt kann auf seinen Antrag bei einem anderen Gericht der ordentlichen Gerichtsbarkeit zugelassen werden, wenn er auf die Rechte aus der bisherigen Zulassung verzichtet. Der Verzicht ist der Landesjustizverwaltung gegenüber, welche die Zulassung erteilt hat, schriftlich zu erklären.

(2) Die Entscheidung über den Antrag auf anderweitige Zulassung kann ausgesetzt werden, wenn gegen den Rechtsanwalt ein ehrengerichtliches Verfahren, ein Ermittlungsverfahren wegen des Verdachts einer Straftat oder ein strafgerichtliches Verfahren schwebt.

(3) Der Antrag kann nicht deshalb abgelehnt werden, weil der Rechtsanwalt die Zulassung zur Rechtsanwaltschaft in einem anderen deutschen Land erhalten hat.

(4) Die bisherige Zulassung (§ 18 Abs. 1) wird von der Landesjustizverwaltung, die sie erteilt hat, erst zurückgenommen, wenn der Rechtsanwalt bei dem anderen Gericht zugelassen ist.

52 **§ 226 BRAO. Gleichzeitige Zulassung bei dem Land- und Oberlandesgericht.** (1) Wer im Zeitpunkt des Inkrafttretens dieses Gesetzes bei einem Oberlandesgericht und einem Landgericht zugelassen ist oder bei einem Landgericht zugelassen und bei einem Oberlandesgericht aufzutreten berechtigt ist, behält diese Zulassung oder Befugnis.
(2) Die bei den Landgerichten in den Ländern Baden-Württemberg, Bayern, Berlin, Bremen, Hamburg und Saarland zugelassenen Rechtsanwälte können auf Antrag zugleich bei dem übergeordneten Oberlandesgericht zugelassen werden, wenn sie fünf Jahre lang bei einem Gericht des ersten Rechtszuges zugelassen waren.

53 **§ 227 BRAO. Gleichzeitige Zulassung bei dem obersten Landesgericht.** (1) Ist in einem Land auf Grund des § 8 des Einführungsgesetzes zum Gerichtsverfassungsgesetz ein oberstes Landesgericht errichtet, so gelten die bei den Oberlandesgerichten dieses Landes zugelassenen Rechtsanwälte als bei dem obersten Landesgericht zugleich zugelassen.
(2) Bei dem obersten Landesgericht wird eine Liste der Rechtsanwälte (§ 31 Abs. 1) nicht geführt.

54 **§ 227a BRAO. Übergangsvorschriften für Rechtsanwälte an den Amtsgerichten bei Änderung des Gerichtsbezirks.** (1) Wird der Bezirk eines Amtsgerichts ganz oder teilweise einem anderen als dem bisherigen Landgerichtsbezirk zugelegt oder wird er auf mehrere Landgerichtsbezirke aufgeteilt, so ist ein bei diesem Amtsgericht und dem übergeordneten Landgericht zugelassener Rechtsanwalt, der seine Kanzlei in dem früheren Bezirk des Amtsgerichts beibehält und bei dem für den Ort seiner Kanzlei nunmehr zuständigen Amtsgericht und Landgericht zugelassen ist, auf Antrag zugleich bei einem weiteren Landgericht zuzulassen, das vor der Änderung der Gerichtsbezirke dem Amtsgericht übergeordnet war oder dem Teile des Amtsgerichtsbezirks zugelegt worden sind. Eine Zulassung bei einem weiteren Oberlandesgericht ist nicht zulässig.
(2) Dem Antrag nach Absatz 1 darf nur stattgegeben werden, wenn die Landesjustizverwaltung nach gutachtlicher Anhörung der Vorstände der beteiligten Rechtsanwaltskammern allgemein festgestellt hat, daß die gleichzeitige Zulassung unter Berücksichtigung der örtlichen Verhältnisse zur Vermeidung von Härten für die Rechtsanwälte geboten ist, die bei dem von der Änderung der Gerichtsbezirke betroffenen Amtsgericht zugelassen sind. Die Feststellung kann für einen Teilbereich des früheren Amtsgerichtsbezirks getroffen werden.
(3) Die Feststellung wird für die Dauer von zehn Jahren getroffen. Mit dem Ablauf der Frist ist die gleichzeitige Zulassung bei dem Landgericht, in dessen Bezirk der Rechtsanwalt seine Kanzlei nicht eingerichtet hat, zurückzunehmen. Weist der Rechtsanwalt nach, daß ihm bei der Zurücknahme der Zulassung der Auftrag in einer Rechtssache erteilt war, ist er befugt, in dieser Sache die Vertretung bei dem Landgericht, bei dem er gleichzeitig zugelassen war, vor einem Familiengericht im Bezirk dieses Landgerichts oder vor einem Landgericht, dem anstelle dieses Landgerichts die Zustän-

digkeit übertragen ist, zu führen, solange er bei einem anderen Gericht zugelassen ist.
(4) Die gleichzeitige Zulassung ist vor Ablauf der Frist nach Absatz 3 zurückzunehmen, wenn der Rechtsanwalt seine Kanzlei an einen Ort außerhalb des früheren Bezirks des Amtsgerichts verlegt.
(5) Die Landesjustizverwaltung kann nach gutachtlicher Anhörung der Vorstände der beteiligten Rechtsanwaltskammern im Einzelfall die gleichzeitige Zulassung auf Antrag verlängern, wenn deren Fortfall für den Rechtsanwalt eine besondere Härte bedeuten würde. Der Antrag ist spätestens sechs Monate vor Ablauf der Frist zu stellen.
(6) Verzichtet ein nach Absatz 1 oder 5 bei einem weiteren Landgericht zugelassener Rechtsanwalt wegen hohen Alters oder aus gesundheitlichen Gründen auf die Rechte aus der Zulassung zur Rechtsanwaltschaft oder scheidet er durch den Tod aus und wird seine Kanzlei von einem anderen Rechtsanwalt übernommen, so ist dieser ebenfalls bis zu dem Ablauf der Frist bei dem betreffenden Landgericht zuzulassen. Diese Zulassung kann in entsprechender Anwendung des Absatzes 5 verlängert werden.
(7) Der Rechtsanwalt gehört nur derjenigen Rechtsanwaltskammer an, die für den Ort, an dem er seine Kanzlei unterhält, zuständig ist.
(8) §§ 21, 35 Abs. 2, §§ 37, 39 bis 42 sind entsprechend anzuwenden, doch ist zuständig der Ehrengerichtshof für den Bezirk der Rechtsanwaltskammer, welcher der Rechtsanwalt angehört.

55 **§ 227b BRAO. Übergangsvorschriften für Rechtsanwälte an den Landgerichten bei Änderungen des Gerichtsbezirks.** (1) Wird der Bezirk eines Landgerichts teilweise einem oder mehreren anderen Landgerichtsbezirken zugelegt oder wird er auf mehrere Landgerichtsbezirke aufgeteilt, so ist ein bei diesem Landgericht zugelassener Rechtsanwalt, der bei dem für den Ort seiner Kanzlei nunmehr zuständigen Landgericht zugelassen ist und bei dem die Voraussetzungen für eine doppelte Zulassung gemäß § 227a nicht vorliegen, auf Antrag zugleich bei einem weiteren Landgericht zuzulassen, dem Teile des Landgerichtsbezirks zugelegt worden sind. § 227a Abs. 1 Satz 2, Abs. 2 bis 8 ist entsprechend anzuwenden.
(2) Der Rechtsanwalt darf in dem Bezirk des Landgerichts, für das die weitere Zulassung erteilt ist, die Vertretung in Anwaltsprozessen nur übernehmen, wenn ein für die Zuständigkeit maßgebender Gerichtsstand in einem Teil des früheren Landgerichtsbezirks begründet ist.

B. Der Inhalt der Lokalisierung

56 Aus diesen Vorschriften ergibt sich ein nicht einfaches Regelungssystem: Die BRAO unterscheidet bei der Zulassung des Rechtsanwalts[2] zwischen der *Zulassung zur Rechtsanwaltschaft* (§§ 4 ff. BRAO) und der *Zulassung bei einem Gericht* (§§ 18 ff. BRAO); dementsprechend lauten auch die Abschnittsüberschrif-

---

[2] So die Überschrift des Zweiten Teils der BRAO, der § 4 bis § 42 umfaßt.

ten dieses (Zweiten) Teils der BRAO: "Die Zulassung zur Rechtsanwaltschaft" und "Die Zulassung bei einem Gericht".

1. Das Junktim zwischen Rechtsanwaltszulassung und Zulassung bei einem Gericht

57 Die soeben dargestellte Trennung der Zulassung bedeutet jedoch nicht etwa, daß ein Rechtsanwalt "zur Rechtsanwaltschaft" zugelassen sein darf, *ohne bei einem bestimmten Gericht zugelassen zu sein*. Auch derjenige Anwalt, der niemals vor Gericht auftreten will, muß also nach der derzeitigen Regelung der BRAO die Zulassung bei einem *Gericht* besitzen; denn § 18 Abs. 1 BRAO fordert, daß der Rechtsanwalt bei einem Gericht der ordentlichen Gerichtsbarkeit zugelassen sein muß. Eine sozusagen "*abstrakte*"[3] Zulassung zur Rechtsanwaltschaft *kennt das deutsche Anwaltsrecht grundsätzlich nicht*. Vor diesem Hintergrund wird auch der sonst schwer verständliche § 18 Abs. 3 BRAO faßbar: Ein Anwalt kann nicht etwa auf die Zulassung bei seinem Gericht verzichten, ohne gleichzeitig bei einem anderen Gericht zugelassen zu werden; denn sonst wäre er - was die BRAO nicht will - zwar zur Rechtsanwaltschaft, aber nicht zugleich bei einem Gericht zugelassen. Folgerichtig wird bei einem *Wechsel* die frühere Zulassung bei dem bisherigen Gericht erst zurückgenommen, wenn der Anwalt bei dem neuen Gericht zugelassen ist (§ 33 Abs. 4 BRAO).

2. Die Zulassungsentscheidung der Justizverwaltung

58 Die säuberliche Trennung der zwei Zulassungsbegriffe bedeutet aber nicht, daß verschiedene Stellen entscheiden. Stets ist vielmehr die Justizverwaltung berufen (§ 8 Abs. 1 und § 19 Abs. 2 BRAO). Auch die "Zulassung bei einem Gericht" wird *nicht* - wie die Formulierung eigentlich vermuten ließe - *von dem Gericht* ausgesprochen.

---

[3] Im Sinne einer Zulassung zur Rechtsanwaltschaft ohne gleichzeitige Zulassung bei einem konkreten Gericht. - *Zuck* in: *Lingenberg-Hummel-Zuck-Eich* § 28 Rdnr. 44 nennt solche Rechtsanwälte plastisch "ohne Land".

3. Zulassung bei einem Gericht der ordentlichen Gerichtsbarkeit

59 Die Zulassung erfolgt bei einem bestimmten Gericht "der ordentlichen Gerichtsbarkeit" (§ 18 Abs. 1 BRAO). Obwohl der heutige "Rechtswegestaat" nicht nur *einen* Rechtsweg kennt, sondern die in Art. 95 Abs. 1 GG vorgeschriebenen *fünf Rechtswege* besitzt, hält die BRAO an dem Bild vor hundert Jahren fest, als es nur einen einzigen Rechtsweg - die ordentliche Gerichtsbarkeit - gab[4].

Die Zulassung bezieht sich auf das *gesamte* ordentliche Gericht. Dies muß deshalb betont werden, weil immer wieder die Lokalisierung des § 18 BRAO mit der *zivilprozessualen* Postulationsfähigkeit durcheinandergeworfen wird[5]. Daher ist der Rechtsanwalt nicht etwa bei dem "Zivilgericht" oder bei den "Zivilkammern" zugelassen[6]. Daß die Lokalisierung von der zivilprozessualen Postulationsfähigkeit strikt zu trennen ist, zeigt auch die seit Inkrafttreten der RAO stets mögliche Zulassung bei einem *Amtsgericht* (§ 23 BRAO); dort gab es fast hundert Jahre lang keinerlei Anwaltszwang, und damit war der Rechtsanwalt bei einem Gericht zugelassen, bei dem er auch ohne Zulassung auftreten durfte - heute gilt dies für alle Angelegenheiten außer den Familiensachen[7].

---

[4] Ähnlich spricht auch heute noch § 17 a GVG - wörtlich genauso wie § 17 Abs. 2 GVG 1877 - von der "Zulässigkeit *des* Rechtswegs" - als ob nur ein einziger Rechtsweg existiere.

[5] Auch in diesem Zusammenhang darf der Hinweis nicht unterbleiben, die Begriffe streng zu trennen,→ Rdnr. 39 Fußn. 1 und Rdnr. 66 Fußn. 68.

[6] Konsequent betont daher § 22 BRAO [Text → Rdnr. 45], daß die Zulassung bei einem Landgericht sich auch auf dessen Kammern für Handelssachen bezieht, die *an einem anderen Ort* ihren Sitz haben. Die Vorschrift ist nur historisch zu erklären, weil § 8 Abs. 2 RAO 1878 die detachierten Kammern für Handelssachen systemwidrig als "besondere Gerichte" ansah, vgl. *Siegeth* S. 37 ff. Die BRAO beseitigte diesen Systembruch.

[7] → Rdnr. 14.

4. Zulassung bei mehreren Gerichten (Simultanzulassung)

60 Die zitierten Vorschriften der BRAO haben ferner gezeigt, daß Rechtsanwälte auch bei *mehreren* Gerichten *zugelassen* sein dürfen. Der Wortlaut von § 18 Abs. 1 BRAO könnte zwar auf den Ausschluß der Mehrfach-(Simultan-)zulassung hindeuten, aber die weiteren Regelungen lassen die vielfältigen Möglichkeiten erkennen, bei mehreren Gerichten zugelassen zu sein: Beim *Amtsgericht* und beim *Landgericht* ist die *Simultanzulassung* ohne weiteres zulässig (§ 23 BRAO); beim *Landgericht* und *Oberlandesgericht* wird sie in den Ländern Baden-Württemberg, Bayern, Berlin, Bremen, Hamburg und Saarland nach fünfjähriger Zulassung ermöglicht (§ 226 Abs. 2 BRAO). In Bayern ist jeder Oberlandesgerichtsanwalt auch beim *Bayerischen Obersten Landesgericht* zugelassen (§ 227 Abs. 1 BRAO). Daneben existieren eine Reihe von besitzstandswahrenden Simultanregelungen (§ 226 Abs. 1, § 227 a, § 227 b BRAO)[8] sowie Ausnahmevorschriften im Interesse der Rechtspflege (§ 24 Abs. 1 BRAO)[9]. Diese Sonderbestimmungen verdeutlichen ebenfalls, daß die Singularzulassung keineswegs das rechtliche oder tatsächliche Leitbild der BRAO ist[10].

C. Der Zweck der Lokalisierung

1. Ziel ist nicht der zivilprozessuale Anwaltszwang

61 Die bisherigen Ausführungen haben verdeutlicht, daß die Lokalisierung nicht erforderlich ist, um bei einem Gericht auftreten zu dürfen. Nur der schmale Bereich des lokalisierten zivilprozes-

---

[8] Vgl. *BGHZ* 106, 186 (192) zum Umfang der Besitzstandswahrung.

[9] Dem über § 24 Abs. 1 BRAO zugelassenen Landgerichtsanwalt steht in Gebieten mit Simultanzulassung auch die Zulassung bei dem übergeordneten Oberlandesgericht offen, *BGHZ* 106, 196 (198 f.).

[10] *BGHZ* 71, 28 (32) spricht deshalb zutreffend von einer Gleichwertigkeit der Grundsätze der Singular - und der Simultanzulassung, von zwei "gleichberechtigten Prinzipien".

sualen Anwaltszwanges[11] zeigt Verbindungslinien. Doch wäre es falsch zu meinen, die Lokalisierung bezwecke die Regelung der zivilprozessualen Postulationsfähigkeit. Denn dann wäre die seit über einem Jahrhundert mögliche und übliche Zulassung beim *Amtsgericht* wenig verständlich[12]. Noch unverständlicher erschiene das Junktim zwischen Rechtsanwaltszulassung und der Zulassung bei einem bestimmten Gericht[13]; denn bestünde der Zweck der Lokalisierung in der Regelung der zivilprozessualen Postulationsfähigkeit, dann genügte es, wenn diejenigen Rechtsanwälte die Zulassung bei demjenigen ordentlichen Gericht beantragen, vor dem sie streitige Zivilsachen in dem dargelegten Umfang[14] betreiben wollen.

Die Zulassung bei einem bestimmten Gericht der ordentlichen Gerichtsbarkeit - die "Lokalisierung" - kann aber auch nicht bezwecken, daß der Rechtsanwalt in dem Sinne "lokalisiert" ist, daß er nur vor diesem Gericht oder nur innerhalb dessen Sprengels tätig sein darf. Vielmehr gilt für den Anwalt volle berufliche Freizügigkeit[15], wenn er nur bei einem bestimmten Gericht zugelassen ist. Außerdem zeigen die vielfältigen Möglichkeiten der *Simultanzulassung*[16], wie wenig das Gesetz - selbst für den engen Bereich des Zivilprozesses - die Vorstellung verfolgt, der Rechtsanwalt dürfe nur lokalisiert handeln: Der beim Amtsgericht zugelassene Anwalt darf vor dem möglicherweise über 100 km entfernten Landgericht[17] auftreten. Dasselbe gilt in den bereits genannten Ländern[18] mit Simultanzulassung bei LG und OLG[19]:

---

[11] → Rdnr. 13 - 25.

[12] → Rdnr. 59 a. E.

[13] Zu diesem Junktim → Rdnr. 57.

[14] Näher → Rdnr. 13 - 20.

[15] Näher → Rdnr. 26 - 38.

[16] → Rdnr. 60.

[17] Beispiel: Zulassung beim AG *Garmisch-Partenkirchen* und dort Kanzleisitz; das übergeordnete LG residiert in *München*.

[18] → Rdnr. 60.

[19] Hinzu kommt die bayerische Besonderheit, daß der im nördlichsten Bayern zugelassene Rechtsanwalt vor dem Bayerischen Obersten Landesgericht in München

Die Entfernungen zwischen Kanzlei und Oberlandesgericht betragen nicht selten mehr als 200 km[20]. Die "Lokalisierung" kann also schwerlich auf eine (forensische) Ortsgebundenheit abzielen.

2. Zweck ist die Selbstverwaltung der Anwaltschaft

62 Die Lokalisierung des Anwalts hängt vielmehr untrennbar mit der *Selbstverwaltung* der Anwaltschaft zusammen. Aus diesem *Selbstverwaltungsgedanken*[21] empfängt die Regelung der Lokalisation ihre Rechtfertigung[22].

Die Rechtsanwaltskammer, in der sich die Selbstverwaltung entfaltet, ist als Körperschaft organisiert[23]. Sie hat damit - anders als eine Anstalt - eine *mitgliedschaftliche* Struktur. Ihre Mitglieder sind die bei den Gerichten des Kammerbezirks zugelassenen Rechtsanwälte[24]; Kammerbezirk ist der Sprengel des Oberlandesgerichts[25].

Das Prinzip der Lokalisation stellt die Rechtsanwaltskammer auf eine *klare Mitgliedschaftsbasis*. Das Merkmal, bei *einem* bestimmten Gericht zugelassen zu sein, sichert die rechtsstaatliche

---

in zivilprozessualen Revisionen postulationsfähig ist (vgl. § 227 BRAO [Text → Rdnr. 53]).

20 Beispiel: Zulassung beim LG *Passau* und dort Kanzleisitz; das übergeordnete OLG befindet sich in *München*.

21 Die Freigabe der Advokatur und die *Selbstverwaltung des Advokatenstandes* gehörten zu den "wichtigsten verfassungsrechtlichen und justizpolitischen Forderungen des Liberalismus", *Schubert* [Rechtsanwaltsordnung] S. 2, vgl. auch S. 3.

22 Mit Recht ist deshalb schon von *Louis Levin* gesagt worden, die Zulassung bei einem Gericht bilde "eine unverrückbare Grundlage der Organisation der Anwaltschaft", S. 114 unter Hinweis auf die Beratungen der RAO.

23 § 62 Abs. 1 BRAO: "Die Rechtsanwaltskammer ist eine Körperschaft des öffentlichen Rechts."

24 § 60 Abs. 1 BRAO.

25 § 60 Abs. 1 BRAO [gesetzlicher Regelfall]. Unter den Voraussetzungen des § 61 Abs. 1 BRAO kann die Landesjustizverwaltung innerhalb des OLG-Sprengels mehrere Rechtsanwaltskammern errichten; dann muß zugleich auch eine Zuordnung der einzelnen Anwälte zu den Kammern erfolgen (§ 61 Abs. 1 Satz 3 [1. Fall] BRAO).

Kompetenzordnung: Die für dieses Gericht örtlich zuständige Anwaltskammer ist diejenige Selbstverwaltungsinstitution, innerhalb derer der Rechtsanwalt seine Mitgliedschaftsrechte ausübt[26] und die über die Einhaltung der Pflichten ihres Mitglieds wacht[27]. Gleichzeitig ist es *nicht möglich, mehreren Rechtsanwaltskammern anzugehören*[28]. Diese *ausnahmslose* Zuordnung zu einer einzigen Rechtsanwaltskammer[29] verhindert zugleich den "Wanderanwalt", der ohne Kanzlei im ambulanten Umherziehen kein greifbares äußeres Zentrum seines Berufs besitzt[30] und der wohnsitzlos[31] seiner Berufstätigkeit nachgeht[32]. Die Anwaltskammer baut somit auf einem klaren, einigermaßen beständigen und für Manipulationen weitgehend unzugänglichen Mitgliederbestand auf.

D. Der Sinn des Junktims zwischen der Zulassung zur Rechtsanwaltschaft und der Zulassung bei einem bestimmten Gericht

63 Diese Erkenntnis des Zwecks der Lokalisierung beantwortet auch die Frage nach dem *Sinn des Junktims* zwischen Zulassung zur Rechtsanwaltschaft und Zulassung bei einem bestimmten

---

[26] Beispielsweise die Teilnahme an der Kammerversammlung (§ 85 BRAO), Mitwirkung im Vorstand (§ 65 Nr. 1 BRAO) oder Präsidium der Kammer (§ 78 Abs. 1, § 65 Nr. 1 BRAO) oder als Richter in ehrengerichtlichen Verfahren (§ 94 Abs. 1, § 103 Abs. 2, § 108 Abs. 1 BRAO).

[27] Z. B. §§ 113 ff. BRAO; vgl. *Levin* S. 114.

[28] § 227 a Abs. 7 BRAO [Text → Rdnr. 54] sagt dies ausdrücklich. Auch eine *Simultanzulassung* (→ Rdnr. 60) ändert daran nichts.

[29] Hierzu auch *Feuerich* § 60 Rdnr. 7 und § 227 a Rdnr. 41.

[30] Vgl. Begründung der Bundesregierung (→ Rdnr. 4 Fußn. 27): BTDrucks. III/120, S. 64 (= BTDrucks. II/1014, S. 68).

[31] Vgl. *Lasker* in der Justizkommission am 10.1.1876: "ohne einen festen tatsächlichen Wohnsitz", bei *Siegel* S. 40.

[32] Vgl. auch *BVerfGE* 41, 378 (393): Die Lokalisierung "führt dazu, daß der Rechtsbeistand seinen Beruf von einem bestimmten Ort aus und nicht als Wandergewerbe auszuüben hat."

Gericht[33]. Das Junktim ist notwendig, weil sonst die Zuordnung des einzelnen Rechtsanwalts zu einer Rechtsanwaltskammer unklar wäre. Eine "abstrakte Zulassung zur Rechtsanwaltschaft"[34] hätte den "kammerlosen" Anwalt zur Folge.

E. Der historische Grund des Junktims

64 *Gesetzestechnisch* würde man heutzutage wahrscheinlich anders vorgehen, um die Zuordnung des einzelnen Rechtsanwalts zu "seiner" Kammer zu regeln[35]. Dies zeigt die Rechtslage bei den mit dem Rechtsanwalt konkurrierenden[36] (modernen) Berufen des Wirtschaftsprüfers, des Steuerberaters und des Patentanwalts, die trotz ihrer sogar *prozessualen* Tätigkeit[37] ohne Anknüpfung an Gerichte organisiert sind[38].

Vor hundert Jahren, als die ordentliche Gerichtsbarkeit der einzige Rechtsweg war, bot sich jedoch an, die (neue) Organisation der Anwaltschaft im Blick auf die (ebenfalls reichsrechtlich erstmals geordnete) Justiz vorzunehmen. Deshalb bestand auch im Gesetzgebungsverfahren ein Junktim zwischen der neuen Gerichtsverfassung und der Anwaltsordnung[39].

---

[33] Hierzu → Rdnr. 57.

[34] In dem in Rdnr. 57 genannten Sinn.

[35] Das bedeutet aber nicht, *de lege ferenda* auf einen lokalen Bezug zwischen (Erst- oder Haupt-)Kanzlei und Rechtsanwaltskammer zu verzichten. Um die Selbstverwaltung der Anwaltschaft zu organisieren (→ Rdnr. 62), ist solange eine Art Lokalisierung erforderlich, als es mehrere Rechtsanwaltskammern gibt (anders bei den Wirtschaftsprüfern mit nur *einer* Kammer, → Rdnr. 150). Der gänzlichen Preisgabe des Lokalisierungsgebots (so aber *Raczinski-Rogalla-Tomsche* AnwBl 1989, 591 f.) kann man deshalb nicht folgen. Davon strikt zu trennen (→ Rdnr. 39 Fußn. 1, Rdnr. 59 Fußn. 5 und Rdnr. 66 Fußn. 68) ist auch hier die Frage, ob der zivilprozessuale Anwaltszwang mit seiner lokalen Beschränkung der Postulationsfähigkeit beibehalten bleiben soll.

[36] Hierzu auch *Winters* S. 116 ff.

[37] → Rdnr. 143.

[38] Zum Standesrecht dieser Berufe → Rdnr. 144 - 163.

[39] "Die Rechtsanwaltsordnung ist als ein integrirender Theil der neuen Gerichtsverfassung gedacht und wird darum auch gleichzeitig mit dieser in Kraft treten

Dabei muß man auch die *historische Verfassungslage* der Siebziger Jahre des vergangenen Jahrhunderts kennen. Heute gehört das Gebiet der "Rechtsanwaltschaft" zu den Gegenständen der konkurrierenden Gesetzgebung; ausdrücklich ist es im Grundgesetz neben den gerichtlichen Verfahren genannt[40]. Die Schöpfer des Grundgesetzes waren der Ansicht, daß die Materie der Anwaltschaft nur dann bundesrechtlich geregelt werden dürfe, wenn sie ausdrücklich im Grundgesetz erwähnt wäre[41]. Weder der Begriff "gerichtliches Verfahren" noch der Ausdruck "Gerichtsverfassung" genügten. Aus denselben Gründen wurde auch "die Rechtsberatung" in den Kompetenzkatalog aufgenommen[42].

Die staatsrechtliche Kompetenzlage im Deutschen Reich war seit 1871 anders: Es besaß aufgrund der Bismarckschen Reichsverfassung keine derartige Gesetzgebungszuständigkeit für die Rechtsanwaltschaft. Um eine Rechtsanwaltsordnung zu erlassen, vermochte sich das Reich nur auf dieselbe Kompetenz zu stützen, aufgrund derer bereits im Jahre 1877 die Reichsjustizge-

---

müssen", "Motive" zu § 99 bei *Siegel* S. 290 = *Siegeth* S. 142 = *Höinghaus* S. 84; vgl. auch *Hegler* S. 43.

[40] Art. 74 Nr. 1 GG: "das bürgerliche Recht, das Strafrecht und den Strafvollzug, die Gerichtsverfassung, das gerichtliche Verfahren, die Rechtsanwaltschaft, das Notariat und die Rechtsberatung".

[41] Der *Verfassungskonvent von Herrenchiemsee* sprach noch nicht von der Rechtsanwaltschaft und nannte nur "Gerichtsverfassung und gerichtliches Verfahren" (JöR N. F. Bd. 1, 1951, S. 483 [484 f.]). In seiner 12. Sitzung vom 14.10.1948 fügte der Zuständigkeitsausschuß des *Parlamentarischen Rates* (Kurzprotokoll Drucks. 210, S. 3; abgedruckt auch bei *Werner* S. 531 [Art. 36 Nr. 1]) in den Katalog die "Rechtsanwaltsordnung" ein, "da die Anwälte zwar zum 'gerichtlichen Verfahren' gehörten, ihre Tätigkeit aber in vieler Hinsicht auch außerhalb dieses Rahmens liege und da die Anwaltsordnung die gesamte Tätigkeit der Rechtsanwälte betreffe" (JöR a. a. O. S. 502, vgl. ferner *Werner* S. 509 f.). In den folgenden Beratungen wurde dieser Vorschlag nur sprachlich, nicht inhaltlich verändert. Vgl. auch *de Chapeaurouge*, Parlamentarischer Rat, Verhandlungen des Hauptausschusses, Bonn 1948/49, S. 83 [85. Sitzung vom 23.11.1948], ebenda S. 86 f. [Beschluß] sowie die Fassungen des Art. 36 in den Vorschlägen des Allgemeinen Redaktionsausschusses vom 16.11.1948, 13.12.1948, 6.1.1949, 9.2.1949 und 5.5.1949 (Drucks. 279, 370, 535, 604 und 850) sowie *Werner* S. 347 f., 601 f., 606, 642 [Art. 36 Nr. 1].

[42] Vgl. Allgemeiner Redaktionsausschuß, Sitzung vom 16.11.1948, Drucks. 279 sowie Verhandlungen des Hauptausschusses vom 23.11.1949 a. a. O. S. 83 ff.

setze[43] erlassen waren, also auf die Zuständigkeit für "das gerichtliche Verfahren"[44].

Die verbündeten Regierungen hatten sich deshalb im Jahre 1872 darauf verständigt, daß die "Anwaltszulassung" *nicht reichsrechtlich* zu regeln sei und "der Landesgesetzgebung zu verbleiben habe" und "auch die sonstigen Bestimmungen über Rechtsverhältnisse der Anwälte nur insoweit, als solches die Prozeßordnungen durchaus nothwendig machen," ... "aufzunehmen wären"[45]. Vor allem Preußen[46], aber auch Bayern[47] sahen keine Möglichkeit, über Art. 4 Nr. 13 Reichsverfassung[48] eine Reichsanwaltsordnung zu erlassen. Deshalb lehnte der preußische Justizminister *Leonhardt* in der ersten Lesung des GVG im Reichstag am 24. November 1874 eine *reichsrechtliche* Regelung der Anwaltschaft aus verfassungsrechtlichen Gründen ab[49]. Bei den

---

43 CPO, StPO, GVG, KO, vgl. *Stein-Jonas-Schumann* Einl. Rdnr. 170.

44 Art. 4 Nr. 13 Reichsverfassung 1871: "die gemeinsame Gesetzgebung über das Obligationenrecht, Strafrecht, Handels- und Wechselrecht und das gerichtliche Verfahren"; seit 1873 (RGBl. S. 379) in folgender Fassung: "die gemeinsame Gesetzgebung über das gesamte bürgerliche Recht, das Strafrecht und das gerichtliche Verfahren". Die *Weimarer Reichsverfassung* von 1919 erwähnte (in Art. 7) ebenfalls nicht die Rechtsanwaltschaft.

45 Niederschrift *Kohlhaas* über die Nürnberger Besprechungen vom 12.10.1872, abgedruckt bei *Schubert* [Gerichtsverfassung] S. 68; vgl. auch die Anmerkung von *Kohlhaas* zum württembergischen GVG-Entwurf bei *Schubert* a. a. O. S. 402 Fußn. 6.

46 Vgl. *Hartstang* S. 21; *Ostler* S. 11; *Weißler* S. 579.

47 Vgl. den Bericht von *Krüger* über die Sitzungen des Justizausschusses des Bundesrates bei *Schubert* a. a. O. S. 871 oben: "Bayern hält die Competenz des Reichs für zweifelhaft".

48 Text → Fußn. 44.

49 "Die Nr. 13 des Art. 4 der Reichsverfassung hat auch in ihrer neuen Gestalt die Gerichtsverfassung nicht zu ihrem Gegenstande, sondern nur die Prozeduren; demgemäß können auch in den Grenzen der Zuständigkeit der Reichsgesetzgebung nur diejenigen Vorschriften liegen, welche die eine nothwendige Grundlage für die Prozedur bilden und gegeben sein müssen, um eine Prozedurordnung zu schaffen" (Stenographische Berichte des Deutschen Reichstages S. 276 = *Hahn* [GVG] S. 189).

Abgeordneten stieß diese Haltung auf Widerstand[50]. Die (Reichs-) Justizkommission des Reichstags befürwortete denn auch eine reichsrechtliche Regelung über die Anwaltschaft durch Einfügung entsprechender Vorschriften in den Entwurf des GVG[51]. Nach anfänglichen weiteren Widerständen des Bundesrats[52] lenkten die verbündeten Regierungen ein, befürworteten aber ein eigenes Gesetz[53], dessen Entwurf *Bismarck* am 6. Februar 1878 dem Reichstag vorlegte[54].

Wegen der Verfassungslage konnte der Beruf des Rechtsanwalts *reichsrechtlich* nur geregelt werden, wenn diese Regelung *auf das gerichtliche Verfahren bezogen* war. Damit schieden alle Zulassungsmodelle aus, die nicht irgendwie die Justiz beteiligten, und in der "Zulassung bei einem Gericht" - wenn auch von der Justizverwaltung[55] ausgesprochen - wurde der Zusammenhang mit dem gerichtlichen Verfahren hergestellt. Bei diesem Rückblick auf die Entstehung der Rechtsanwaltsordnung muß abermals betont werden[56], daß die *zivilprozessuale Postulationsfähigkeit* nicht zum anwaltsrechtlichen Regelungsbereich der Lokalisierung gehörte. Den zivilprozessualen Anwaltszwang und die Postulationsfähigkeit vor den Zivilgerichten hatte nämlich bereits die 1877 verkündete CPO geregelt. An die dortige Wendung[57] über den "bei dem Prozeßgericht zugelassenen Rechtsanwalt" knüpfte jedoch der Reichsgesetzgeber anläßlich der Rechtsanwaltsordnung

---

[50] Vor allem *Lasker* a. a. O. S. 284 = *Hahn* [GVG] S. 202 f. sowie S. 300 = *Hahn* [GVG] S. 229; vgl. auch *Windthorst* bei der 2. Lesung des GVG am 24.11.1876, Stenographische Berichte S. 344 = *Hahn* a. a. O. S. 1397.

[51] Z. B. Kommissionsprotokolle vom 7.1.1876 und vom 19.2.1876, *Hahn* [GVG] S. 509 ff. bzw. S. 691 ff. und Bericht der Kommission, *Hahn* a. a. O. S. 925 [966 ff.].

[52] Vgl. *v. Amsberg* in der Kommissionssitzung vom 7.1.1876, *Hahn* a. a. O. S. 517.

[53] *v. Amsberg* in der Kommissionssitzung vom 23.6.1876, *Hahn* a. a. O. S. 863, und am 24. November 1876 in der zweiten Lesung des GVG im Reichstag, Stenographische Berichte S. 338 = *Hahn* a. a. O. S. 1387.

[54] Deutscher Reichstag, 3. Legislaturperiode, II. Session 1878, I. Band No. 5 = *Siegel* S. 193 ff.

[55] → Rdnr. 58.

[56] Ebenso wie schon früher, → Rdnr. 39 Fußn. 1, Rdnr. 59 Fußn. 5, Rdnr. 64 Fußn. 35, Rdnr. 66 Fußn. 68.

[57] § 74 Abs. 1 CPO = § 78 Abs. 1 ZPO.

ganz einfach an und stellte auf diese nicht ungeschickte Weise den Bezug zum "gerichtlichen Verfahren" bei der Zulassung zur Rechtsanwaltschaft her.

Die Entstehungsgeschichte macht deutlich, daß nur eine *am Prozeß*[58] orientierte Rechtsanwaltsordnung von der Gesetzgebungskompetenz des Reichs gedeckt war. Wegen dieser Zuständigkeitslage konnte der Reichstag gar nicht anders, als den Beruf des Rechtsanwalts in *engster* Anbindung an das Verfahren und an die Gerichte zu regeln[59]. Auch in der Folgezeit erschien das Anwaltsrecht als fester Teil des Prozeß- und Gerichtsverfassungsrechts. Heute sind freilich erhebliche Zweifel angebracht, dieser Sicht noch zu folgen[60], zumal sich die Gesetzgebungszuständigkeit des Bundes eindeutig auch auf die Anwaltschaft erstreckt[61] und es deshalb nicht mehr einer "prozessualen Krücke" bedarf, um anwaltsrechtliche Regelungen durch den Bund zu erlassen.

F. Rechtsfolgen der lokalisierten Zulassung als Rechtsanwalt

65 Die Zulassung bei *einem* bestimmten ordentlichen Gericht öffnet *alle* Felder des anwaltlichen Berufs[62]. Diese Aussage ist keineswegs eine Erkenntnis moderner Betrachtungen. Bereits die "Motive" zur Anwaltsordnung 1878 beginnen innerhalb der "Allgemeinen Begründung" bei dem Gliederungspunkt "Lokalisirung der Rechtsanwaltschaft"[63] mit einem bemerkenswerten Paukenschlag: Nicht etwa fixieren sich die Motive auf die Tätigkeit des Rechtsanwalts vor dem Zulassungsgericht, sondern sie heben die

58 An der "Prozedur", → Fußn. 49.

59 → auch Fußn. 39.

60 In diesem Sinn etwa *Hartstang* S. 72: "Teil des allgemeinen Gerichtsverfassungsrechts".

61 → Fußn. 40 und 41.

62 Auch hier (→ Rdnr. 18 Fußn. 54) bleibt die Sondersituation der beim BGH zugelassenen Rechtsanwälte unberücksichtigt.

63 Abdruck bei *Siegeth* S. 16 = *Siegel* S. 220 f.

Freizügigkeit des deutschen Rechtsanwalts "innerhalb des Deutschen Reichs" hervor:

Nach den §§ 22, 23[64] des Entwurfs soll der Rechtsanwalt auf Grund der Zulassung bei einem Landesgerichte befugt sein, vor jedem Landesgericht innerhalb des Deutschen Reichs:

1. Vertheidigungen zu führen und als Beistand aufzutreten, d. h. die Advokatur ohne Beschränkung zu betreiben;
2. die Vertretung zu übernehmen, d. h. die Prokuratur zu betreiben, insoweit nämlich, als eine Vertretung durch Anwälte nicht geboten ist. Insoweit dagegen eine solche Vertretung geboten ist, soll nur ein bei dem Prozeßgerichte zugelassener Anwalt dieselbe übernehmen können. Diese Beschränkung erleidet die Modifikation, daß in der mündlichen Verhandlung einschließlich der vor dem Prozeßgerichte stattfindenden Beweisaufnahme jeder Rechtsanwalt die Rechtsvertheidigung führen und für den Fall, daß der bei dem Prozeßgerichte zugelassene Rechtsanwalt ihm die Vertretung als Prozeßbevollmächtigter überträgt, auch diese übernehmen kann.

Diese Vorschläge des Entwurfs, welche mit den Beschlüssen der Kommission des Reichstags übereinstimmen, nehmen also eine Lokalisirung der Anwaltspraxis nur für bürgerliche Rechtsstreitigkeiten und für diese wieder nur insoweit in Aussicht, als bei ihnen nach § 74 der Civilprozeßordnung eine Vertretung "durch einen bei dem Prozeßgerichte zugelassenen Rechtsanwalt" geboten ist.

So stellte die Rechtsanwaltsordnung 1878 denn auch an die Spitze der "Rechte und Pflichten der Rechtsanwälte" eine wichtige Bestimmung, die leider in dieser Art der Bundesrechtsanwaltsordnung fehlt[65]. Unter Bezugnahme auf die durch die Reichsjustizgesetzgebung geregelten prozessualen Materien[66] heißt es:

---

[64] §§ 26, 27 der RAO 1878. - Text von § 26 RAO → Rdnr. 66; zu § 27 RAO → Rdnr. 19 Fußn. 56.

[65] Weshalb die BRAO auf eine derartige (zeitgemäß geänderte) wichtige positive Aussage verzichtet hat, konnte nicht festgestellt werden.

[66] Vgl. "Motive" bei *Siegel* S. 240 sowie Bericht der Reichsjustizkommission bei *Siegel* S. 426 f. sowie das Protokoll der Sitzung der Reichsjustizkommission vom 29.3.1878 bei *Siegeth* Anhang S. 105 f.: Um kein argumentum e contrario aus der Bezugnahme auf die Reichsjustizgesetze zu ermöglichen, "konstatirt der Vorsitzende sodann unter Zustimmung der Kommission: 'daß aus den Anführungen der Straf-, Civilprozeß- und Konkurs-Ordnung nicht geschlossen werden dürfe, daß eine andere Thätigkeit der Rechtsanwälte Verschiedener Staaten in der nichtstreitigen Gerichtsbarkeit ausgeschlossen werden solle'" (*Siegeth* a. a. O. S. 105 f.).

66 **§ 26 RAO 1878.** Auf Grund der Zulassung bei einem Gericht ist der Rechtsanwalt befugt, in den Sachen, auf welche die Strafprozeßordnung, die Civilprozeßordnung und die Konkursordnung Anwendung finden, vor jedem Gericht innerhalb des Reichs Vertheidigungen zu führen, als Beistand aufzutreten und, insoweit eine Vertretung durch Anwälte nicht geboten ist, die Vertretung zu übernehmen[67].

Deutlicher als vor über hundert Jahren kann auch heute die weite Öffnung für alle Anwaltstätigkeiten nicht betont werden. Diese Öffnung folgt automatisch aus der Zulassung bei einem Gericht. Insbesondere ist der Rechtsanwalt zur Vertretung berufen, wenn vor Gerichten *Anwaltszwang*[68] herrscht. Der Anwalt besitzt dann im Sinne der heutigen prozessualen Begriffsbildung die Postulationsfähigkeit[69], die seinem Mandanten wegen des Anwaltszwanges fehlt. Dementsprechend darf der bei einem ordentlichen Gericht zugelassene Rechtsanwalt z. B. vor dem *Bundesverfassungsgericht*[70] und den *Obersten Gerichtshöfen des Bundes*[71] auftreten und bei jedem *Landesarbeitsgericht* Urteilsverfahren führen[72] - alles Fälle von Anwaltszwang[73].

Selbstverständlich ist es dem *Rechtsanwalt gestattet,* vor allen denjenigen Gerichten aufzutreten, bei denen *kein Anwaltszwang*

---

67 Zu dieser Vorschrift aus der zeitgenössischen Literatur etwa *Hegler* S. 14 f., *Meyer* S. 44 f., *Höinghaus* S. 29 f. (nur Abdruck der Gesetzesmaterialien).

68 *In streitigen Zivilsachen* kommt zum Anwaltszwang eine *lokale* Komponente: (→ schon Rdnr. 39 Fußn. 1). Er läßt nur die bei dem betreffenden Gericht zugelassenen Rechtsanwälte zur Prozeßvertretung zu und schließt dadurch auch alle nicht dort zugelassenen Anwälte aus, denen somit ebenfalls die Postulationsfähigkeit vor *diesem* Gericht fehlt. Die Untersuchung hat die Besonderheit des lokalisierten *zivilprozessualen* Anwaltszwangs eingehend dargestellt, → Rdnr. 8 ff. Hier sei nur abermals wiederholt, daß die Zulassungsfrage *strikt* von der zivilprozessualen Postulationsfähigkeit *zu trennen* ist.

69 Vgl. zu ihr *Urbanczyk* ZZP 95 (1982) 239 ff.

70 Vgl. § 22 Abs. 1 BVerfGG.

71 Vgl. § 11 Abs. 2 ArbGG, § 67 Abs. 1 VwGO, § 166 Abs. 2 Satz 2 SozGG, Art. 1 Gesetz zur Entlastung des BFH vom 8.7.1975 (BGBl I S. 1861), § 29 LwVG.

72 § 11 ArbGG.

73 Sämtliche Fälle des Anwaltszwanges aufzuführen, ist nicht erforderlich; vgl. hierzu das Buch von *Bergerfurth*, das "ein erschütterndes Bild unserer Rechtszersplitterung" ... "zeichnet" (so treffend *Herbert Schneider* ZZP 95 [1982] 90 sowie auch *Stürner* JZ 1986, 1089).

herrscht: Dies sind vor allem die *Amtsgerichte in Zivilsachen* (außer in Familiensachen, → Rdnr. 14), die *Verwaltungsgerichte* und die *Oberverwaltungsgerichte* (Verwaltungsgerichtshöfe)[74], die *Arbeitsgerichte*[75], die *Finanzgerichte*[76] sowie die *Sozialgerichte* und *Landessozialgerichte*[77]. Ein eingeschränkter Anwaltszwang besteht beim Bundesverfassungsgericht, nämlich bei der mündlichen Verhandlung[78], und beim *Landesarbeitsgericht* im Urteilsverfahren[79]; im übrigen aber nicht. Im Strafverfahren regelt sehr differenziert § 140 StPO die notwendige Verteidigung.

G. Kein Verbot gemischter Sozietäten. Die Zulässigkeit von Sozietäten trotz unterschiedlicher Lokalisierung

67 Die überörtliche Rechtsanwaltssozietät stieße auf Bedenken, wenn es den Anwälten verboten wäre, mit Kollegen eine gemischte Sozietät[80] einzugehen. Doch ein solches Verbot besteht nicht; nicht einmal im Bereich des Singularzulassungsprinzips[81] ist es dem Landgerichtsanwalt untersagt, mit einem OLG-Anwalt assoziiert zu sein[82]. Zwar fordert das Gesetz, daß jedes Mitglied einer Anwaltssozietät bei *einem* Gericht der ordentlichen Gerichtsbarkeit zugelassen sein muß[83]. Aber es besteht *keine Pflicht*, daß die Mitglieder einer Rechtsanwaltssozietät nur bei *ein- und demselben* Gericht zugelassen sein dürfen. Im Gegenteil:

---

[74] § 67 Abs. 2 VwGO.

[75] § 11 Abs. 1 ArbGG.

[76] § 62 Abs. 1 FGO.

[77] § 73 SozGG.

[78] § 22 Abs. 1 Satz 1 BVerfGG.

[79] § 11 Abs. 2 ArbGG.

[80] Zu ihr → Rdnr. 1 a. E.

[81] Hierzu → auch Rdnr. 60.

[82] So z. B. *Jessnitzer* § 25 Rdnr. 4; *Kalsbach* § 25 Rdnr. 1 II; vgl. auch *Hartstang* S. 196. Die einsame Gegenmeinung von *Feuerich* § 25 Rdnr. 16 ff. erscheint schon angesichts der Entstehungsgeschichte der BRAO für nicht haltbar und ist mit dem Wortlaut der BRAO noch viel weniger zu vereinbaren.

[83] → Rdnr. 56.

Seit langem ist die *Sozietät zwischen Rechtsanwälten, die bei verschiedenen Gerichten zugelassen* sind, erlaubt und üblich. Das Standesrecht gebietet sogar, diese unterschiedlichen Zulassungen offenzulegen[84]. Demgemäß ist es auch den bei verschiedenen Gerichten zugelassenen Anwälte nicht verboten, sich zu einer Sozietät zusammenzuschließen.

H. Überörtliche Rechtsanwaltssozietät und Lokalisierung

68 Die überörtliche Sozietät in dem hier verstandenen Sinn[85] vermag ganz offenkundig nicht, die Lokalisierung auch nur in ihren Randbereichen zu tangieren[86]. Der einer solchen Sozietät angehörende Rechtsanwalt bleibt Mitglied einer (einzigen) Rechtsanwaltskammer. Kraft seiner Zulassung bei *einem* Gericht[87] kann er bundesweit seinen Anwaltsberuf ausüben und grundsätzlich[88] vor allen Gerichten mit Anwaltszwang auftreten. So ist auch kein Bedürfnis sichtbar, einer (weiteren) Rechtsanwaltskammer anzugehören.

I. Zwischenergebnis

69 Das in der BRAO enthaltene und ausgeformte Prinzip der Lokalisierung ist erforderlich, um die *Selbstverwaltung der Anwaltschaft* zu organisieren und die Rechtsanwaltskammer auf eine klare Mitgliederbasis zu stellen. Unzulässig muß daher die Mitgliedschaft bei *mehreren* Rechtsanwaltskammern sein. Kraft der Zulassung bei dem *einem* Gericht erhält der Rechtsanwalt die Mitgliedschaft bei seiner Kammer und kann zugleich bundesweit tätig sein. Eine *überörtliche Rechtsanwaltssozietät* verstößt nicht gegen den Grundsatz der Lokalisierung; denn der einzelne Sozius der überörtlichen Sozietät bleibt bei seiner Rechtsanwaltskam-

---

[84] § 28 Abs. 4 der Standesrichtlinien [Text → Rdnr. 97].

[85] → Rdnr. 1.

[86] Zu diesem Ergebnis kommt vor allem der *BGH* (→ Rdnr. 6) in seinem Beschluß vom 18.9.1989; vgl. auch *LG Nürnberg-Fürth*, Urteil vom 29.11.1989, Az.: 3 O 3530/89 UWG, S. 14.

[87] Zur *Simultanzulassung* → Rdnr. 60.

[88] Zur einzigen Ausnahme → schon Rdnr. 13 ff.

mer zugelassen und diese Mitgliedschaft wird durch die Sozietät nicht angetastet.

Die Lokalisierung darf nicht mit dem lokalisierten zivilprozessualen Anwaltszwang durcheinandergeworfen werden. Während die Lokalisierung nur der Zuordnung des Anwalts zu einer Rechtsanwaltskammer dient, regelt der zivilprozessuale Anwaltszwang die (lokalisierte) Postulationsfähigkeit. Diese folgt keineswegs aus der Lokalisierung und erscheint ohnehin als problematisch.

Daß die Lokalisierung als "Zulassung bei einem Gericht" erscheint, ist nur historisch zu erklären. Da das Deutsche Reich von 1871 keine Gesetzgebungskompetenz für die Anwaltschaft besaß (wie sie heute der Bund kennt), konnte der Beruf des Rechtsanwalts reichsrechtlich nur geregelt werden, indem er auf das reichsrechtlich kodifizierte *gerichtliche Verfahren* bezogen war. Aus heutiger Sicht erscheint diese rein prozessuale Orientierung der Anwaltszulassung als überholt.

§ 6. Die Residenzpflicht

A. Die einschlägigen Vorschriften der BRAO

70 **§ 27 BRAO. Wohnsitz und Kanzlei.** (1) Der Rechtsanwalt muß innerhalb des Oberlandesgerichtsbezirks, in dem er zugelassen ist, seinen Wohnsitz nehmen.
(2) Der Rechtsanwalt muß an dem Ort des Gerichts, bei dem er zugelassen ist, eine Kanzlei einrichten. Ist er gleichzeitig bei mehreren Gerichten, die ihren Sitz an verschiedenen Orten haben, zugelassen, so hat er seine Kanzlei am Ort des Gerichts der ersten Zulassung einzurichten. Die Landesjustizverwaltung kann bestimmen, daß benachbarte Orte im Sinne dieser Vorschrift als ein Ort anzusehen sind.
(3) Der bei einem Amtsgericht zugelassene Rechtsanwalt kann seine Kanzlei statt an dem Ort dieses Gerichts an einem anderen Ort in dessen Bezirk einrichten.

71 **§ 29 BRAO. Ausnahmen von der Residenzpflicht.** (1) Im Interesse der Rechtspflege oder zur Vermeidung von Härten kann die Landesjustizverwaltung einen Rechtsanwalt von den Pflichten des § 27 befreien. Der Vorstand der Rechtsanwaltskammer ist vorher zu hören.
(2) Die Befreiung kann widerrufen werden, wenn es im Interesse einer geordneten Rechtspflege erforderlich ist. Vor dem Widerruf sind der Rechtsanwalt und der Vorstand der Rechtsanwaltskammer zu hören.
(3) Der Bescheid, durch den ein Antrag auf Befreiung abgelehnt oder eine Befreiung nur unter Auflagen erteilt oder eine Befreiung widerrufen wird, ist mit Gründen zu versehen. Er ist dem Rechtsanwalt zuzustellen. Gegen einen solchen Bescheid kann der Rechtsanwalt innerhalb eines Monats nach der Zustellung bei dem Ehrengerichtshof für Rechtsanwälte den Antrag auf gerichtliche Entscheidung stellen. Zuständig ist der Ehrengerichtshof bei dem Oberlandesgericht, in dessen Bezirk der Rechtsanwalt zugelassen ist.
(4) § 11 Abs. 3 ist entsprechend anzuwenden.

72 **§ 29 a BRAO. Kanzleien in anderen Staaten.** (1) Den Vorschriften dieses Abschnitts steht nicht entgegen, daß der Rechtsanwalt auch in anderen Staaten Kanzleien einrichtet oder unterhält. Die Landesjustizverwaltung befreit einen solchen Rechtsanwalt von der Pflicht des § 27 Abs. 1, wenn er für Gerichte und Parteien ohne Behinderungen erreichbar ist.
(2) Die Landesjustizverwaltung befreit einen Rechtsanwalt, der seine Kanzleien ausschließlich in anderen Staaten einrichtet, von den Pflichten des § 27, sofern nicht überwiegende Interessen der Rechtspflege entgegenstehen.
(3) Der Rechtsanwalt hat die Anschrift seiner Kanzlei und seines Wohnsitzes in einem anderen Staat sowie deren Änderung der Landesjustizverwaltung und der Rechtsanwaltskammer mitzuteilen. § 29 Abs. 1 Satz 2, Abs. 2 und 3 sowie § 11 Abs. 3 sind entsprechend anzuwenden.

73 **Zwölfter Teil. Anwälte aus anderen Staaten. § 206 BRAO. Niederlassung.** (1) Ein Staatsangehöriger eines Mitgliedstaates der Europäischen Gemeinschaften, der seine berufliche Tätigkeit unter einer der in § 1 des Rechtsanwaltsdienstleistungsgesetzes genannten Berufsbezeichnungen ausübt, ist berechtigt, sich unter dieser Berufsbezeichnung zur Rechtsbesorgung auf dem Gebiet ausländischen und internationalen Rechts im Geltungsbereich dieses Gesetzes niederzulassen, wenn er auf Antrag in die für den Ort seiner Niederlassung zuständige Rechtsanwaltskammer aufgenommen ist.
(2) Für die Angehörigen anderer Staaten, die einen in der Ausbildung und den Befugnissen dem Beruf des Rechtsanwalts nach diesem Gesetz entsprechenden Beruf ausüben, gilt Absatz 1 mit der Maßgabe, daß die Befugnis zur Rechtsbesorgung auf das Recht des Herkunftsstaates beschränkt ist, entsprechend, wenn die Gegenseitigkeit mit dem Herkunftsstaat verbürgt ist. Der Bundesminister der Justiz wird ermächtigt, durch Rechtsverordnung mit Zustimmung des Bundesrates die Staaten, für deren Angehörige dies gilt, und die Berufe zu bestimmen.

74 **§ 207 BRAO. Verfahren, berufliche Stellung.** (1) Über den Antrag auf Aufnahme in die Rechtsanwaltskammer entscheidet die Landesjustizverwaltung. Dem Antrag ist eine Bescheinigung der im Herkunftsstaat zuständigen Behörde über die Zugehörigkeit zu dem Beruf beizufügen.
(2) Für die Entscheidung über den Antrag, die Rechtsstellung nach Aufnahme in die Rechtsanwaltskammer sowie die Rücknahme und den Widerruf der Aufnahme in die Rechtsanwaltskammer gelten sinngemäß der Zweite Teil mit Ausnahme der §§ 4 bis 6, 12, 18 bis 27 und 29 bis 36, der Dritte, Vierte, Sechste, Siebente, Zehnte, Elfte und Dreizehnte Teil dieses Gesetzes. Vertretungsverbote nach § 114 Abs. 1 Nr. 4 sowie den §§ 150 und 161 a sind für den Geltungsbereich dieses Gesetzes auszusprechen. An die Stelle der Ausschließung aus der Rechtsanwaltschaft (§ 114 Abs. 1 Nr. 5) tritt das Verbot, im Geltungsbereich dieses Gesetzes fremde Rechtsangelegenheiten zu besorgen; mit der Rechtskraft dieser Entscheidung verliert der Verurteilte die Mitgliedschaft in der Rechtsanwaltskammer.
(3) Der Anwalt muß in dem Bezirk der Rechtsanwaltskammer, in die er aufgenommen ist, die Kanzlei einrichten. Kommt der Anwalt dieser Pflicht nicht binnen drei Monaten nach Aufnahme in die Rechtsanwaltskammer nach, oder gibt er die Kanzlei auf, ist die Aufnahme in die Rechtsanwaltskammer zu widerrufen.
(4) Der Anwalt hat bei der Führung seiner Berufsbezeichnung den Herkunftsstaat anzugeben. Er ist berechtigt, im beruflichen Verkehr zugleich die Bezeichnung "Mitglied der Rechtsanwaltskammer" zu verwenden.

B. Der Inhalt der Residenzpflicht

75 Die zitierten Vorschriften zeigen die verschiedenen Seiten der Residenzpflicht. Ihr wichtigster Aspekt ist die Verpflichtung jedes Rechtsanwalts, eine *Kanzlei* zu besitzen[1]. Dabei genügt

[1] "Kanzleipflicht"; vgl. *BVerfGE* 72, 26 (30 u. ö.).

(selbstverständlich) nicht eine *irgendwo* gelegene Kanzlei. Die Verpflichtung ist daher *ortsbezogen*. Sie bedient sich - der historischen Anknüpfung[2] folgend - des Junktims zwischen der Zulassung zur Rechtsanwaltschaft und der Zulassung bei einem bestimmten Gericht: Im Bezirk des Gerichts, bei dem der Rechtsanwalt zugelassen ist, muß sich seine Kanzlei befinden (§ 27 Abs. 2 BRAO). Außerdem hat er innerhalb des OLG-Sprengels seinen *Wohnsitz* zu nehmen (§ 27 Abs. 1 BRAO). Gewisse Ausnahmen von der Residenzpflicht oder von einzelnen ihrer Verpflichtungen sind zulässig. Von besonderer Bedeutung ist hierbei § 29 a BRAO[3]. Diese Vorschrift geht nämlich davon aus, daß es dem Rechtsanwalt bereits bisher erlaubt ist, *im Ausland* weitere Kanzleien zu errichten. In diesem Fall kann die Landesjustizverwaltung den Rechtsanwalt sogar von der Wohnsitzpflicht dispensieren (§ 29 a Abs. 1 Satz 2 und Abs. 2 BRAO).

C. Der Zweck der einzelnen Verpflichtungen des Residenzgebotes

1. Zweck der Kanzleipflicht

76 Die Kanzleipflicht ist ein wichtiger Bestandteil einer geordneten Rechtspflege[4]. Folgende Überlegungen zeigen dies deutlich:

Daß der Rechtsanwalt verpflichtet ist, eine Kanzlei zu unterhalten, ergibt sich aus seiner Funktion als "Organ der Rechtspflege"[5]. Ohne ein solches örtlich klar erkennbares und während der üblichen Geschäftszeiten erreichbares Büro[6] ist eine geord-

---

2 → Rdnr. 64.

3 Text → Rdnr. 72, eingefügt durch das bereits (→ Rdnr. 5 Fußn. 39) zitierte Gesetz.

4 Sie ist auch verfassungsrechtlich unbedenklich, *BVerfGE* 72, 26 (30 f., 32).

5 § 1 BRAO: "Der Rechtsanwalt ist ein unabhängiges Organ der Rechtspflege."

6 Klare Erkennbarkeit und Erreichbarkeit durch *Praxisschild*, Briefkopf mit *eindeutiger Anschrift*, Eintragung im *Telefonbuch*; vgl. *BGHZ* 38, 6 (11): ..."; denn die bloße Einrichtung eines Zimmers der Privatwohnung mit Schreibmaschine und einiger Fachliteratur konnte vom Publikum, dem dies verborgen blieb, noch nicht als Bereitstellung anwaltlicher Dienste erkannt werden".

nete Arbeit als Anwalt nicht zu leisten[7]. Denn es muß eine *räumlich eindeutig definierte Stelle* geben, an die *alle für den Anwalt bestimmten Zustellungen, Mitteilungen und sonstigen Nachrichten* wirksam gerichtet werden können. Mandanten und Kollegenschaft, Gerichte und Behörden sowie überhaupt jedermann, der mit einen Anwalt "in seinem Beruf"[8] zu tun hat, - sie alle wissen, daß das (alleinige[9]) *Zentrum für Kommunikationen* mit dem betreffenden Anwalt seine Kanzlei bildet. Mag er auch anderswo - bei Gericht, während der Geschäftsreise, zuhause, im Urlaub - erreichbar sein, jedenfalls in der Kanzlei *ist* er erreicht[10].

---

[7] Einer generellen Abschaffung der Kanzleipflicht *de lege ferenda* kann deshalb nicht das Wort geredet werden; anders z. B. *Raczinski-Rogalla-Tomsche* AnwBl 1989, 591. Hingegen müssen die Ortsgebundenheit der Kanzlei (→ Rdnr. 78), das Wohnsitzgebot (→ Rdnr. 79) und das Zweigstellenverbot (→ Rdnr. 82 ff.) sehr wohl überdacht werden.

[8] So die Wendung in § 44 Satz 1 BRAO [Pflicht des Anwalts zur Mitteilung der Ablehnung eines Auftrags].

[9] Zum Zweigstellenverbot → Rdnr. 82 - 93; es verbietet die Zweitkanzlei und Mehrfachkanzleien und monopolisiert damit die Kanzlei des Rechtsanwalts (→ Rdnr. 85). Die anwaltliche Kanzleipflicht zielt auf das Vorhandensein *überhaupt* einer Kanzlei als eines Zentrums der Kommunikation. Die Kanzleipflicht umfaßt aber nicht zugleich auch das Verbot, eine *weitere* Kanzlei zu besitzen. So unterliegt etwa der Wirtschaftsprüfer einer Kanzleipflicht (§ 3 Abs. 1 WPO, Text → Rdnr. 144); gleichwohl darf er eine weitere berufliche Niederlassung haben (§ 47 Abs. 1 WPO, Text → Rdnr. 145). Erst das anwaltliche Zweigstellenverbot führt zur Untersagung *weiterer* anwaltlicher Niederlassungen (→ Rdnr. 85). Ohne das Zweigstellenverbot wäre es dem Anwalt nicht verwehrt, *mehrere* Kanzleien und damit mehrere Zentren für die Kommunikation zu besitzen. Dies war auch der Rechtszustand bis zum Dritten Reich, → Rdnr. 84. - *Heintzen* S. 21 (wörtlich ebenso S. 77) hingegen meint, die BRAO kenne "aus gutem Grund"(?) "nur ein Zweigstellenverbot und kein Verbot der Doppel- oder Mehrfachkanzlei." Solche Verbote wären nach seiner Ansicht nämlich "widersinnig" (S.21) oder "in sich widersprüchlich" (S. 77), "da die Kanzlei definiert ist als der ständige Arbeitsplatz eines Anwalts und niemand an zwei oder mehreren Orten gleichzeitig ständig sein kann" (S. 21 = S. 77). Hieran ist sicher die Lebensweisheit richtig, daß niemand ständig an mehr als einem Ort sein kann - aber der Begriff der Kanzlei setzt eine solche ständige Anwesenheit gerade nicht voraus, → auch sogleich Fußn. 11). Deshalb haben auch Regelungen durchaus ihren Sinn, die sich mit Doppel- oder Mehrfachkanzleien von Freiberuflern befassen, wie z. B. § 29 a BRAO [Text → Rdnr. 72].

[10] Solche Gedanken klingen bereits in den Motiven zur RAO 1878 an, wenn dort die Wohnsitzpflicht am Gerichtsort (zu ihr sogleich → Rdnr. 78 Fußn. 18) nicht als stete Präsenz des Rechtsanwalts, sondern von seiner *Erreichbarkeit* her gesehen

Das Kanzleigebot wäre nach alledem mißverstanden, wenn es als Pflicht des Rechtsanwalts aufgefaßt würde, grundsätzlich *persönlich* in der Kanzlei anwesend zu sein[11]. Im Gegenteil ermöglicht die richtige Kanzleiorganisation vielerlei Anwaltsaktivitäten ohne starre Bindung an den Kanzleisitz. Die Verpflichtung zur *Institution* "Kanzlei" macht die *Person* "Rechtsanwalt" ortsungebunden. Viele Mandanten erwarten übrigens solche Beweglichkeit von einem modernen Anwalt[12], und das Standesrecht enttäuscht solche Erwartungen sicher nicht.

Deutlich erkennbar wird der *organisatorische* Sinn des Kanzleigebots bei dem auf formale Klarheit bedachten und um einen reibungslosen Ablauf bemühten[13] Zustellungsrecht. Seit der reichsrechtlichen Ordnung des Zivilprozesses *repräsentiert die Kanzlei* (das "Geschäftslokal") gerade auch bei Zustellungen *den Rechtsanwalt*:

---

wird: Notwendig sei, daß der im Anwaltsprozeß zur Vertretung der Partei bevollmächtigte Rechtsanwalt am Sitze des Prozeßgerichts "stets zu finden sei, d. h. daß er dort seinen Wohnsitz habe", *Siegel* S. 222 = *Siegeth* S. 17. Beim Dispens nach § 29 a Abs. 1 Satz 2 wird ebenfalls auf die Erreichbarkeit abgestellt (näher → Rdnr. 79).

[11] Diesem Mißverständnis unterlag etwa die eingangs (→ Rdnr. 4 Fußn. 31) genannte Entscheidung des *Bundesgerichtshofs* zur überörtlichen Steuerberatersozietät; aus dem Kanzleibegriff folgerte der BGH unbesehen den Ort der Berufsausübung (näher → Rdnr. 89). Aber auch Befürworter der Zulässigkeit überörtlicher Rechtsanwaltssozietäten gehen von einem solchermaßen unzutreffenden Kanzleibegriff aus, z. B. *Heintzen* S. 12 f.: Für eine Kanzlei sei "die ständige" ... "Anwesenheit eines Rechtsanwalts begriffstypisch"; ähnlich S. 21 und S. 77, wo der Leser auf folgende unzutreffende Ansicht stößt: "Wenn ein Anwalt seine Arbeitskapazität in der Art auf mehrere Orte verteilt, daß kein eindeutiger Schwerpunkt vorhanden ist und keiner der Orte im Verhältnis zu den anderen als Zweigstelle abfällt, so verstößt er nicht gegen das Verbot, mehrere Kanzleien zu betreiben, sondern gegen das Gebot, eine Kanzlei zu haben." An diesem Satz wird deutlich, zu welchen Fehlschlüssen jede Ansicht kommt, die die tatsächliche Leistung des Anwalts nicht säuberlich von der Frage trennt, wo der Anwalt sein Zentrum der Kommunikation errichtet hat. Dieses Zentrum bildet seine Kanzlei - gleichgültig hingegen ist, wo er seine "Arbeitskapazität" einsetzt und wo der räumliche "Schwerpunkt" seiner Tätigkeit liegt.

[12] Vgl. *Wettmann-Jungjohann* S. 40.

[13] Vgl. *Stein-Jonas-Schumann* Rdnr. 1 vor § 166.

77 **§ 183 ZPO [Ersatzzustellung im Geschäftslokal]**[14]
(1)....
(2) Wird ein Rechtsanwalt, ein Notar oder ein Gerichtsvollzieher in seinem Geschäftslokal nicht angetroffen, so kann die Zustellung an einen darin anwesenden Gehilfen oder Schreiber erfolgen.

2. Zweck der Ortsgebundenheit der Kanzlei

78 Wie schon dargelegt, begnügt sich das Gesetz nicht, den Rechtsanwalt zu verpflichten, überhaupt (irgendwo) eine Kanzlei zu besitzen. Ihm ist vielmehr auferlegt, sie am Ort "seines" Gerichts zu unterhalten[15].

Hier wird der Zusammenhang mit dem Prinzip der Lokalisierung deutlich: Eine Kanzlei zu unterhalten, ist *äußerliche Grundvoraussetzung einer geordneten Anwaltstätigkeit*. Daß diese Voraussetzung bei allen Rechtsanwälten vorliegt, hat die Rechtsanwaltskammer sicherzustellen. Dies vermag sie aber nur zu erreichen, wenn der Anwalt nicht "irgendwo", sondern innerhalb des räumlichen Zuständigkeitsbereichs der Rechtsanwaltskammer seine Kanzlei zu errichten hat.

Während sich also die Pflicht, eine Kanzlei zu unterhalten, unmittelbar aus den Interessen der Rechtspflege ableitet, ist die örtliche Bindung (die Kanzlei muß am den Ort des Zulassungsgerichts sein) wiederum[16] *nur aus der Selbstverwaltung der Anwaltschaft* und der lokalen Organisation in den Rechtsanwaltskammern verständlich.

In diesem Zusammenhang darf ein Unterschied zwischen der Regelung über den Kanzleiort und der Vorschrift über den Wohnsitz nicht übersehen werden: Die Kanzlei muß grundsätz-

---

[14] = § 168 CPO von 1877.

[15] § 27 Abs. 2 BRAO. Der beim *Amtsgericht* zugelassene Rechtsanwalt kann aber auch einen anderen Ort wählen, der im Amtsgerichtsbezirk liegt (§ 27 Abs. 3 BRAO; Text der Vorschrift → Rdnr. 70). Der *ausländische Anwalt* nimmt seine Kanzlei im Anwaltskammerbezirk (§ 207 Abs. 3 S. 1 BRAO [Text → Rdnr. 74]). Wer *im Ausland eine Kanzlei* unterhält, hat einen Anspruch, von den Pflichten des § 27 BRAO entbunden zu werden (§ 29 a Abs. 1 BRAO; Text der Vorschrift → Rdnr. 72).

[16] Wie bei der Lokalisation, → Rdnr. 62.

lich[17] am Ort des Zulassungsgerichts bestehen; für den Wohnsitz des Rechtsanwalts reicht es aus, ihn innerhalb des OLG-Bezirks zu nehmen.

Daß der Rechtsanwalt gerade am Ort des Zulassungsgerichts seine Kanzlei zu nehmen hat, ist aus dem Gesichtspunkt der Lokalisation nicht abzuleiten; für diesen Aspekt wäre es ausreichend, wenn der Anwalt die Kanzlei innerhalb der Grenzen der Rechtsanwaltskammer betreibt. Die Anknüpfung an den Ort des Zulassungsgerichts ist nur historisch verständlich[18]: Das (frühere) Wohnsitzgebot am Gerichtsort - heute die Kanzleipflicht am Gerichtssitz - will bewirken, daß der Rechtsanwalt für dieses Gericht leichter erreichbar ist[19]. Sicher ist dieser *historische Gesetzeszweck*[20] heute aus zwei Gründen *überholt*:

---

[17] Zur Ausnahme → Fußn. 15.

[18] Die Rechtsanwaltsordnung von 1878 kannte allerdings nur die Wohnsitzpflicht am Gerichtsort (§ 18 Abs. 1) und gerade *kein Gebot, eine Kanzlei zu unterhalten*. Entsprechende Vorschläge über ein "Geschäftslokal" oder über einen "geschäftlichen Wohnsitz" (z. B. im einem Entwurf aus dem Jahre 1875, abgedruckt bei *Siegel* S. 10 Fußn. 4 sub 3) wurden nicht Gesetz (vgl. auch Bericht der Justizkommission zum Entwurf des GVG bei *Siegel* S. 128 = *Hahn* [GVG] S. 968). Wie der ein Jahr früher vom Reichstag verabschiedete § 168 Abs. 2 CPO [heute § 183 Abs. 2 ZPO, → Rdnr. 77 Fußn. 14] zeigt, ging der Gesetzgeber jedoch davon aus, daß der Rechtsanwalt ein "Geschäftslokal" besitzen *kann*. Ein solches Geschäftslokal entband jedoch nicht von der Wohnsitzpflicht (*Sydow-Jacobsohn* § 18 Anm. 1). Hatte der Rechtsanwalt (ausnahmsweise oder bei Simultanzulassungen) nicht am Gerichtsort seinen Wohnsitz, mußte er einen dort wohnhaften Zustellungsbevollmächtigten zu bestellen (§ 19 Abs. 1 RAO). Da demgemäß die Residenzpflicht auf den Wohnsitz (und nicht auf die Kanzlei) zielte, verneinte das *Reichsgericht* folgerichtig die Wirksamkeit einer Ersatzzustellung nach § 168 Abs. 2 CPO (heute § 183 ZPO, Text → Rdnr. 77), wenn sich das Geschäftslokal nicht am Wohnsitz befand (so *RG* Seufferts Archiv 43 [1888] Nr. 230 S. 354 = JW 1887, S. 93 Nr. 4; ebenso *OLG Jena* BlRpflThür 34 [1887] 175 = Archiv für Civilrechtliche Entscheidungen der sächs. Justizbehörden n. F. 8 [1887] 512; anders ein *LG-Urteil* JW 1886, 214). Diese Rechtsprechung fand allgemein Zustimmung, vgl. *Gaupp* § 168 Fußn. 10, *Wilmowski-Levy* § 168 Anm. 2.

[19] Vgl. BTDrucks. III/120, S. 68.

[20] "Ohne den Wohnsitz des Anwalts am Sitze des Gerichts" sei "eine ordentliche Prozeßführung nicht möglich", so z. B. *Kurlbaum* in der Reichsjustizkommission am 10.1.1876, vgl. *Siegel* S. 44.

Erstens hängt die Erreichbarkeit einer Person angesichts der heutigen Kommunikationstechnik nicht mehr von der räumlichen Nähe ab[21].

Zweitens haben sich Ausmaß und Bereich der Anwaltstätigkeiten immer mehr über die dem Anwaltszwang unterliegende streitige Zivilgerichtsbarkeit hinaus entwickelt[22], so daß es tatsächlich fraglich ist, weshalb ein Anwalt für ein Gericht (angeblich) leichter zu erreichen sein soll, wenn er mit diesem Gericht nichts oder kaum oder doch nur sehr wenig zu tun hat.

Beispielsweise gibt es Anwälte, die im Rahmen ihrer tatsächlichen oder formalisierten[23] Spezialisierung überhaupt nicht in der Zivilgerichtsbarkeit auftreten - Strafverteidiger, Steueranwälte, Fachanwälte für Arbeitsrecht, Sozialrecht, Verwaltungsrecht, Unternehmensanwälte usw. Dabei handelt es sich nicht um einen zu vernachlässigenden Bruchteil anwaltlicher Tätigkeit. Anders als vor hundert Jahren ist das Auftreten vor Zivilgerichten deshalb auch nicht mehr eine den Rechtsanwaltsberuf prägende Tätigkeit. Das Junktim zwischen der Zulassung eines Rechtsanwalts zur Anwaltschaft mit der Zulassung bei einem bestimmten Zivilgericht[24] erscheint heutzutage überholt und kaum noch sachgerecht. Die neueste Gesetzgebung ist hierfür ein guter Beweis: Nach § 29 a Abs. 2 BRAO[25] muß die Landesjustizverwaltung einen Rechtsanwalt, der ausschließlich im Ausland Kanzleien unterhält, von den Pflichten des § 27 BRAO befreien, sofern nicht überwiegende Interessen der Rechtspflege entgegenstehen. Da dieser Anwalt im Ausland seiner Kanzleipflicht genügt, darf er von der Erfüllung des Kanzleigebots im Inland dispensiert werden. Letztlich wird er also von der *inländischen Ortsbindung seiner Kanzlei* befreit. Man sieht: Der heutige Gesetzgeber hat erkannt, daß es zwar für den Anwalt wichtig ist, eine (überhaupt eine) Kanzlei - wenn auch im Ausland - zu besitzen, daß es aber keine große Rolle mehr spielt, *wo* sie sich befindet.

---

[21] Hierauf geht die Untersuchung später noch ein, → Rdnr. 165.

[22] Diese Entwicklung wurde schon angesprochen, → Rdnr. 22 ff. und Rdnr. 26 ff.

[23] Zu den *Fachanwaltsbezeichnungen* → Rdnr. 27 Fußn. 2.

[24] Hierzu → Rdnr. 63 und 64.

[25] Zu dieser neuen Vorschrift → bereits Rdnr. 75 a. E.; ferner Rdnr. 78 Fußn. 15.

Für die vorliegende Untersuchung kann jedoch diese historische Überholung des Gesetzeszwecks ausgeklammert werden: Die überörtliche Rechtsanwaltssozietät kollidiert nicht mit dem Gebot, die Kanzlei am Ort des Gerichts zu unterhalten. Wahrscheinlich wird auch in der Zukunft eine solche Sozietät niemals die Frage aufwerfen, ob es zulässig ist, daß sich eine der beteiligten Kanzleien nicht am Ort des Zulassungsgerichts befindet. Dementsprechend kann dahinstehen, wie sich die soeben dargestellte Überholung des Gesetzeszweckes auswirkt. Selbst bei uneingeschränkter Geltung der Ortsbindung der Kanzlei verstoßen überörtliche Rechtsanwaltssozietäten nicht gegen ein derartiges Gebot.

3. Zweck des Wohnsitzgebots

79 Standesrechtlich hat das Wohnsitzgebot nicht dasselbe Gewicht wie die Kanzleipflicht[26]. Dies ist eine Folge der Änderungen durch die Bundesrechtsanwaltsordnung. Die Rechtsanwaltsordnung des Jahres 1878 kannte, wie schon erwähnt[27], eine ausdrückliche und zudem noch ortsbezogene Kanzleipflicht nicht[28];

---

26 So im Ergebnis auch *BVerfGE* 65, 116 (128 f.) zur *Wohnsitzpflicht von Patentanwälten*: "Dabei ist zu berücksichtigen, daß der mit der Regelung primär erstrebte Zweck eines ordnungsgemäßen Verkehrs der Rechtsuchenden, Gerichte und Behörden mit dem Patentanwalt schon weitgehend durch die Errichtung einer Kanzlei im Inland erreicht wird, daß die Entscheidung, wo der Schwerpunkt der persönlichen und familiären Lebensverhältnisse liegen soll, grundsätzlich der freien Selbstbestimmung vorbehalten bleiben muß und daß - wie es bereits in der Begründung zum Entwurf der Patentanwaltsordnung heißt - im Zeitalter wachsender europäischer Integration dem Staatsbürger bei der Auswahl seines Wohnsitzes möglichst Freizügigkeit zu gewähren ist. Daraus folgt: Macht ein Antragsteller gute Gründe für eine Wohnsitznahme im Ausland geltend und kann er seine Inlandskanzlei vom ausländischen Wohnsitz aus ohne sonderliche Schwierigkeiten erreichen, dann sind keine hinreichenden Gemeinwohlbelange erkennbar, die eine Versagung der Befreiung (sc. von der Wohnsitzpflicht im Inland) rechtfertigen könnten."

27 → Rdnr. 78 Fußn. 18.

28 Infolge der Wohnungsnot nach dem Ersten Weltkrieg führte das Änderungsgesetz vom 9.7.1923 (RGBl. I S. 647) eine (subsidiäre) Kanzleipflicht für den Fall ein, daß der Anwalt am Gerichtsort keine Wohnung besaß (§ 18 Abs. 5 Satz 2 RAO; zu dieser Regelung vgl. auch *Friedlaender* § 18 Rdnr. 27 ff.).

sie verpflichtete jedoch den Rechtsanwalt, im Bezirk des Zulassungsgerichts zu wohnen oder wenigstens einen Zustellungsbevollmächtigten zu bestimmen. Heute reicht es, wenn der Anwalt im OLG-Bezirk wohnt; jeden Anwalt trifft aber die durch die Bundesrechtsanwaltsordnung neu[29] eingeführte generelle gesetzliche Verpflichtung, eine Kanzlei am Gerichtsort zu besitzen. *Die Kanzleipflicht hat also die Funktion der alten Wohnsitzpflicht übernommen.*

Das bedeutet freilich nicht, daß das Gesetz von einer Wohnsitzpflicht abgesehen hat. Sie rechtfertigt sich jetzt aber nur noch als *Ergänzung der Kanzleipflicht*. Denn um eine geordnete[30] Kanzlei zu unterhalten, sind Aufsicht und Überwachung durch den Anwalt notwendig[31]; seiner Präsenz soll möglichst wenig entgegenstehen[32]. Ob dieses Motiv freilich auch in Zukunft die Wohnsitzpflicht zu legitimieren vermag, kann hier dahinstehen[33].

---

29 In der Britischen Zone gab es eine Vorläuferbestimmung in § 20 Abs. 1 Rechtsanwaltsordnung vom 10.3.1949, VOBl.BZ 1949, 80, vgl. *Cüppers* § 20 Anm. 1.

30 "Ohne Ordnung ist in Rechtssachen absolut nicht durchzukommen; die Grundlage der Bureauordnung ist die Ordnung im Bureau" (des Anwalts), *Finger* S. 127.

31 Insbesondere das Recht der *Wiedereinsetzung in den vorigen Stand* macht immer wieder die Verantwortung des Rechtsanwalts für die Organisation seiner Kanzlei deutlich (vgl. *Stein-Jonas-Schumann* § 233 Rdnr. 34). Beruht die Fristversäumung auf *mangelhafter Büroorganisation* ist keine Wiedereinsetzung möglich (*BGH* VersR 1973, 88; VersR 1983, 374). Deshalb hat der Anwalt Vorkehrungen z. B. für seine Abwesenheit zu treffen (*BGH* NJW 1973, 901; VersR 1978, 667; *Stein-Jonas-Schumann* a. a. O. Rdnr. 106, 110, 112 ; vgl. auch Rdnr. 204, 214 zum sonstigen Organisationsverschulden eines Anwalts). Wichtig ist vor allem, daß der Anwalt sein Büropersonal "sorgfältig auswählt, zutreffend anweist und ständig überwacht" - wie die üblichen Wendungen lauten, mit denen die Wiedereinsetzungsjudikatur arbeitet.

32 Vgl. *BVerfGE* 65, 116 (126) zur *Wohnsitzpflicht von Patentanwälten*: "Die Pflicht, den Wohnsitz im Inland zu nehmen, stelle einen raschen und ungehinderten Zugang des Patentanwalts zur Kanzlei sicher und erleichtere es den Gerichten, Behörden und Rechtsuchenden, ihn ohne die mit einem ausländischen Wohnsitz verbundenen Probleme für eine persönliche Kontaktaufnahme unschwer zu erreichen. Diese Erwägungen reichen als vernünftiger Grund aus, um die Wohnsitzpflicht als Grundsatz im Interesse des Gemeinwohls zu rechtfertigen."

33 Bei den nunmehr ausdrücklich zugelassenen Zweit- und Mehrfachkanzleien im Ausland (§ 29 a BRAO; Text → Rdnr. 72) hat das Gesetz eine auf die dortige Kanzlei bezogene Wohnsitzpflicht abgelehnt. Angesichts dieser grenzüberschrei-

Auf solchen Erwägungen beruhen auch die durch § 29 a BRAO neu eingeführten *Ausnahmen von der Wohnsitzpflicht*[34]: Wenn der bei einem inländischen Gericht zugelassene Rechtsanwalt zwar im Ausland, *nicht aber innerhalb der Bundesrepublik Deutschland eine Kanzlei* besitzt[35], kann er auch von der Wohnsitzpflicht dispensiert werden; denn eine isolierte Wohnsitzpflicht[36] kennt das Anwaltsrecht grundsätzlich[37] nicht - so bestätigt sich auch in der neuesten Gesetzgebung die der Kanzleipflicht dienende Funktion der Wohnsitzpflicht. Ebenso ist es mit der weiteren neu eingeführten Ausnahme von dem Wohnsitzgebot: § 29 a Abs. 1 Satz 2 BRAO gewährt sie demjenigen Rechtsanwalt, der *sowohl im Inland wie auch im Ausland Kanzleien* besitzt, sofern er "für Gerichte und Parteien ohne Behinderung erreichbar ist".

Ähnlich wie bei der Lokalisierung[38] zeigt sich auch bei der Wohnsitzpflicht der *Bezug zur Rechtsanwaltskammer*. Innerhalb *ihres* normalen Sprengels - dem OLG-Bezirk - muß der Anwaltswohnsitz liegen. Das Gesetz verwendet also keine Generalklausel, wie sie die beamtenrechtliche Residenzpflicht kennt[39]. Auch dies ist nach den bisherigen Ausführungen konsequent; denn die Einhaltung der Wohnsitzverpflichtung hat die Rechtsanwaltskammer zu überwachen. Es war deshalb sachgerecht, ihren normalen örtlichen Zuständigkeitsbereich als denjenigen Raum festzulegen, in dem der anwaltliche Wohnsitz liegen muß.

---

tenden Situation halten *Raczinski-Rogalla-Tomsche* AnwBl 1989, 591 die Streichung der Wohnsitzpflicht für notwendig.

34 Zu ihnen bereits → Rdnr. 75 a. E.

35 Diese Gestaltung läßt § 29 a Abs. 2 BRAO zu.

36 Im Sinne einer Verpflichtung, einen Wohnsitz zu haben, ohne eine Kanzlei unterhalten zu müssen.

37 Nur im Ausnahmefall, daß "überwiegende Interessen der Rechtspflege" (§ 29 a Abs. 2 BRAO) dies fordern, kann es zu einer Wohnsitzpflicht ohne Kanzleigebot kommen.

38 → Rdnr. 62.

39 Z. B. § 74 Abs. 1 BBG: "Der Beamte hat seine Wohnung so zu nehmen, daß er in der ordnungsgemäßen Wahrnehmung seiner Dienstgeschäfte nicht beeinträchtigt wird."

D. Überörtliche Rechtsanwaltssozietät und Residenzpflicht

80 Mit den drei Verpflichtungen des Residenzgebots kollidiert eine überörtliche Rechtsanwaltssozietät sichtlich nicht: Seine *Kanzleipflicht*[40] erfüllt das Mitglied einer derartigen Sozietät; denn er besitzt eine Kanzlei. Das Gebot[41], am *Ort des Zulassungsgerichts* die *Kanzlei* zu unterhalten, wird ebenfalls nicht beeinträchtigt, weil jeder Sozius dort seine Kanzlei führt, wo er zugelassen ist. Die *Wohnsitzpflicht*[42] bleibt beachtet, da die überörtliche Sozietät den einzelnen Rechtsanwalt weder veranlaßt noch legitimiert, außerhalb des Bezirks des Oberlandesgerichts seinen Wohnsitz zu nehmen[43].

E. Zwischenergebnis

81 Das Residenzgebot enthält drei Verpflichtungen: Jeder deutsche Rechtsanwalt hat eine *Kanzlei* zu besitzen. Diese Kanzlei ist am *Ort des Zulassungsgerichts* zu unterhalten. Der *Wohnsitz* des Anwalts muß innerhalb des Oberlandeslandesgerichtsbezirks liegen.

Die *Kanzleipflicht* als Gebot, eine Kanzlei zu unterhalten, folgt unmittelbar aus der Notwendigkeit, ein *Zentrum der Kommunikation* zu besitzen; es muß eine eindeutig erkennbare, räumlich klar definierte Stelle geben, an der sich jedermann richten kann, wenn er mit dem Anwalt zu tun haben will. Übrigens kam die RAO 1878 ohne diese Pflicht aus; sie begnügte sich mit der Wohnsitzpflicht des Anwalts am Gerichtsort. Eine überörtliche Sozietät gerät mit der Kanzleipflicht nicht in Widerspruch.

Die BRAO verlangt die *Kanzlei am Sitz des Zulassungsgerichts*; diese Verpflichtung ist - wie die Kanzleipflicht - ein Kind neuerer Zeit und dieser Pflicht zugeordnet. Historisch hängt sie mit

---

40 Zu ihr → Rdnr. 76.

41 Zu ihm → Rdnr. 78.

42 Zu ihr → Rdnr. 79.

43 Zu alledem überzeugend der Beschluß des *BGH* vom 18.9.1989 (→ Rdnr. 6). Auch das LG *Nürnberg-Fürth* sagt zutreffend in seinem Urteil vom 29.11.1989 (Az.: 3 O 3530/89 UWG, S. 15), daß sich § 27 BRAO auf den *individuellen* Anwalt bezieht, auf die Sozietät schon vom Wortlaut her aber nicht anwendbar ist.

dem "Klischee des Anwalts als Prozeßvertreter"[44] zusammen und erscheint deshalb weitgehend überholt; die neuere Gesetzgebung hat sie denn auch durchlöchert. Die überörtliche Sozietät gerät freilich mit der Ortsgebundenheit der Kanzlei in keinerlei Kollision.

Als Ergänzung der Kanzleipflicht ist die Wohnsitzpflicht zu verstehen. Die örtliche Grenzziehung - innerhalb des OLG-Bezirks muß der Rechtsanwalt wohnen - hängt mit der Mitgliedschaft des Rechtsanwalts in der Rechtsanwaltskammer zusammen[45] und soll der Kammer ermöglichen, die Erfüllung dieser Pflicht zu überprüfen. Mit der Wohnsitzpflicht kollidiert die überörtliche Sozietät offenkundig nicht.

---

[44] Hierzu → Rdnr. 32.

[45] Kammerbezirk ist grundsätzlich der OLG-Sprengel, → Rdnr. 62.

§ 7. Das Zweigstellenverbot

A. Die einschlägigen Vorschriften der BRAO

82 **§ 28 BRAO. Zweigstelle und Sprechtage.** (1) Der Rechtsanwalt darf weder eine Zweigstelle einrichten noch auswärtige Sprechtage abhalten. Die Landesjustizverwaltung kann dies jedoch gestatten, wenn es nach den örtlichen Verhältnissen im Interesse einer geordneten Rechtspflege dringend geboten erscheint. Der Vorstand der Rechtsanwaltskammer ist vorher zu hören.

(2) Die Erlaubnis kann widerrufen werden. Vor dem Widerruf sind der Rechtsanwalt und der Vorstand der Rechtsanwaltskammer zu hören.

(3) Der Bescheid, durch den die Erlaubnis versagt oder widerrufen wird, ist mit Gründen zu versehen. Er ist dem Rechtsanwalt zuzustellen. Gegen einen solchen Bescheid kann der Rechtsanwalt innerhalb eines Monats nach der Zustellung bei dem Ehrengerichtshof für Rechtsanwälte den Antrag auf gerichtliche Entscheidung stellen. Zuständig ist der Ehrengerichtshof bei dem Oberlandesgericht, in dessen Bezirk der Rechtsanwalt zugelassen ist.

B. Der Inhalt des Zweigstellenverbots

83 Das Verbot von Zweigstellen und auswärtigen Sprechtagen - verkürzt "Zweigstellenverbot" genannt - untersagt institutionell verfestigte, räumlich erkennbare und öffentlich angekündigte auswärtige Aktivitäten des Rechtsanwalts, die auf seine regelmäßige persönliche Anwesenheit schließen lassen.

Im Einklang mit vergleichbaren Begriffen in der Gesetzessprache[1] wird unter "*Zweigstelle*" eine von der ("Haupt"-)Kanzlei

---

[1] "Zweigstelle", "Zweigniederlassung", "Niederlassung", vgl. z. B. §§ 13, 13 a, 30 Abs. 3, § 50 Abs. 3 HGB; § 47 WPO [Text → Rdnr. 145]; § 28 PatAnwO [Text → Rdnr. 159]; § 34 Abs. 1 Satz 1 StBerG [Text → Rdnr. 153; Legaldefinition der beruflichen Niederlassung]; § 21 ZPO; § 1 Abs. 1 Satz 2 VO zur Ausführung des RBerG i. V. m. § 209 Abs. 4 BRAO; §§ 14, 15 Abs. 2, § 42 Abs. 2 (Legaldefinition der "gewerblichen Niederlassung") GewO; § 12 Abs. 2 Nr. 2 AO; § 24 Abs. 1 Nr. 7 und § 53 KWG; § 14 SprengG. Wenn es auch keinen einheitlichen Sprachgebrauch gibt, so deutet der Begriff "*Zweigstelle*" mehr auf eine unselbständige Nebenstelle hin, während beim Ausdruck "*Zweigniederlassung*" die Vorstellung einer gewissen Verselbständigung oder eigenen Leitung mitschwingt, vgl. z. B. *Baumbach-Duden-Hopt* § 13 Anm. 1 C e. Angesichts der Wortwahl "Zweigstelle" in der BRAO ist es nicht zulässig, einfach "Zweigstelle" und "Zweigniederlassung" begrifflich gleichzusetzen, wie dies *Feuerich* AnwBl 1989, 364 tut, um die überörtliche Sozietät abzulehnen.

räumlich getrennte Niederlassung verstanden, die unter der Verantwortung des Rechtsanwaltes der ("Haupt"-)Kanzlei steht, aber im wesentlichen alle Funktionen einer Anwaltskanzlei erfüllt.

"*Sprechtage*" sind öffentlich - wenn auch nur ortsüblich - vorher angekündigte Sprechstunden des Rechtsanwalts außerhalb der Kanzlei an einem ebenfalls vorher öffentlich mitgeteilten Ort[2].

Für die Diskussion um die Zulässigkeit überörtlicher Rechtsanwaltssozietäten ist das Zweigstellenverbot nicht unwichtig. Ganz genau bestimmte und tatbestandlich eng begrenzte überörtliche Aktivitäten (Zweigstellen, Sprechtage) sind der Rechtsanwaltschaft untersagt. Gleichzeitig verdeutlicht das Zweigstellenverbot in seinem Abstellen auf diese Verhaltensweisen, daß generell gegen überörtliche Tätigkeiten der Rechtsanwälte keine Bedenken bestehen. Damit bestätigt sich abermals das zu Beginn herausgestellte[3] Prinzip der Freizügigkeit anwaltlicher Tätigkeiten.

C. Geschichte des Zweigstellenverbots

84 Die Rechtsanwaltsordnung 1878 kannte *kein Zweigstellenverbot*[4]. Der *Ehrengerichtshof für die deutschen Rechtsanwälte* gestattete demgemäß den Rechtsanwälten, Zweigstellen zu errichten und Sprechtage abzuhalten; nur Mißbräuche beanstandete er[5]. Noch bis in den Mai 1933 bestätigte der Ehrengerichtshof diese *mehr als fünfzigjährige beständige Judikatur*[6]. In dieser Zeit war dem

---

[2] Vgl. die ähnliche Regelung in § 10 Abs. 4 BNotO.

[3] → Rdnr. 7.

[4] Ein *gesetzliches* Zweigstellenverbot gibt es, wie sich sogleich zeigen wird, erst seit dem Jahre 1936. Es stammt also keineswegs aus dem letzten Jahrhundert, wie etwa *Commichau* Handesblatt vom 25.7.1989 meint (anders ist es bei der *zivilprozessualen* Lokalisierung; zu ihr → Rdnr. 8 - 20).

[5] Aus der umfangreichen Rechtsprechung: *EGH* III, 103 (vom 17.5.1887); X, 5 (vom 7.11.1900); XVII, 40 (vom 3.6.1916); XXII, 167 (vom 7.11.1928) sowie die unten teilweise *wörtlich wiedergegebenen Urteile* vom 2.4.1930 und vom 20.5.1931, → Rdnr. 137 und 138.

[6] *EGH* XXVII, 24 - 26 (vom 8.2.1933), XXVII, 40 (vom 23.2.1933) mit umfangreichen Hinweisen und XXVII, 73 (vom 10.5.1933).

deutschen Rechtsanwalt also erlaubt, was heutzutage etwa einem Wirtschaftsprüfer oder einem Steuerberater gestattet ist[7].

Mit der im Juni 1933 einsetzenden Beachtung nationalsozialistischer Gedanken in der Rechtsprechung des EGH[8] nahm der EGH auch *Abschied von seiner liberalen, rechtsstaatlichen Haltung* und vollzog mit dem Urteil vom 6. Juli 1933[9] eine Kehrtwendung und bejahte ein Zweigstellenverbot[10]. Der im Jahr 1934 errichtete *Ehrengerichtshof bei der Reichs-Rechtsanwaltskammer*[11] schloß sich dieser Auffassung an[12]. Die Reichs-Rechtsanwaltskammer - ebenfalls erst während des Dritten Reichs eingerichtet[13] - sprach in ihren "Richtlinien für die Ausübung des Anwaltsberufs"[14] ein entsprechendes Verbot aus[15].

Eine gesetzliche Regelung enthielt sodann die Reichs-Rechtsanwaltsordnung von 1936 in § 20 Abs. 2[16]: "Der Rechtsanwalt darf ohne Zustimmung des Präsidenten der Rechtsanwaltskammer weder eine Zweigstelle errichten noch außerhalb der Kanzlei Sprechtage abhalten."[17]

---

[7] Zum Standesrecht dieser Berufe → Rdnr. 144 - 158.

[8] *EGH* XXVII, 83 f. vom 1.6.1933 [noch behutsam] und XXVII, 84 vom 14.6.1933 [deutlich hinter dem NS-Gedanken, S. 85]: "Aber gerade die heute allenthalben zur Geltung gebrachten Grundsätze der Säuberung erheischen es, auch standesrechtlich mit Strenge für die Reinhaltung des Anwaltsstandes zu sorgen."; vgl. auch *König* S. 59 f.

[9] *EGH* XXVII, 124 - 130.

[10] Eingehend zu diesem Urteil → Rdnr. 136.

[11] Zu ihm → Rdnr. 130 Fußn. 9 ff.

[12] Vgl. z. B. *EGH* XXX, 79 und 139 (vom 2.3.1936 und vom 17.6.1936).

[13] → Rdnr. 130 Fußn. 12.

[14] Abgedruckt - ohne Datum - bei *Noack* [Kommentar] S. 258 - 268; sie stammen aus dem Jahr 1934, vgl. *Sue* S. 41 Fußn. 4.

[15] Sub H IV 61; bei *Noack* a. a. O. S. 266.

[16] Vgl. auch *Noack* a. a. O. S. 22 f., 83, 131.

[17] Bemerkenswert hierzu im Jahr 1976 (!) *Isele* § 28 Anm. II B: "Die Entscheidung des Kammerpräsidenten war zwar nicht anfechtbar, aber immerhin hatte der Rechtsanwalt Klarheit, bevor er etwas unternahm." Ähnlich unhaltbare Ausführungen desselben Autors → Rdnr. 136 Fußn. 49.

Die Bundesrechtsanwaltsordnung[18] sah kein Hindernis, in der Frage von Zweigstellen und Sprechtagen an die Reichs-Rechtsanwaltsordnung des Jahres 1936 anzuknüpfen und sogar eine *noch schärfere* Regelung vorzunehmen: Sie sprach kein Verbot mit dem Vorbehalt der Erlaubnis[19] aus, sondern untersagte grundsätzlich Zweigstellen und Sprechtage[20]. Der Regierungsentwurf[21] enthielt in § 40 Abs. 1 eine wörtlich mit dem heutigen § 28 Abs. 1 BRAO übereinstimmende Regelung.

Diese Entwicklung steht in einem *diametralen Gegensatz* zur Situation bei den *Wirtschaftsprüfern* und *Steuerberatern*. Deren Berufsrecht hat nach dem Zweiten Weltkrieg umgekehrt zur Zulässigkeit auch von Zweigstellen geführt[22]. Es gehört zu den *erstaunlichen Erscheinungen* der Nachkriegszeit, daß sozusagen im gleichen Atemzug derselbe Gesetzgeber den Rechtsanwälten die Zweigstellenbefugnis absprach, während er sie den beiden anderen beratenden Berufen zugestand.

D. Der Zweck des Zweigstellenverbots

85 Mit dem Zweigstellenverbot[23] will die BRAO erreichen, daß ein Rechtsanwalt nicht *mehrere* Kanzleien besitzt und es also nur *ein*

---

[18] → Rdnr. 4 Fußn. 27.

[19] Die Rechtsanwaltsordnung für die Britische Zone (→ Rdnr. 79 Fußn. 29) untersagte Zweigstellen und Sprechtage nicht, band aber ihre Errichtung bzw. Durchführung an die Genehmigung durch den *Kammervorstand* (§ 21), vgl. *Cüppers* § 21 Anm. 1 f.

[20] Die Genehmigung von Ausnahmen erteilt die *Landesjustizverwaltung*, nicht die Rechtsanwaltskammer (§ 28 Abs. 1 Satz 2 BRAO, Text → Rdnr. 82).

[21] → Rdnr. 4 Fußn. 27. Die dort genannten drei Entwürfe stimmen in diesem Punkt überein. Nur in § 40 Abs. 1 S. 3 kam es zu einer kleinen sprachlichen Änderung.

[22] Näher → Rdnr. 176.

[23] Grundlegende Ausführungen über den Zweck des anwaltlichen Zweigstellenverbots sind nicht zu finden. Auch die Ausführungen der Bundesregierung in ihren Entwürfen erscheinen dürftig. Historisch ist die Begründung zu § 40 teilweise sogar unzutreffend und gegenüber den mit der Materie ja meist nicht vertrauten Abgeordneten des Deutschen Bundestages insofern unredlich, weil sie nicht offenlegt, wie die höchstrichterliche Praxis seit 1879 war und unter welchen politischen Bedingungen im Jahr 1933 der Ehrengerichtshof ein Zweigstellenverbot erfand, vgl.

einziges Zentrum gibt, das für die Kommunikationen mit einem Rechtsanwalt institutionell zur Verfügung steht; erst das Zweigstellenverbot *monopolisiert die Kanzlei*, die der Rechtsanwalt zu besitzen hat, und verbietet ihm die *Zweitkanzlei* oder Mehrfachkanzleien[24]. Anders als bei *Wirtschaftsprüfern* und *Steuerberatern*[25] hat sich demnach der Anwalt auf diese seine *einzige* Kanzlei zu beschränken. Hinter dem Zweigstellenverbot steht die gesetzgeberische Überlegung, daß sich ein Rechtsanwalt mehreren Kanzleiorganisationen nicht in derselben Weise zu widmen vermag, wie dies bei nur einer einzigen Kanzlei möglich sei[26].

Ob für ein Zweigstellenverbot heute noch eine gesetzgeberische Notwendigkeit besteht, scheint nicht geklärt zu sein. Manche Stimme meint, "die Zeit der Zweigstellen und der Sprechtage geht zu Ende"[27]. Ferner läßt sich der Wertungswiderspruch[28] schwer erklären[29], daß der deutsche Rechtsanwalt zwar im Ausland Zweit- und Mehrfachkanzleien errichten darf[30], im Inland aber nicht einmal eine Zweigstelle. Doch kann diese rechtspolitische Problematik genauso dahingestellt bleiben wie die Frage, ob das Zweigstellenverbot überhaupt jemals sachlich gerechtfertigt war[31]; denn - wie sich sogleich zeigen wird - über-

---

z. B. Verhandlungen des Deutschen Bundestages, 2. Wahlperiode 1953, Anlagen zu den stenographischen Berichten, Band 32, Drucks. 1014, S. 72.

[24] → schon Rdnr. 76 mit Fußn. 9 sowie § 79 Standesrichtlinien [Text → Rdnr. 109].

[25] Zu ihnen → Rdnr. 144 - 158.

[26] Vgl. *Heintzen* S. 10 m. w. Nachw. In diesem Sinne wohl auch *Isele* § 28 Anm. IV A 1 und *Zuck* in: *Lingenberg-Hummel-Zuck-Eich* § 79 Rdnr. 3. Zur Organisationsverantwortung des Rechtsanwalts → Rdnr. 79 mit Fußn. 31.

[27] *Isele* § 28 Anm. I; vgl. auch *Commichau* Handelsblatt vom 25.7.1989 und *Zuck* a. a. O. Rdnr. 1: "ohne große praktische Bedeutung".

[28] Zu ihm → auch Rdnr. 206.

[29] Für *gemeinschaftsrechtswidrig* halten *Raczinski-Rogalla-Tomsche* (AnwBl 1989, 589 ff. m. w. Nachw.) das Zweigstellenverbot.

[30] Gemäß § 29 a BRAO [Text → Rdnr. 72].

[31] An einer solchen Rechtfertigung kann man deshalb zweifeln, weil die Rechtsanwaltsordnung 1878 über ein halbes Jahrhundert ohne ein Verbot auskam (→ Rdnr. 84). *Michalski* S. 249 ff., 353 verneint denn auch die Berechtigung eines anwaltlichen Zweigstellenverbots.

örtliche Rechtsanwaltssozietäten widersprechen keineswegs *generell* (als solche) diesem Verbot.

E. Unzulässige Gestaltungen einer überörtlichen Rechtsanwaltssozietät

86 Die Mitglieder einer überörtlichen Rechtsanwaltssozietät verstoßen gegen das Verbot des § 28 Abs. 1 Satz 1 BRAO, wenn sie neben ihrer Kanzlei eine *Zweigstelle* (oder mehrere Zweigstellen) *betreiben* oder *auswärtige Sprechtage abhalten*. Ein solcher Verstoß wird auch nicht dadurch beseitigt, daß als Zweigstelle des einen Sozius die Kanzlei seines Partners angegeben wird oder daß die Sprechtage in der Kanzlei eines der Mitglieder durchgeführt werden.

Nicht entscheidend ist naturgemäß die *Wortwahl*. Eine unzulässige Zweigstelle liegt daher auch dann vor, wenn in den jeweiligen Ankündigungen (Praxisschild, Zeitungsinserate, Telefonbucheintragungen, Briefköpfe usw.) die Begriffe "Zweigstelle" oder "Sprechtag" vermieden werden, aber durch andere sprachliche Wendungen der Eindruck entsteht, ein auswärtiger Rechtsanwalt sei auch hier regelmäßig tätig und man könne ihn dann aufsuchen. Das Zweigstellenverbot untersagt jede institutionell verfestigte, räumlich erkennbare und öffentlich angekündigte auswärtige Aktivität des Rechtsanwalts, die auf seine regelmäßige Anwesenheit schließen läßt[32] - wie immer die Ausdrücke auch lauten, die derartige Aktivitäten darstellen. Umgehungsformen werden daher auch vom Verbot des § 28 Abs. 1 Satz 1 BRAO ergriffen.

F. Zulässige Gestaltungen einer überörtlichen Rechtsanwaltssozietät

87 Keine Bedenken erheben sich jedoch gegen derartige überörtliche Rechtsanwaltssozietäten, die weder ausdrücklich noch mittelbar auf eine Zweigstelle oder auf Sprechtage am anderen Ort

32 Vgl. hierzu § 79 Standesrichtlinien [Text → Rdnr. 109], der für zulässige (genehmigte) Zweigstellen die *persönliche* Erreichbarkeit des Anwalts fordert.

abzielen. Wie schon dargelegt[33], verbietet § 28 Abs. 1 Satz 1 BRAO nicht etwa generell überörtliche Anwaltsaktivitäten: Nur die in der genannten Vorschrift bezeichneten Verhaltensweisen sind untersagt. *Führt also die überörtliche Rechtsanwaltssozietät nicht zu Zweigstellen oder Sprechtagen, verstößt sie nicht gegen das Zweigstellenverbot.*

Zu einer anderen Aussage müßte man allerdings gelangen, wenn eine *jede* Gestaltung überörtlicher Rechtsanwaltssozietäten notwendigerweise (automatisch) zu Zweigstellen oder Sprechtagen an dem auswärtigen Ort führen würde. Eine derartige Automatik ist aber weder rechtlich noch faktisch gegeben[34]. Schon rein begrifflich hat eine überörtliche Sozietät nichts mit einer Zweigstelle gemein[35]:

1. Adressat des Zweigstellenverbots ist der Anwalt, nicht die Sozietät

88 Es könnten sich Bedenken gegen die überörtliche Rechtsanwaltssozietät ergeben, wenn eine *gesetzliche* Vorschrift[36] bestünde, daß sämtliche in einer nach außen hin erkennbaren[37] Rechtsanwaltssozietät verbundenen Anwälte immer nur eine *einzige* Kanzlei unterhalten dürften; dann allerdings stellte sich tatsächlich bei einer überörtlichen Rechtsanwaltssozietät die Frage, ob die Kanzlei des Sozius in X. eine Zweigstelle der Kanzlei des anderen Sozietätsmitglieds in Y. wäre (bzw. umgekehrt). Aber die Rechtsanwaltsordnung kennt eine derartige Vorschrift

---

33 → Rdnr. 83 am Ende.

34 Sie wird deshalb auch vom *BGH* in seinem Beschluß vom 18.9.1989 (→ Rdnr. 6) abgelehnt; ähnlich auch die Entscheidungen des *LG Köln* (→ Rdnr. 6 Fußn. 47) und des *LG Nürnberg-Fürth* (→ Rdnr. 6 Fußn. 48).

35 So zutreffend *Heintzen* S. 11: "Überörtliche Sozietät und Zweigstelle" haben "grundsätzlich nichts miteinander zu tun"; dort finden sich auch weitere Argumente für die hier vertretene Ansicht.

36 Zu den Standesrichtlinien → Rdnr. 94 ff.

37 Zur *Innensozietät* → Rdnr. 92.

nicht[38]. Adressat des (*personenorientierten*) Zweigstellenverbots ist stets nur der *einzelne* Rechtsanwalt (nicht etwa die Sozietät) - wie sich übrigens auch die Pflicht zur Lokalisierung und die Residenzpflicht ausschließlich an den *einzelnen* Rechtsanwalt richten. Deshalb ist der Sozius seinen verschiedenen anwaltlichen Verpflichtungen nicht deshalb enthoben, weil seine Sozietätspartner sie erfüllen: Denn nicht die Sozietät ist bei Gericht zugelassen und nicht die Sozietät erfüllt die Kanzleipflicht, sondern jeweils der einzelne Rechtsanwalt als natürliche Person[39].

Der *personenbezogene Pflichtenkreis* im deutschen Anwaltsrecht wurde im übrigen schon sehr klar vom *Bundesverfassungsgericht* in anderen Zusammenhängen herausgearbeitet: Bei der Interpretation von § 146 StPO[40] hat es betont, daß Adressat der Vorschrift die "Einzelperson" und nicht etwa die Sozietät ist[41].

---

[38] Sie nimmt, wie schon eingangs gesagt (→ Rdnr. 4 Fußn. 28), die Sozietät nicht wahr. Dies ist hinsichtlich des Pflichtenkatalogs der Anwälte auch richtig, weil er sich stets nur an eine natürliche Person zu richten vermag.

[39] Dies wird in der Diskussion nicht immer scharf genug gesehen. So stellt auch *Heintzen* nicht deutlich genug heraus, daß sich der Kanzleibegriff auf die Person des Rechtsanwalts bezieht. Seine Definition der überörtlichen Sozietät geht von der Vorstellung aus, es bestehe bei ihr eine "Sozietät mit mehreren Kanzleien" (S. 1; ähnlich S. 21 und 50). Doch ist dies nicht präzis (→ auch Rdnr. 165 Fußn. 15). Träger der einzelnen Kanzleien sind nur die jeweiligen Anwälte, wie dies sogleich noch näher ausgeführt wird. Auch in seiner Entscheidung aus dem Jahr 1981 (→ Rdnr. 4 Fußn. 31) benutzte der *Bundesgerichtshof* noch die ungenaue Wendung, daß die "Sozietät eine Kanzlei unterhält" (*BGHSt* 30, 81 [83] = NJW 1981, 2477). Hiervon unterscheidet sich nunmehr der Beschluß des *BGH* vom 18.9.1989 wohltuend und klar, wie das Ende des 1. Absatzes des oben (→ Rdnr. 6) wiedergegebenen Zitats deutlich erkennen läßt. Dieser wichtigen Aussage des BGH vermag *Heintzen* S. 73 ff. aufgrund seines geschilderten unzutreffenden Ansatzes nicht gerecht zu werden; seiner Kritik am BGH kann man daher keinesfalls folgen.

[40] In seiner heutigen Fassung lautet er: "Ein Verteidiger kann nicht gleichzeitig mehrere derselben Tat Beschuldigte verteidigen. In einem Verfahren kann er auch nicht gleichzeitig mehrere verschiedener Taten Beschuldigte verteidigen."

[41] *BVerfGE* 43, 79 (91): "Selbst wenn der Beschuldigte von sämtlichen Sozietätsmitgliedern verteidigt wird, ist 'Verteidiger' nicht 'die' Sozietät, sondern nur jeder einzelne der ihr angehörenden Rechtsanwälte".

2. Auch für die überörtliche Sozietät gilt das personenbezogene Zweigstellenverbot

89 Von dieser *personenbezogenen* Betrachtungsweise[42] darf die überörtliche Rechtsanwaltssozietät nicht ausgenommen werden. Auch wenn nämlich die der Sozietät angehörenden Rechtsanwälte an örtlich verschiedenen Gerichten zugelassen sind und dort ihre Kanzlei haben, so unterhält doch jeder einzelne Sozius stets nur *eine* (nämlich: seine) Kanzlei. *Diese* Kanzlei am Ort des Zulassungsgerichts ist für ihn die im dargelegten Sinn[43] zentrale und einzige Stelle; allein *sie* bildet für den betreffenden Rechtsanwalt das Geschäftslokal im Sinne des Zustellungsrechts[44] und *dort* liegt das Zentrum der Kommunikation dieses Rechtsanwalts[45]. Sofern er nicht in unzulässiger Weise[46] die Kanzlei des ortsfremden Partners zur Zweigstelle macht oder dort Sprechtage abhält, können aus dem Gesichtspunkt des Zweigstellenverbots keine Bedenken bestehen.

Bei dieser *personenbezogenen* Betrachtungsweise wird auch die Schlußfolgerung vermieden, mit der im Jahre 1981 der *Bundesgerichtshof* das Thema der überörtlichen Sozietät behandelte[47]. Weil Gesellschaftszweck einer Sozietät die gemeinschaftliche Berufsausübung sei, übe jeder Sozius bei einem überörtlichen Zusammenschluß den Beruf "an allen Orten aus, an denen die Sozietät eine Kanzlei unterhält. An allen diesen Orten hat er seine berufliche Niederlassung"[48]. Eine solche rein *begriffliche*[49]

---

[42] Überzeugend wendet diese Betrachtungsweise das bereits oben (→ Rdnr. 6 Fußn. 47) zitierte Urteil des *Landgerichts Köln* an.

[43] → Rdnr. 76.

[44] → Rdnr. 77.

[45] → Rdnr. 76 und 85.

[46] → Rdnr. 86.

[47] Zu dieser Entscheidung → Rdnr. 4 Fußn. 31.

[48] *BGHSt* 30, 81 [83] = NJW 1981, 2477.

[49] *Heintzen* S. 14 geißelt sie als "juristische Konstruktion". Zu welch Ergebnissen solche begriffsjuristischen Argumentationen führen, zeigt *Späth* S. 25: Weil bei einer überörtlichen Steuerberatersozietät jeder Steuerberater auch am Sitz der Sozien eine berufliche Niederlassung habe und sich die Kammerzugehörigkeit nach der Niederlassung richte, könne die überörtliche Sozietät zur Mitgliedschaft in

Argumentation trägt zur Problemlösung nicht bei. Erstens folgt aus dem Gesellschaftszweck einer überörtlichen Sozietät keineswegs zwingend, daß der Sozius überall tätig sei[50]. Zweitens ist der Kanzleibegriff nicht am tatsächlichen Ort der anwaltlichen Dienstleistung orientiert[51]; das Schwergewicht der Berufsausübung darf und kann gerade außerhalb liegen. Drittens "unterhält" nicht etwa die überörtliche Sozietät an mehreren Orten Kanzleien[52], sondern sie tastet die persönliche Zuordnung der jeweiligen Kanzlei zu den einzelnen Rechtsanwälten in keiner Weise an.

3. Das Zweigstellenverbot paßt historisch nicht auf die überörtliche Sozietät

90 Jede überörtliche Rechtsanwaltssozietät am Zweigstellenverbot scheitern zu lassen, ist auch historisch nicht zu rechtfertigen. Was immer Ziel und Zweck dieses Verbots sind[53], aus den Gesetzesberatungen und aus der damaligen rechtspolitischen Diskussionen[54] läßt sich schnell entnehmen, daß damit nicht Zusammenschlüsse gemeint waren, die heutzutage unter dem Begriff der überörtlichen Rechtsanwaltssozietät erscheinen. Dagegen kann man auch nicht einwenden, derartige Gestaltungen seien bei Erlaß der BRAO im Jahre 1959 nicht vorhersehbar gewesen: Seit der schon eingangs genannten[55] Entscheidung des *Ehrengerichtshofs für die deutschen Rechtsanwälte* aus dem Jahre 1931 (die die Zulässigkeit der überörtlichen Sozietät dahinstellte), spätestens aber seit dem negativen Spruch des *Ehrengerichtshofs der*

---

mehreren Kammern führen. Also sei sie nur - da Mehrfachmitgliedschaften unzulässig seien - innerhalb eines Kammerbezirks zulässig! Wer *personenbezogen* argumentiert, vermeidet derart groteske Resultate.

50 *Heintzen* S. 14. - In seiner Kritik an der jüngsten Entscheidung des *BGH* greift übrigens *Westermann* (EWiR § 28 BRAO 1/89) auf den verfehlten gesellschaftsrechtlichen Ansatz der früheren Rechtsprechung des *BGH* zurück.

51 Näher → Rdnr. 76 bei Fußn. 11.

52 → Rdnr. 88 und insbesondere Fußn. 39.

53 → Rdnr. 85.

54 Zur Geschichte des Zweigstellenverbots → Rdnr. 84.

55 → Rdnr. 4 Fußn. 23. Näher zu dieser Entscheidung → Rdnr. 130 Fußn. 8.

Reichs-Rechtsanwaltskammer aus dem Jahre 1943[56] war die "interlokale Assoziation" als Gestaltungsform einer Sozietät durchaus bekannt. Der *Ehrengerichtshof der Reichs-Rechtsanwaltskammer* sah sie ausdrücklich (und insoweit durchaus richtig) nicht als ein Fall der Zweigstelle an[57]. Wenn das auf der Rechtsprechung dieses Gerichtshofs vielfach basierende Gesetz dann aber nur die Zweigstelle, nicht aber die überörtliche Sozietät untersagte, läßt sich heute nicht vertreten, eigentlich umfasse das Zweigstellenverbot auch die überörtliche Sozietät.

4. Das Zweigstellenverbot paßt rechtstechnisch nicht auf die überörtliche Sozietät

91 Das in § 28 BRAO[58] niedergelegte Zweigstellenverbot paßt ferner in seiner rechtstechnischen Ausgestaltung auf die überörtliche Sozietät nicht: Absatz 1 Sätze 2 und 3 gehen ganz offensichtlich von der gesetzgeberischen Vorstellung aus, die Zweigstelle des Anwalts befinde sich innerhalb des Bereichs derselben Landesjustizverwaltung und derselben Rechtsanwaltskammer[59]. Die überörtliche Rechtsanwaltssozietät kann zwar durchaus einen rein regionalen Zuschnitt haben[60]. Aber sie ist nicht weniger bundesländer-(und rechtsanwaltskammer-)übergreifend möglich und sinnvoll. Wie dann die genannten Vorschriften durchzuführen sind, ist nicht ersichtlich[61].

---

[56] Zu diesem neuen Gerichtshof → Rdnr. 130 Fußn. 9 ff.; zu der Entscheidung selbst → Rdnr. 134.

[57] Das betont *Heintzen* S. 11 zutreffend.

[58] Text → Rdnr. 82.

[59] Hierauf weist *Heintzen* S. 8 f. überzeugend hin.

[60] → Rdnr. 172.

[61] Näher *Heintzen* S. 9.

5. Schon bisher zulässige überörtliche Sozietäten: Innensozietäten und interprofessionelle Sozietäten

92 Schon bisher sind im übrigen überörtliche Rechtsanwaltssozietäten nicht als unzulässig angesehen worden, die als reine *Innengesellschaften* nach außen überhaupt nicht in Erscheinung traten[62]. Aber auch für die üblicherweise erkennbare (Außen-) Anwaltssozietät kann der Schluß nicht zutreffen, *jede* überörtliche Sozietät sei eine Verletzung des Zweigstellenverbots[63]. Denn seit einiger Zeit sind - der breiten Öffentlichkeit vielfach unbekannt - *überörtliche Rechtsanwaltssozietäten unbestritten zulässig,* bei denen noch niemand unter dem Gesichtspunkt des Zweigstellenverbots Anstoß genommen hat: So darf ein *Rechtsanwalt mit einem Wirtschaftsprüfer eine interprofessionelle Sozietät*[64] *unterhalten*[65], *auch wenn der Wirtschaftsprüfer* - was nach seinem Standesrecht zulässig ist[66] - seinerseits eine *Zweigstelle besitzt*[67]. Dasselbe gilt bei einer Sozietät mit einem *Steuerberater,* dem ebenfalls gestattet wird[68], auswärtige Beratungsstellen zu betreiben[69]. Der Rechtsanwalt darf in diesen Fällen seine Sozietät mit dem Wirtschaftsprüfer oder (und) dem Steuerberater sogar am *Nebensitz* dieser Partner haben, die ihrerseits ihre (Haupt-) Kanzlei an ei-

---

[62] Daß die Anwaltssozietät eine bloße Innengesellschaft sein darf, ist unbestritten, vgl. *Buchwald-Tiefenbacher* S. 189. Kein Rechtsanwalt soll verpflichtet sein, derartige Innensozietäten nach außen bekannt zu machen, vgl. *Zuck* in: *Lingenberg-Hummel-Zuck-Eich* § 28 Rdnr. 22 a. E.; zur Problematik dieser Ansicht → Rdnr. 118.

[63] Diese Auffassung vertritt offensichtlich *Feuerich* AnwBl 1989, 364, wenn er meint, die Kanzlei der überörtlichen Sozietät stelle de facto nichts anderes dar als die Zweigstelle desjenigen Anwalts, der nicht am Ort der Kanzlei zugelassen ist.

[64] Zum Begriff → Rdnr. 1.

[65] Mit Wirtschaftsprüfern, Steuerberatern und Patentanwälten (nicht aber mit Angehörigen anderer Berufe) darf der Rechtsanwalt eine Sozietät bilden, § 30 Standesrichtlinien [Text → Rdnr. 98]. Zur Verfassungsmäßigkeit von Sozietätsverboten: *BVerfGE* 54, 237 (245 ff.); 60, 215 (229 ff.); 80, 269 (278 ff.).

[66] → Rdnr. 145.

[67] *Zuck* a. a. O. § 30 Rdnr. 30.

[68] → Rdnr. 153 ff.

[69] *Zuck* a. a. O. § 31 Rdnr. 11.

nem anderen Ort unterhalten[70]. Mit Recht ist bisher keinem solcherart *interprofessionell* assoziierten Rechtsanwalt der Vorwurf gemacht worden, er betreibe selbst eine Zweigstelle und aus diesem Grunde sei die überörtliche Sozietät unzulässig. Freilich - dies sei nochmals hinzugefügt - dürfen die Verlautbarungen in allen diesen Situationen nicht etwa den Eindruck erwecken, als sei die fremde Kanzlei nun eben doch in irgendeiner Weise institutionell gesicherter Ort ständiger anwaltlicher Tätigkeit[71]; dann - aber nur dann - ist das Zweigstellenverbot verletzt[72].

G. Zwischenergebnis

93 Die RAO 1878 kannte das Zweigstellenverbot nicht. Es wurde erst im Dritten Reich von der Rechtsprechung entwickelt und schließlich von der BRAO übernommen. Das Zweigstellenverbot untersagt dem Rechtsanwalt, neben seiner Kanzlei eine Zweigstelle zu unterhalten oder Sprechtage durchzuführen. Damit soll verhindert werden, daß sich neben der Anwaltskanzlei feste und institutionalisierte Stellen herausbilden, bei denen die regelmäßige persönliche Anwesenheit des Anwalts erwartet wird. Das Zweigstellenverbot monopolisiert daher die Kanzlei des Rechtsanwalts und unterbindet Zweit- oder Mehrfachkanzleien.

Das nach dem Zweiten Weltkrieg in der BRAO verankerte Zweigstellenverbot für Rechtsanwälte steht in einem diametralen Gegensatz zu der in derselben Zeit für *Wirtschaftsprüfer* und *Steuerberater* bejahten Zweigstellenbefugnis. Erschwerend für die Anwaltschaft fällt ferner ins Gewicht, daß sie ihren Beruf nicht

---

[70] *Zuck* a. a. O.

[71] Hierzu *Zuck* a. a. O.: "Der mitbeteiligte Rechtsanwaltssozius muß eine Residenzpflicht dadurch erfüllen, daß er seine berufliche Niederlassung am Haupt- oder am Sitz einer Zweigstelle des mit ihm verbundenen Angehörigen der anderen Berufe nimmt. In Briefbögen und Drucksachen darf nur nicht der Eindruck entstehen, auch nicht unter dem Gesichtspunkt des bösen Scheins, daß der Rechtsanwalt, ebenso wie die anderen Sozien, an allen Orten der Sozietät mit gleichem Gewicht seine Tätigkeit ausübt. Unvermeidlich erscheint daher bei dem Namen der Anwalts-Sozius ein Zusatz über sein Zulassungsgericht."

[72] Hierzu eingehend → Rdnr. 86.

innerhalb von Kapitalgesellschaften auszuüben vermag, während dies den soeben genannten konkurrierenden Berufen gestattet ist, so daß allenthalben Zweigniederlassungen von Wirtschaftsprüfer- oder Steuerberatungsgesellschaften anzutreffen sind[73].

Die *überörtliche Rechtsanwaltssozietät* wird durch das Zweigstellenverbot nicht untersagt. Übrigens sind schon bisher überörtliche *innerprofessionelle* Sozietäten als zulässig angesehen worden. Im grenzüberschreitenden Bereich ist es dem Anwalt sogar unbenommen, Zweit- oder Mehrfachkanzleien zu unterhalten.

Schließlich ist das Zweigstellenverbot mit seinem klar umrissenen Inhalt ein weiterer Beweis, daß außerhalb derartiger untersagter Aktivitäten gegen überörtliche Tätigkeiten des Anwalts keine Bedenken bestehen.

---

[73] → Rdnr. 150 bei Fußn. 11 und Rdnr. 151 Fußn. 20.

§ 8. Standesrichtlinien und anderes Standesrecht

A. Die Standesrichtlinien gemäß § 177 Abs. 2 Nr. 2 BRAO

94 Aufgrund der Vorschrift des § 177 Abs. 2 Nr. 2 BRAO hat die Bundesrechtsanwaltskammer über die Grundsätze des anwaltlichen Standesrechts Richtlinien festgestellt[1]. In der Vergangenheit spielten die Richtlinien eine große Rolle, wenn die Zulässigkeit der überörtlichen Rechtsanwaltssozietät diskutiert wurde.

Heute aber kann an dem Satz des Bundesverfassungsgerichts nicht vorbeigegangen werden: "Diese Richtlinien bilden" ..... "keine ausreichende Grundlage für Einschränkungen der anwaltlichen Berufsausübung"[2]. Mit dieser Aussage wurde "quasi über Nacht" ..... "dem bisherigen Berufs- und Standesrechtssystem eine Absage erteilt"[3]. Gleichwohl wäre es falsch, die Problematik der überörtlichen Rechtsanwaltssozietäten ohne einen Blick auf diese Richtlinien zu lösen. Denn für eine "Übergangsfrist"[4] bleiben die Richtlinien bedeutsam - freilich unter Voraussetzungen, die das Bundesverfassungsgericht selbst umschrieben hat[5] und die sich als außerordentlich eng erweisen, so

---

[1] Umfasssend hierzu das Werk von *Lingenberg-Hummel-Zuck-Eich*. In einem dem Buch vorangestellten Sonderteil sind auch die Folgerungen aus der bereits eingangs (→ Rdnr. 2 Fußn. 13) erwähnten Rechtsprechung des BVerfG zu diesen Richtlinien gezogen worden, vgl. *Zuck* N 1 - 66.

[2] *BVerfGE* 76, 184; wörtlich ebenso 76, 205; zu beiden Entscheidungen → auch Rdnr. 2 Fußn. 13.

[3] *Zuck* a. a. O. S. V. Freilich lag eine derartige Entscheidung des *BVerfG* "sozusagen in der Luft", vgl. etwa die umfassende Analyse bei *Kleine-Cosack* z. B. S. 64 ff. und die nicht weniger grundlegenden Ausführungen von *Sue* S. 53 ff. u. ö.

[4] *BVerfGE* 76, 189, → Rdnr. 2 Fußn. 13.

[5] *BVerfGE* 76, 189 f. (→ Rdnr. 2 Fußn. 13): "Nur soweit es zur Aufrechterhaltung einer funktionsfähigen Rechtspflege unerläßlich ist, kann demgemäß auch weiterhin auf die Standesrichtlinien zur Konkretisierung der Generalklausel zurückgegriffen werden, wobei selbstverständliche Voraussetzung ist, daß die jeweiligen Gebote auch den materiellrechtlichen Anforderungen an Grundrechtsbeschränkungen genügen. Das wird sich im wesentlichen mit denjenigen Berufspflichten decken, welche die Ehrengerichte in anerkannter Rechtsprechung unmit-

daß ihnen - wie das Bundesverfassungsgericht selbst ausführt[6] - "eine begrenzte rechtserhebliche Funktion" zukommt.

1. Die einschlägigen Vorschriften der Standesrichtlinien

95 **§ 2 Standesrichtlinien. Werbeverbot.** (1) Der Rechtsanwalt handelt standeswidrig, wenn er um Praxis wirbt. Er darf eine ihm verbotene Werbung auch durch andere nicht dulden.
(2) Bei seinem Auftreten vor Gericht und im Umgang mit Presse, Rundfunk und Fernsehen hat er den Anschein zu vermeiden, er wolle sich oder die von ihm bearbeitete Sache sensationell herausstellen.

96 **§ 3 Standesrichtlinien. Tätigkeit in der Öffentlichkeit.** (1) Der Rechtsanwalt darf seine Berufsbezeichnung auch dann benutzen, wenn er als Schriftsteller, Redner oder in anderer Weise an die Öffentlichkeit tritt. Dabei muß er sachlich bleiben und schon den Anschein einer Werbung für seine anwaltliche Tätigkeit vermeiden.
(2) Liegt eine solche Tätigkeit außerhalb seines Berufs, so hat er zu beachten, daß er das Ansehen der Rechtsanwaltschaft nicht beeinträchtigt.

97 **§ 28 Standesrichtlinien. Gemeinschaftliche Berufsausübung und Bürogemeinschaft von Rechtsanwälten.** (1) Die Sozietät zwischen Rechtsanwälten erfordert eine gemeinsame Kanzlei und grundsätzlich die gemeinschaftliche Entgegennahme der Aufträge und Entgelte.
(2) Nur in Sozietäten oder in anderer Weise zu gemeinschaftlicher Berufsausübung verbundene Rechtsanwälte dürfen gemeinschaftliche Drucksachen (z. B. Briefbogen, Vollmachten), Stempel und Praxisschilder verwenden.
(3) Sozien oder in anderer Weise zu gemeinschaftlicher Berufsausübung verbundene Rechtsanwälte dürfen auf ihren Drucksachen, Stempeln und Praxisschildern eine Kurzbezeichnung führen, in der nur der Name eines oder einzelner Rechtsanwälte mit einem auf die Anwaltsgemeinschaft hinweisenden Zusatz wie "und Partner" oder "und Sozien" verwendet wird. Jedoch sind die Sozien in einer Randspalte oder in sonstiger Weise auf allen Schriftstücken kenntlich zu machen. Dies gilt auch für Zweitschriften.
(4) Sind Sozien oder in anderer Weise zu gemeinschaftlicher Berufsausübung verbundene Rechtsanwälte bei verschiedenen Gerichten zugelassen,

---

telbar aus der Generalklausel oder aus unbestritten fortgeltendem vorkonstitutionellem Gewohnheitsrecht hergeleitet haben, wie etwa die Verschwiegenheitspflicht, das Verbot der Wahrnehmung widerstreitender Interessen, die Grundsätze der Gebührenberechnung" ..... "oder auch weitere in den Richtlinien genannte Pflichten, sofern diese zurückhaltend und unter Konzentration auf ihren Kerngehalt herangezogen werden"... Vgl. ferner auch *BVerfGE* 76, 205 f. (→ auch Rdnr. 2 Fußn. 13).

[6] *BVerfGE* 76, 205, → auch Rdnr. 2 Fußn. 13.

müssen die Schriftsätze die Zulassungsgerichte jedes einzelnen Rechtsanwalts deutlich erkennen lassen.
(5) Wenn in einer Sozietät oder bei Rechtsanwälten, die sich in anderer Weise zu gemeinschaftlicher Berufsausübung verbunden haben, bestimmte Titel, Grade und berufliche Bezeichnungen (§§ 76, 78) nur einzelnen Partnern zustehen, ist dies in den Drucksachen, Stempeln und Praxisschildern deutlich zu kennzeichnen.
(6) Rechtsanwälte können sich auch zu einer Bürogemeinschaft zusammenschließen.

98 **§ 30 Standesrichtlinien. Zusammenarbeit mit Angehörigen anderer Berufe.** Der Rechtsanwalt darf mit Patentanwälten, Steuerberatern, Wirtschaftsprüfern, die nicht als Rechtsbeistand zugelassen sind, nicht aber mit Angehörigen sonstiger Berufe, eine Sozietät oder eine Bürogemeinschaft eingehen.

99 **§ 69 Standesrichtlinien. Bekanntgaben über die Praxis.** (1) Die Begründung der Kanzlei und ihre Verlegung, die Zulassung bei einem anderen oder weiteren Gericht, die Übernahme einer Praxis, die Ernennung zum Notar, die Anerkennung als Fachanwalt oder die Bestellung zum Wirtschaftsprüfer oder Steuerberater sowie die Einrichtung auswärtiger Sprechtage und Zweigstellen dürfen in der Zeitung angezeigt werden, ebenso Veränderungen, die sich durch Ein- und Austritt von Sozien ergeben. Die Anzeige darf keine übertriebene und auffällige Form haben und nur einbis zweimal in der Fachpresse der Anwaltschaft und in den Tageszeitungen des Bezirks erscheinen, bei dessen Gerichten der Rechtsanwalt regelmäßig tätig ist.
(2) Der Rechtsanwalt darf die Veränderungen auch durch Rundschreiben bekanntgeben. Ein solches darf nur gerichtet werden an die Rechtsanwälte und Notare des Bezirks der Zulassungsgerichte sowie an andere Rechtsanwälte, Notare, Patentanwälte, Wirtschaftsprüfer und Steuerberater, mit denen bereits berufliche Verbindungen bestehen, und an die Klientel.

100 **§ 70 Standesrichtlinien. Praxisschilder.** (1) Schilder des Rechtsanwalts dürfen nur an oder in dem Haus angebracht werden, in dem sich seine Kanzlei befindet. Ausnahmen bedürfen der Genehmigung des Kammervorstands.
(2) Bei Verlegung einer Kanzlei darf am Hause der bisherigen Kanzlei ein Hinweis auf den Umzug für zwei Jahre angebracht bleiben. Die gleiche Befugnis steht dem aus einer Sozietät ausscheidenden Rechtsanwalt zu.
(3) Größe, Gestaltung, Art der Anbringung und Zahl der Schilder haben alles Reklamehafte zu vermeiden.

101 **§ 71 Standesrichtlinien. Behandlung des Namens eines ehemaligen Rechtsanwalts.** Der Name eines Rechtsanwalts, der verstorben ist oder sich zur Ruhe gesetzt hat, darf auf den Briefbogen und den Kanzleischildern für fünf Jahre weitergeführt werden. Sein Ausscheiden ist in geeigneter Weise kenntlich zu machen.

102 **§ 72 Standesrichtlinien. Drucksachen des Rechtsanwalts.** Der Rechtsanwalt muß auf Briefbogen, sonstigen Drucksachen und Stempeln jede übertriebene und auffällige Form vermeiden. Das gleiche gilt von einer Telegramm- oder Fernschreiberadresse.

103 **§ 73 Standesrichtlinien. Namensverzeichnisse.** (1) Der Rechtsanwalt darf nicht dabei mitwirken, daß sein Name in Adreßbücher, Geschäftskalender, Zeitschriften oder ähnliche Verzeichnisse aufgenommen wird, die nur eine beschränkte Anzahl der örtlichen Rechtsanwälte aufführen.

(2) Der Rechtsanwalt darf ein solches Verfahren vor allem nicht durch Zahlung eines Entgelts, durch Aufgabe einer Bestellung oder durch ähnliche Gegenleistungen unterstützen; er hat darauf hinzuwirken, daß die Veröffentlichung in Zukunft unterbleibt.

(3) Entsprechendes gilt für Verzeichnisse und Werke, die in vollständigen Listen die Namen oder Anschriften einzelner Rechtsanwälte im Druck oder in anderer Weise besonders hervorheben.

(4) Die Mitwirkung des Rechtsanwalts bei der Aufnahme in Auswahlverzeichnisse, die ausschließlich dem internationalen Rechtsverkehr dienen, ist nicht standeswidrig, wenn dabei der Anschein der unzulässigen Werbung vermieden wird.

104 **§ 74 Standesrichtlinien. Vereinspresse.** In Vereinsveröffentlichungen darf der Rechtsanwalt sich nennen lassen, wenn jede Anpreisung vermieden wird.

105 **§ 75 Standesrichtlinien. Stapelvollmacht.** Es ist unzulässig, Vollmachtsformulare zur Verwendung für noch unbestimmte Auftraggeber anderen Personen zu überlassen oder deren Verwendung zu dulden (Stapelvollmacht). Das gleiche gilt für Visitenkarten und andere Drucksachen des Rechtsanwalts.

106 **§ 76 Standesrichtlinien. Bezeichnung als Fachanwalt.** Die Bezeichnung "Fachanwalt für ..." darf ein Rechtsanwalt nur führen, wenn es sich um Sondergebiete handelt, die die Bundesrechtsanwaltskammer bestimmt hat, und wenn die zuständige Rechtsanwaltskammer es ihm gestattet hat. Als Sondergebiete werden von der Bundesrechtsanwaltskammer Verwaltungsrecht, Steuerrecht, Arbeitsrecht und Sozialrecht bestimmt. Die Fachanwaltsbezeichnung darf nur für höchstens zwei Gebiete geführt werden. Das Nähere wird in Fachanwalts-Richtlinien der Bundesrechtsanwaltskammer geregelt.

107 **§ 77 Standesrichtlinien. Buchstelle.** Die Einrichtung und Unterhaltung einer Buchstelle durch den Rechtsanwalt in seiner Kanzlei ist nicht standeswidrig.

108 **§ 78 Standesrichtlinien. Akademische Grade, Amts- und Berufsbezeichnungen, Titel.** (1) Der Rechtsanwalt darf bei Ausübung seines Berufes nur die in diesem Beruf erworbenen Titel führen, ferner den von einer deutschen Behörde verliehenen Professortitel, die Amtsbezeichnung als Notar und akademische Grade, die durch eine an einer deutschen Universität oder Hochschule abgelegte Prüfung erworben sind, sowie die Bezeichnung als Wirtschaftsprüfer und als Steuerberater, ferner die Bezeichnung "Doktor ehrenhalber" (Dr. h. c).

(2) Die gleichzeitige Bezeichnung als "Steuerberater" und als "Fachanwalt für Steuerrecht" ist nicht zulässig.

(3) Ausländische akademische Grade und der im Ausland verliehene Professortitel dürfen auch bei Ausübung des Rechtsanwaltsberufs geführt wer-

den, wenn die nach den deutschen gesetzlichen Bestimmungen erforderliche Genehmigung erteilt ist.
(4) Solange Rechtsanwälte von der Residenzpflicht befreit sind und im Ausland wohnen, dürfen sie in ihren Drucksachen neben ihrer inländischen Anschrift auch ihre ausländische Anschrift sowie der anwaltlichen Berufsbezeichnung gleichwertige, im Ausland zu Recht geführte Berufsbezeichnungen führen.

109 **§ 79 Standesrichtlinien. Zweigstellen und Sprechtage.** (1) Der Rechtsanwalt darf eine Zweigstelle nur mit Erlaubnis der Landesjustizverwaltung einrichten (vgl. § 28 Abs. 1 BRAO).
(2) Für den Geschäftsbetrieb der Zweigstelle gelten die allgemeinen Grundsätze der Berufsausübung. Der Rechtsanwalt trägt insbesondere auch für diese Zweigstelle die volle Verantwortung und muß den Rechtsuchenden dort persönlich zur Verfügung stehen.
(3) Die Absätze 1 und 2 gelten auch für die Einrichtung von Sprechtagen außerhalb des Ortes und der Niederlassung. Der Sprechraum und die Form der Ankündigung müssen dem Ansehen des Standes entsprechen.

2. Derzeit noch rechtserhebliche Aussagen der Richtlinien

110 Die "begrenzte rechtserhebliche Funktion"[7] der Standesrichtlinien zeigt sich auch bei der Diskussion um die überörtlichen Rechtsanwaltssozietäten. Dabei muß - wie schon beim Zweigstellenverbot[8] - zwischen der *prinzipiellen* Zulässigkeit solcher Sozietäten und ihrer *konkreten* Ausgestaltung scharf unterschieden werden.

a) Zulässigkeit der überörtlichen Rechtsanwaltssozietät

111 § 28 Abs. 1 der Standesrichtlinien[9] fordert für die Rechtsanwaltssozietät "eine gemeinsame Kanzlei". Hieraus wurde ein Verbot der überörtlichen Rechtsanwaltssozietät abgeleitet[10]; denn eine überörtliche Rechtsanwaltssozietät besitze nicht eine, sondern mehrere Kanzleien.

---

[7] → Rdnr. 94 Fußn. 6.

[8] → Rdnr. 86 - 92.

[9] Text → Rdnr. 97.

[10] So etwa *Hartstang* S. 196; *Wimmer* DVBl 1988, 825; sehr zurückhaltend in dieser Ableitung aber bereits *Zuck* in: *Lingenberg-Hummel-Zuck-Eich* § 28 Rdnr. 9.

Die Weitergeltung dieses Verbots ist "zur Aufrechterhaltung einer funktionsfähigen Rechtspflege"[11] nicht erforderlich[12]. *Denn schon jetzt ist es einem Rechtsanwalt unbestritten nicht verboten, in einer überörtlichen Sozietät eingebunden zu sein* - allerdings nur, wenn seine Sozien keine Rechtsanwälte sind[13] oder wenn es sich um eine reine Innengesellschaft zwischen Anwälten handelt[14]. Anderen beratenden Berufen ist es ohnehin gestattet, sich derart zu organisieren[15]; ganz zu schweigen von der Möglichkeit dieser Berufe, ihre beratende Tätigkeit im Rahmen von Kapitalgesellschaften, also juristischer Personen, auszuüben, bei denen keine Hindernisse bestehen, sich überörtlich durch Zweigstellen oder Niederlassungen zu betätigen[16].

b) Bedeutung der Standesrichtlinien für die überörtliche Rechtsanwaltssozietät

112 Die Standesrichtlinien könnten aber insoweit noch eine Bedeutung haben, als es um die *konkrete Gestaltung* der überörtlichen Rechtsanwaltssozietät geht. Tatsächlich ist ihnen dann eine *gewisse* Bedeutung nicht abzusprechen; denn teilweise konkretisieren sie die in Jahrzehnten gewachsenen Berufspflichten.

Deshalb ist es nicht ausgeschlossen, daß einzelne der oben wiedergegebenen Vorschriften über die Verlautbarungen der Sozietätsmitglieder[17] oder die Grundgedanken der Vorschriften über "die Praxis"[18] eine Bedeutung für die Mitglieder der überörtlichen Rechtsanwaltssozietät haben. Doch handelt es sich hierbei

---

[11] So die Voraussetzung des *BVerfG*, → Rdnr. 94 Fußn. 5.

[12] So auch *Feuerich* AnwBl 1988, 508 und 1989, 362; *Heintzen* S. 40; *Kewenig* S. 19; *Prütting* JZ 1989, 709; *Salger* NJW 1988, 187; *Zuck* a. a. O. N Rdnr. 61 und 62. *Gegenteiliger* Ansicht: *Senninger* AnwBl 1989, 3 f.; *Weigel* BRAK-Mitt. 1988, 2.

[13] → Rdnr. 92.

[14] Zur angeblichen Zulässigkeit, derartige Innensozietäten nicht kundzugeben, → Rdnr. 92 Fußn. 62 und Rdnr. 118.

[15] → Rdnr. 163.

[16] → Rdnr. 150 und 157 sowie Rdnr. 175.

[17] § 28 Abs. 2 - 5 Standesrichtlinien (→ Rdnr. 97).

[18] §§ 69 ff. Standesrichtlinien (→ Rdnr. 99 ff.).

stets um Einzelfragen der *konkreten* Ausgestaltung einer derartigen Sozietät. Sie zu beantworten, liegt außerhalb des Themas der Untersuchung.

3. Zwischenergebnis

113 Die anwaltlichen Standesrichtlinien stehen der Zulässigkeit einer *überörtlichen Rechtsanwaltssozietät* nicht (mehr) entgegen; für die konkrete Ausgestaltung einer solchen Sozietät können sie aber bedeutsam sein.

B. Die allgemeine Berufspflicht

1. Die einschlägige Vorschrift

114 **§ 43 BRAO. Allgemeine Berufspflicht.** Der Rechtsanwalt hat seinen Beruf gewissenhaft auszuüben. Er hat sich innerhalb und außerhalb des Berufes der Achtung und des Vertrauens, welche die Stellung des Rechtsanwalts erfordert, würdig zu erweisen.

2. Der Inhalt der Vorschrift

115 § 43 BRAO enthält die *zentrale anwaltliche standes- und berufsrechtliche Generalklausel*[19]. Ihr entnehmen Rechtsprechung und Lehre für eine kaum noch zu überblickende Zahl von Fallgruppen und Situationen die maßgeblichen Antworten[20]. Auch das sogleich noch näher zu behandelnde *Werbeverbot* gründet sich auf die Generalklausel[21].

---

[19] Vgl. *BVerfGE* 57, 121 (132).

[20] Vgl. die Kommentare zur BRAO, z. B. *Isele* mit einer 350 Seiten umfassenden Erläuterung.

[21] Vgl. *BVerfGE* 76, 196 (205 f. mit weit. Nachw.).

3. Überörtliche Rechtsanwaltssozietät und die Generalklausel

116 Daß die überörtliche Rechtsanwaltssozietät *als solche* mit § 43 BRAO unvereinbar ist, wird nirgends behauptet. Die Behauptung wäre auch offensichtlich unbegründet; denn es ist nicht ersichtlich, wie die gewissenhafte Ausübung des Anwaltsberufs (§ 43 Satz 1 BRAO) oder das Gebot, sich dieses Berufs würdig zu erweisen, (§ 43 Satz 2 BRAO) automatisch verletzt wären, wenn ein Anwalt einer überörtlichen Rechtsanwaltssozietät angehört. Dabei sei auch hier hinzugefügt: Selbstverständlich schließt die Mitgliedschaft in einer überörtlichen Rechtsanwaltssozietät nicht aus, daß im *Einzelfall* gegen Standesrecht verstoßen wird. Doch ist dies, wie schon mehrfach bemerkt[22], kein Problem der generellen Zulässigkeit solcher Sozietäten. Überall, wo Rechtsanwälte tätig sind, gibt es die Möglichkeit von Verstößen gegen die BRAO.

4. Überörtliche Rechtsanwaltssozietät und Werbeverbot

117 Angesichts der soeben wieder einmal betonten Trennung zwischen *genereller* Zulässigkeit und *konkreter* Ausgestaltung erscheint die These erstaunlich, die überörtliche Rechtsanwaltssozietät sei deshalb unzulässig, weil sie gegen das - aus § 43 BRAO abgeleitete - Werbeverbot verstieße[23]. Nachdem diese These vertreten wird, muß sich die Untersuchung mit ihr auseinandersetzen.

Eingangs sei festgehalten, daß *Werbeverbote* seit jeher zum Kennzeichen der freien Berufe gehören[24]. Doch ist die These nicht haltbar, überörtliche Rechtsanwaltssozietäten würden dem Werbeverbot *automatisch* zuwiderlaufen: Wie schon früher ausgeführt[25], gibt es reine Innengesellschaften; sie können kaum von

---

22 → Rdnr. 86, 110 und 112.

23 So *Feuerich* AnwBl 1989, 366.

24 Dies betont auch das *BVerfG*, vgl. die in *BVerfGE* 76, 196 (205 f.) aufgeführte Judikatur; siehe auch die weiteren Nachweise zur Geschichte des anwaltlichen Werbeverbots bei *Ring* S. 292 f.

25 → Rdnr. 92.

einem Werbeverbot betroffen sein. Aber auch die - wie eine Sozietät fast immer - für den Außenstehenden erkennbare überörtliche Rechtsanwaltssozietät verletzt das Verbot nicht schon wegen ihrer Rechtsform; sie könnte es allenfalls wegen ihrer tatsächlichen Ausgestaltung im Einzelfall verletzen.

Auch hier[26] müßte etwas anderes gelten, wenn *in jedem Fall* einer überörtlichen Rechtsanwaltssozietät gegen das Werbeverbot verstoßen würde. Damit ist die Untersuchung aufgerufen zu fragen, worin denn die genannte These die *automatische* Verletzung dieses Verbots sieht: Die Verletzung soll deshalb bestehen, weil die Mitglieder einer überörtlichen Rechtsanwaltssozietät vortäuschten, an allen Orten ihrer Sozietät zulässigerweise beruflich tätig zu sein[27].

Richtig an diesem Gedanken ist wiederum, daß es sicher ein irreführendes und standeswidriges Verhalten wäre, wenn die Mitglieder einer überörtlichen Rechtsanwaltssozietät durch ihre Ankündigungen (z. B. durch den Briefkopf) den Eindruck erweckten, als seien sie nicht nur bei *einem* Gericht (ihrem Zulassungsgericht), sondern auch bei anderen Gerichten (bei denen sie nicht zugelassen sind) lokalisiert. Zutreffend wäre nicht weniger der Vorwurf der Standeswidrigkeit, falls etwa die Sozien in ihren öffentlichen Erklärungen die Existenz von Zweigstellen oder Sprechtagen angeben oder auch nur vorspiegeln. Eine irreführende Werbung läge ferner im sonstigen Vortäuschen einer "Allgegenwärtigkeit" der Sozien[28].

Doch alle diese standeswidrigen Verhaltensweisen sind *kein notwendiges Attribut einer überörtlichen Rechtsanwaltssozietät*[29]. Wer ihr angehört, wird präzis sagen, welches sein Zulassungsgericht ist - wie er dies ja ohnehin gewohnt ist[30]. Wieso bei der Angabe "zugelassen beim Landgericht X." stets und notwendigerweise der irreführende Eindruck entstehen soll, der Anwalt sei auch woanders zugelassen, bleibt nicht recht verständlich. Mit dieser Argumentation müßten ja auch schon die bisherigen überörtli-

---

[26] → ähnlich Rdnr. 92.

[27] *Feuerich* a. a. O.

[28] Ausdruck von *Kewenig* S. 14.

[29] Vgl. *Heintzen* S. 21 ff.; *Michalski* S. 246 ff.

[30] → Rdnr. 67 bei Fußn. 84 und Rdnr. 88.

chen Sozietäten unzulässig sein, die ein Rechtsanwalt eingehen darf[31]; niemand ist aber bisher auf dem Gedanken gekommen, der in dieser Weise assoziierte Anwalt gaukele entgegen seinen Angaben auch eine Zulassung am Ort seines überörtlichen Partners vor.

Dasselbe gilt von anderen Angaben der Mitglieder der überörtlichen Rechtsanwaltssozietät: Wenn sie erklären, in X. ihre Kanzlei zu haben, und mit den Kollegen, die in Y. die Kanzlei besitzen, assoziiert zu sein, dann wird im Gegenteil deutlich, daß die *einen* in X. und die *anderen* in Y. die Kanzlei unterhalten. Jeder macht deutlich, wo *seine* Kanzlei liegt[32].

Natürlich ist vorstellbar und nicht auszuschließen, daß *im Einzelfall* irreführende Angaben gemacht werden und etwa der Briefkopf nicht erkennen läßt, wo denn nun welcher Rechtsanwalt seine Kanzlei oder Zulassung hat. *Aber dies spricht gegen den Einzelfall, nicht gegen den Grundsatz*.

Im übrigen zeigt die hier wiedergegebene These wenig Vertrauen in die Anwaltschaft. Die überörtliche Rechtsanwaltssozietät deshalb zu unterbinden, weil die Gefahr besteht, daß gegen das Werbeverbot verstoßen wird, könnte im übrigen nicht einmal ein Gesetz legitimieren; denn der Rechtsstaat vertraut seinen Bürgern und geht nicht einfach davon aus, daß die Freiheit stets und ausnahmslos mißbraucht wird.

5. Überörtliche Rechtsanwaltssozietät und Kundgabepflicht

118 Das standesrechtliche Schrifttum verneint eine Pflicht, Sozietäten zu offenbaren[33]; es soll zulässigerweise die reine "Innensozietät" geben. Diese Ansicht wird auf die überörtliche Rechtsanwaltssozietät übertragen: Überörtliche Kooperationen und Sozietäten müßten für den Außenstehenden nicht erkennbar sein[34].

---

31 → Rdnr. 92.

32 → Rdnr. 88.

33 → Rdnr. 92 Fußn. 62.

34 Darauf laufen im Ergebnis die Ansichten der Gegner der überörtlichen Sozietät hinaus.

Solche Auffassungen verdienen *keine Zustimmung*. Sicher gibt es Mandanten, denen es unwichtig erscheint, mit wem ein Anwalt assoziiert ist. Gerade aber eine ständige Beratung weckt vielfach (und mit Recht) das Interesse der Mandanten an den institutionellen Partnern ihres Anwalts. Wer ist z. B. einverstanden, daß der (heimliche) Sozius seines Anwalts den Hauptkonkurrenten[35] berät? Um diese und weniger schwerwiegende Situationen zu verhindern, wollen viele Mandanten ganz einfach wissen, mit wem der Anwalt ständig zusammenarbeitet und wer mit ihren Angelegenheiten in Berührung kommt. Deshalb gehört zum Vertrauensverhältnis zwischen Anwalt und Mandant das Offenlegen von institutionellen Partnerschaften, ständigen Kooperationen oder Sozietäten des Rechtsanwalts.

Die Gegenmeinung untergräbt ferner das allgemeine Ansehen der Anwaltschaft. Immer mehr betont die Gesellschaft die Information (die "Transparenz") über berufliche und wirtschaftliche Zusammenhänge. Auch aus diesem Grunde kann die Auffassung nicht zutreffen, ein Rechtsanwalt dürfe verheimlichen, daß er einer Sozietät angehöre und wer seine Sozien sind. Im Gegenteil ist der Rechtsanwalt *verpflichtet*, diese Umstände wahrheitsgemäß offenzulegen, etwa auf den Briefbögen, in Anwaltsverzeichnissen und auf dem Praxisschild. Von dieser Pflicht sind auch die Mitglieder der überörtlichen Sozietät nicht ausgenommen. Mandantschaft und Öffentlichkeit müssen wissen, zwischen welchen Kanzleien derartige überörtliche Kooperationen bestehen.

6. Die grund- und menschenrechtliche Problematik standesrechtlicher Werbeverbote

119 Da das standesrechtliche Werbeverbot die überörtliche Rechtsanwaltssozietät nicht untersagt, ist die Untersuchung von der Frage entlastet, ob Grundrechte oder Menschenrechte verletzt wären, falls eine jede überörtliche Rechtsanwaltssozietät gegen ein derartiges Werbeverbot verstieße. Gleichwohl darf ein kurzer

[35] Die Beratung des *Gegners* ist ohnehin untersagt, auch wenn es sich um eine heimliche Sozietät handelt. Zum Parteiverrat in Fall der Sozietät → Rdnr. 120.

Hinweis auf die Bedeutung der Grund- und Menschenrechte nicht unterbleiben:

Berufliche Werbeverbote tangieren sowohl die *Berufsfreiheit* des Art. 12 Abs. 1 GG als auch die *Meinungsfreiheit* des Art. 5 Abs. 1 GG[36]. Mit Recht hat deshalb das *Bundesverfassungsgericht* ein Verbot "jeglicher Werbung" als grundrechtswidrig angesehen[37] und nur die Untersagung "berufswidriger" Werbung zugelassen[38]; denn wahrheitsgemäße, berufsübliche Ankündigungen oder Äußerungen eines Freiberuflers sind trotz ihres (auch) werbenden Charakters erlaubt[39]. Hierzu zählen beispielsweise: Praxisschild, bestimmte Presseanzeigen, Eintragungen in Telefonbücher und andere Verzeichnisse, das Führen akademischer Grade und Titel[40] sowie sonstiger förmlich erworbener Qualifikationen[41], Vorträge, wissenschaftliche Veröffentlichungen[42], Meinungsäußerungen gegenüber der Presse oder der Öffentlichkeit[43], ehrenamtliche Tätigkeit im Vorstand eines Vereins[44], Teilnahme an politischen Auseinandersetzungen usw.

Nicht weniger greift auch die *Europäische Konvention zum Schutze der Menschenrechte und Grundfreiheiten* ein: Zwar kennt sie keine dem Art. 12 Abs. 1 GG entsprechende Verbürgung; aber

---

36 Vgl. z. B. *BVerfGE* 71, 162 (172 ff. [Art. 12 GG] und 175 f. [Art. 5 GG]); zur Verfassungsmäßigkeit des anwaltlichen Werbeverbots siehe auch *Ring* S. 331 ff.

37 A. a. O. S. 174, vgl. auch 171.

38 A. a. O. S. 174; vgl. auch *BVerfGE* 71, 183 (198 f.) und 76, 196 (208).

39 *Winters* S. 230 spricht sich sogar für die generelle Zulässigkeit einer "Informationswerbung" aus.

40 Vgl. (unter Mißbilligung der damaligen anwaltlichen Standesrichtlinien) *BVerfGE* 36, 212 (216 ff.) zum Führen ausländischer akademischer Titel (besonders S. 219 ff. über frühere Ansichten, die Führung bestimmter Titel sei eine standeswidrige Werbung). § 78 Standesrichtlinien [Text → Rdnr. 108] läßt nunmehr etwas weitherziger die Titelführung zu.

41 Vgl. *BVerfGE* 33, 125 (170 f.) zu mehreren Facharztbezeichnungen (ebenfalls unter Desavouierung des entgegenstehenden Standesrechts); bestätigt im Fachanwaltsbeschluß *BVerfGE* 57, 121 (133).

42 Oder auch ein autobiographisches Buch eines Arztes, *BVerfGE* 71, 162 (178 ff.).

43 *BVerfGE* 76, 196 (206 ff.).

44 *BGHZ* 106, 212 (215).

in Art. 10 Abs. 1 garantiert sie die *freie Meinungsäußerung*. Diese Garantie kann durch standesrechtliche Werbeverbote verletzt werden, wie der *Europäische Gerichtshof für Menschenrechte* im Fall *Barthold*[45] zutreffend betont hat[46]. Deshalb müssen sich alle standesrechtlichen Werbeverbote und sämtliche einzelnen standesrechtlichen Maßnahmen, die aus solch einem Werbeverbot abgeleitet werden, auch vor der Menschenrechtskonvention rechtfertigen. Hierbei darf man die *internationale* Entwicklung nicht übersehen. Sie ist durch eine zunehmende Betonung des Wertes der Meinungsfreiheit geprägt[47]. Werbeverbote werden deshalb in Zukunft immer kritischer betrachtet.

7. Überörtliche Rechtsanwaltssozietät und Parteiverrat

120 Um das Vertrauen der Öffentlichkeit in die Zuverlässigkeit und Vertrauenswürdigkeit der Anwaltschaft zu schützen[48], verbieten Strafrecht[49] und Standesrecht[50] dem Rechtsanwalt, in derselben Rechtssache beiden Parteien durch Rat oder Beistand zu dienen[51]. Besteht eine Sozietät, so trifft das Verbot grundsätzlich

---

[45] Urteil vom 25.3.1985, Aktenzeichen 10/1983/66/101, EuGRZ 1985, 170 (176) = GRUR Int. 1985, 468 (471); zu diesem Urteil vor allem *Ring* S. 374 ff, ferner S. 368 und S. 371 ff. sowie *ders.* GRUR Int. 1986, 103 ff.

[46] Als konventionswidrig bezeichnete der *EGMR* ein vom *OLG Hamburg* (WRP 1980, 209) verhängtes Unterlassungsgebot gegenüber einem Tierarzt, das sich auf ein standesrechtliches Werbeverbot gründete. Das OLG hatte dem Tierarzt - Chef einer Tierklinik - kritische Äußerungen über die tierärztliche Versorgung durch die niedergelassenen Kollegen untersagt.

[47] Hierzu *Ring* S. 197 ff. m. w. Nachw.

[48] *Maurach-Schroeder* § 75 1, S. 198; *Zuck* in: *Lingenberg-Hummel-Zuck-Eich* § 46 Rdnr. 2 Fußn. 1 und N Rdnr. 96 ff. [zur Weitergeltung]; *BGH* NStZ 1985, 74.

[49] § 356 StGB.

[50] § 45 Nr. 2 BRAO sowie § 46 Abs. 1 Satz 1 Standesrichtlinien: "Der Rechtsanwalt darf nicht tätig werden, wenn er selbst oder ein mit ihm in Sozietät oder in anderer Weise zu gemeinschaftlicher Berufsausübung verbundener Rechtsanwalt oder ein Partner seiner Bürogemeinschaft eine andere Partei in derselben Rechtssache bereits im entgegengesetzten Interesse, gleichviel in welcher Eigenschaft, beraten oder vertreten hat (vgl. § 45 Nr. 2 BRAO, § 356 StGB)."

[51] Vgl. *Maurach-Schroeder* § 75 2, S. 198; *BGH* NStZ 1985, 74.

auch alle ihre Mitglieder, d. h. in derselben Rechtssache darf nicht der eine Sozius die *eine* Seite, der *andere* Sozius die andere Partei in derselben Rechtssache beraten oder vertreten[52]. Von dieser Regelung darf die überörtliche Rechtsanwaltssozietät nicht etwa ausgenommen werden. Auch bei ihr unterliegt jeder Sozius dem Verbot, widerstreitende Interessen wahrzunehmen. Damit ist die Untersuchung vor die Frage gestellt, ob sich Bedenken gegen die Rechtsform der überörtlichen Sozietät deshalb ergeben, weil sie nicht oder nur schwer in der Lage sein könnte, Fälle des Parteiverrates zu verhindern.

Diese Frage kann *verneint* werden: Jede Sozietät steht vor dem "technischen" Problem, wie sie einen Parteiverrat vermeidet. Läßt sich dies bei einer Zweiersozietät durch den mündlichen Hinweis, wen man als neuen Mandanten angenommen hat, noch lösen, so haben sich schon lange in größeren Sozietäten *schriftliche Verfahren* eingebürgert. In einer überörtlichen Sozietät ist ein derartiger regelmäßiger Austausch der Mandantenlisten und eine zentrale schriftliche (datenmäßige) Erfassung aller Mandanten nicht weniger möglich. Aus diesem Grunde ist es erklärlich, daß auch bisher schon gegen die im *interprofessionalen* Bereich[53] unbestritten zulässigen[54] überörtlichen Sozietäten keine Bedenken erhoben wurden.

8. Überörtliche Rechtsanwaltssozietät und Innenverhältnis

121 Wenn bei einer überörtlichen Rechtsanwaltssozietät der einzelne Anwalt jeweils deutlich macht, wo *seine* Kanzlei liegt[55], ist hiermit aber nichts zur Frage ausgesagt, wer bürgerlich-rechtlich Eigentümer der jeweiligen Kanzlei ist bzw. als Mieter auftritt. In

---

52 § 46 Abs. 1 Satz 1 Standesrichtlinien [Text → Fußn. 50], vgl. auch *Zuck* a. a. O. § 46 Rdnr. 21 und 26. Das BVerfG hält es aber durchaus für zulässig, wenn mehrere Beschuldigte durch Rechtsanwälte einer Sozietät *verteidigt* werden, *BVerfGE* 43, 79 (90 ff.) und *BVerfGE* 72, 34 (37 ff.).

53 Das Verbot des Parteiverrats trifft auch diejenigen Rechtsanwälte, die eine Sozietät mit Nicht-Rechtsanwälten eingegangen sind, hinsichtlich der Mandanten dieser Sozien, *Zuck* a. a. O. Rdnr. 27.

54 → Rdnr. 92.

55 → Rdnr. 117.

der *Innengestaltung* der Betriebsführung sind die Mitglieder der überörtlichen Sozietät nicht weniger frei wie die Sozien einer lediglich örtlichen Assoziation[56]. Standesrechtlich ist die Gestaltung des Innenverhältnisses daher als solche irrelevant. Deshalb macht es keinen Unterschied, ob die einzelnen Kanzleien der Sozien, die sich an den verschiedenen Orten befinden, durch die Gesamtheit aller Sozietätsmitglieder angemietet oder erworben werden oder ob nur die jeweils an dem einen Ort zugelassenen Anwälte Mieter oder Eigentümer ihrer Kanzlei sind[57] - unbeschadet zusätzlicher Vereinbarungen, ob und in welcher Weise derartige Einzelposten in der Gesamtabrechnung der überörtlichen Sozietät verbucht werden. Dem standesrechtlich irrelevanten Innenverhältnis ist es überantwortet, wie im Innenverhältnis die Kostenabrechnungen erfolgen. Bei einer überörtlichen Sozietät ist es letztlich also nicht anders als bei einer örtlichen Rechtsanwaltssozietät: Eine Vielzahl von Gestaltungen sind zulässig. Ihnen allen ist jedoch gemeinsam, daß sie standesrechtlich irrelevant sind. Es ist der Vertragsfreiheit der Sozietätsmitglieder überlassen, wie sie ihr Verhältnis zueinander gestalten.

9. Zwischenergebnis

122 Die *überörtliche Rechtsanwaltssozietät* steht nicht im Widerspruch zur standesrechtlichen Generalklausel des § 43 BRAO. Sie verletzt auch nicht die Grundsätze über das anwaltliche Werbungsverbot; denn die Mitglieder einer überörtlichen Rechtsanwaltssozietät sind in der Lage, dieses Werbeverbot einzuhalten. Im übrigen darf die grund- und menschenrechtliche Problematik derartiger Werbeverbote nicht unterschätzt werden. Auch sollte man nicht übersehen, daß jedem Anwalt *Kundgabepflichten* über seine Partner treffen. Die wichtigen Vorschriften über den

---

[56] Das Recht der BGB-Gesellschaft eröffnet einen weiten Spielraum, vgl. *Michalski* S. 126 sowie auch *Buchwald-Tiefenbacher* S. 186 ff.

[57] → auch Rdnr. 165 Fußn. 16. - Mit der h. M. (z. B. *RGZ* 136, 236 [240 f.]; 142, 13 [21]) bestehen keine Bedenken, daß an einer Gesellschaft bürgerlichen Rechts wiederum BGB-Gesellschaften beteiligt sind, so daß eine überörtliche Sozietät als Gesellschafter die jeweiligen örtlichen Sozietäten haben kann.

Parteiverrat können auch bei einer überörtlichen Sozietät beachtet werden.

C. "Gesamtregelung der Bundesrechtsanwaltsordnung"

1. Die einschlägigen Vorschriften

123 Als letzter Prüfungsmaßstab für die überörtliche Rechtsanwaltssozietät kommen im Gegensatz zu den bisher genannten Regelungen präzis greifbare und zitierfähige Vorschriften nicht in Betracht. Es handelt sich vielmehr um eine "Kombination"[58] verschiedener anwaltsrechtlicher Vorschriften[59] oder um eine Gesamtschau auf das deutsche Anwaltsrecht[60], woraus sich die Unzulässigkeit der überörtlichen Rechtsanwaltssozietät ergeben soll[61].

2. Der Inhalt der Regelung

124 Angesichts der fehlenden Vorschriften einen greifbaren Inhalt dieses Prüfungsmaßstabs festzustellen, fällt nicht leicht. Immer-

---

58 Vgl. *Kewenig* S. 15: "Kombinationshürde".

59 So der *BGH* in dem schon eingangs (→ Rdnr. 4 Fußn. 31) zitierten, jetzt aber überholten Urteil, in dem er die Zulässigkeit einer überörtlichen Sozietät von Steuerberatern bejahte, gleichzeitig aber in einem *obiter dictum* ausführte (*BGHSt* 30, 81 [83] = NJW 1981, 2477): "Zwischen Rechtsanwälten ist eine überörtliche Sozietät unzulässig (vgl. EGHE 28, 174; Isele BRAO, 1976, S. 712). Dies ergibt sich aus dem Gebot der Lokalisierung (§ 18 BRAO), der Residenzpflicht (§ 27 BRAO) und vor allem aus dem Zweigstellenverbot (§ 28 BRAO)". Erfreulich hingegen ist jetzt der Beschluß des *BGH* vom 18.9.1989 (→ Rdnr. 6), der präzis die einzelnen Anwaltspflichten nennt und untersucht, der aber der Versuchung widersteht, eine rechtsstaatlich nicht faßbare Kombinationshürde zu errichten.

60 Hierzu etwa die Entscheidung des *BGH* zur Sozietät von Rechtsanwälten beim BGH (NJW 1984, 1042): Aus der "Gesamtregelung der Bundesrechtsanwaltsordnung" entnahm der *BGH* das Verbot von Sozietäten mit mehr als zwei Rechtsanwälten.

61 So etwa *Feuerich* AnwBl 1989, 368.

hin läßt er sich teilweise im Zusammenhang mit dem jeweils entschiedenen Fall gewinnen:

a) "Gesamtregelung der Bundesrechtsanwaltsordnung"

125 Mit der "Gesamtregelung" einer Materie wird in der anwaltsrechtlichen Judikatur des *Bundesverfassungsgerichts* argumentiert, wenn es an einer *einzelnen Bestimmung fehlt* und auch nicht *einzelne Vorschriften entsprechend (analog) anzuwenden* sind. So hat das Bundesverfassungsgericht[62] "aus der Gesamtregelung der Bundesnotarordnung und des Beurkundungsgesetzes" die (verneinende) Antwort auf die Frage gewonnen, ob ein *Anwaltsnotar mit einem Wirtschaftsprüfer* eine *Sozietät* eingehen darf; die Argumentation in dem Beschluß[63] über die Notwendigkeit der *Prozeßfähigkeit eines Rechtsanwalts* ist ähnlich[64]. In der Entscheidung, über die *BGH-Anwalts-Sozietät*[65] konnte der *Bundesgerichtshof* ebenfalls keine einzelne Norm der BRAO entdecken, die für das Problem unmittelbar einschlägig war; er fand aber die Lösung durch eine sorgfältige Analyse von Geschichte, Sinn und Zweck der BRAO[66].

Diese und ähnliche höchstrichterliche Argumentationen machen deutlich, daß auf die "Gesamtregelung der BRAO" *nicht zurückgegriffen* werden kann, wenn es um die generelle Zulässigkeit der überörtlichen Rechtsanwaltssozietät geht[67]. Denn für die von ihr aufgeworfenen Fragen stehen eine Reihe von *ausdrücklichen* und *eindeutigen Bestimmungen* der BRAO zur Verfügung: Lokalisierungsgebot[68], Residenzpflicht mit ihren drei unterschied-

---

[62] *BVerfGE* 54, 237 (247).

[63] *BVerfGE* 37, 67 (76).

[64] *BVerfGE* 54, 247 verweist ausdrücklich auf den soeben zitierten Beschluß.

[65] → Rdnr. 123 Fußn. 60.

[66] Als "eine Großtat richterlicher Rechtsfindung" bezeichnet v. *Stackelberg* S. 1004 diese Entscheidung; "unvereinbar mit dem eigentlichen Berufsbild des Anwalts, nämlich dem eines Organs der Rechtspflege" nennt sie *Hirsch* NJW 1984, 2080.

[67] Zu diesem Ergebnis gelangt auch der *BGH* in seinem Beschluß vom 18.9.1989 (→ Rdnr. 6); ebenso *LG Köln* und *LG Nürnberg-Fürth* (→ Rdnr. 6 Fußn. 47 und 48).

[68] → Rdnr. 39 - 69.

lichen Verpflichtungen[69], das Zweigstellenverbot[70] sowie die Generalklausel des § 43 BRAO[71]. Durch diese Einzelvorschriften regelt die BRAO bereits die Materie; nur wenn es anders wäre, käme ein Rückgriff auf die "Gesamtregelung der BRAO" in Betracht. Damit scheidet dieser Gesichtspunkt aus, wenn die generelle Zulässigkeit der überörtlichen Rechtsanwaltssozietät zu beurteilen ist.

b) Die Bedeutung der "Gesamtregelung der BRAO" für eine überörtliche Sozietät mit einem BGH-Anwalt

126 In *einer* Beziehung könnte aber der Blick auf die "Gesamtregelung der BRAO" von Bedeutung sein: Bei einer überörtlichen *Sozietät* mit einem beim *Bundesgerichtshof zugelassenen Rechtsanwalt*. Gegen eine solche Sozietät ergeben sich keine Bedenken aus der Lokalisierung (denn dieser Rechtsanwalt ist bei einem Gericht - dem BGH - zugelassen), aus der Residenzpflicht (denn er hat seine Kanzlei in Karlsruhe und dort auch seine Wohnung), dem Zweigstellenverbot (denn er betreibt anderswo keine Zweigkanzlei) oder aus § 43 BRAO (denn verstößt nicht gegen diese Generalklausel). Nicht aus diesen *Einzelvorschriften*, wohl aber aus der "Gesamtregelung der BRAO" bestehen für den beim Bundesgerichtshof zugelassenen Rechtsanwalt Hindernisse: Auch wenn er als Einzelanwalt mit einem bei einem anderen Gericht zugelassenen Einzelanwalt[72] eine überörtliche Sozietät bildet, muß dies als unzulässig angesehen werden: Denn der Aufgaben- und Tätigkeitsbereich eines beim Bundesgerichtshof zugelassenen Rechtsanwalts unterscheidet sich grundlegend von dem Berufsfeld der übrigen Anwälte[73]. *Deshalb scheitert eine überörtliche Rechtsanwaltssozietät mit BGH-Anwälten.*

---

69 → Rdnr. 70 - 81.

70 → Rdnr. 82 - 93.

71 → Rdnr. 114 - 122.

72 Dann sind zwar *nur zwei Rechtsanwälte* in der Sozietät und *insoweit* (d. h. von der Zahl her) würde sich dies mit der Entscheidung des *BGH* (→ Rdnr. 123 Fußn. 60) vertragen.

73 Vgl. *BGH* NJW 1984, 1043 sub bb) und ebenso v. *Stackelberg* S. 1004.

An diesem Beispiel wird deutlich, daß zulässigerweise auf die "Gesamtregelung der BRAO" nur zurückgegriffen werden darf, wenn die *Einzelvorschriften* sich der Materie nicht eigens schon angenommen haben.

c) Die "Kombination" von Lokalisierungsgebot, Residenzpflicht und Zweigstellenverbot

127 Während die Argumentation aus der "Gesamtregelung" einer Rechtsmaterie methodisch durchaus zulässig ist und, wie die Beispiele[74] gezeigt haben, auch zu sinnvollen Ergebnis führt, fällt es schwer, sich mit der Kombinationshermeneutik auseinanderzusetzen[75]: Dabei ist mit "Kombination" nicht etwa gemeint, daß die überörtliche Rechtsanwaltssozietät gegen sämtliche drei Vorschriften der BRAO zugleich verstößt. Vielmehr besteht die Eigenheit der Argumentation in der *Verneinung* des Verstoßes gegen die einzelne Vorschrift (Lokalisierung, Residenzpflicht, Zweigstellenverbot) und in der Bejahung einer Verletzung der Kombination aus den drei Vorschriften[76]. Die Unzulässigkeit der überörtlichen Sozietät ergibt sich somit nicht aus den einzelnen Bestimmungen, sondern aus der solcherart entstandenen Kombination.

Es liegt auf der Hand, daß man dieser Argumentation nicht zu folgen vermag. Wenn ein Staatsbürger gegen drei klar umrissene Vorschriften nicht verstößt, dann beachtet er sie - und es ist nicht nachvollziehbar, wieso er dann doch die Addition oder die Kombination der Vorschriften verletzen könnte[77]. Im übrigen wäre es mit dem rechtsstaatlichen *Bestimmtheitsgrundsatz* völlig unvereinbar, in solcher Weise die Freiheit einzuschränken.

---

[74] → Rdnr. 125.

[75] Zum folgenden zutreffend *Kewenig* S. 15 - 19.

[76] Hierzu *Feuerich* AnwBl 1989, 363 ff. sub III 2b und 368 sub V.

[77] *Heintzen* S. 30; gewichtige verfassungsrechtliche Bedenken gegen diese Kombinationsargumente äußert *Prütting* JZ 1989, 711.

3. Zwischenergebnis

128 Angesichts der gesetzlichen Regelung der Lokalisierung, der Residenzpflicht und des Zweigstellenverbots sowie der Generalklausel des § 43 BRAO sind ausdrückliche und eindeutige Normen vorhanden, an denen die *überörtliche Rechtsanwaltssozietät* gemessen werden kann. Damit erübrigt sich ein Rückgriff auf die "Gesamtregelung der BRAO".

Ein solcher Rückgriff erscheint allerdings notwendig, um die Zulässigkeit einer überörtlichen Rechtsanwaltssozietät zu beurteilen, an denen sich ein *Anwalt* beteiligt, der *beim Bundesgerichtshof zugelassen* ist; eine solche Beteiligung kann nicht als zulässig angesehen werden.

Da die überörtliche Rechtsanwaltssozietät nicht gegen die einzelnen Vorschriften der BRAO verstößt, vermag sie auch nicht deren Kombination zu verletzen.

§ 9. Gewohnheitsrecht

129 Schließlich muß sich die Untersuchung der Frage zuwenden, ob gewohnheitsrechtliche Sätze bestehen, die ein Verbot überörtlicher Anwaltssozietäten aussprechen. Diese Frage ist deshalb zu beantworten, weil sich die Gegner der überörtlichen Anwaltssozietäten auf das Bestehen (vorkonstitutioneller) Gewohnheiten berufen, die überörtliche Zusammenschlüsse dieser Art verböten[1]. Freilich existiert, wie die nachfolgenden Ausführungen zeigen werden, kein derartiges Gewohnheitsrecht[2].

Im Einklang mit den in der Wissenschaft[3] entwickelten Erfordernissen hat das *Bundesverfassungsgericht* mehrfach die Merkmale des Gewohnheitsrechts genannt: "Gewohnheitsrecht entsteht durch längere tatsächliche Übung, die eine dauernde und ständige, gleichmäßige und allgemeine ist und von den Beteiligten als verbindliche Rechtsnorm anerkannt wird"[4].

A. Keine "längere tatsächliche Übung"

130 Ein Verbot überörtlicher Anwaltssozietäten als Berufsausübungsregelung gemäß Art. 12 Abs. 1 S. 2 GG könnte nur auf *vorkonstitutionelles*, nicht aber auf nachkonstitutionelles Gewohnheitsrecht gestützt werden[5]; es müßte also vor dem Inkrafttreten des Grundgesetzes ein Gewohnheitsrechtsatz entstanden sein.

---

[1] So z. B. *Rechtsanwaltskammer Frankfurt am Main*, Schreiben vom 12. 7. 1989: "§ 28 der Grundsätze des anwaltlichen Standesrechts ist nach Auffassung des Vorstands auch nach den 1987 ergangenen Entscheidungen des Bundesverfassungsgerichts wegen seiner vorkonstitutionellen Entstehung wirksam."; vgl. auch *Middeke* Handelsblatt vom 11. 7. 1989.

[2] So auch *Kewenig* S. 21. Auch der *BGH* geht in seinem Beschluß vom 18.9.1989 (→ Rdnr. 6) vom Nichtbestehen eines Gewohnheitsrechtssatzes aus.

[3] *Freitag* S. 41 ff.; *Larenz* S. 341 f., 415 f., s. auch S. 410; *Nörr* S. 353 ff.

[4] *BVerfGE* 34, 293 (303f.); ähnlich *BVerfGE* 9, 109 (117); 15, 226 (232ff.); 22, 114 (121); 57, 121 (134 f.).

[5] *BVerfGE* 22, 114 (121); 57 121 (131); 76, 171 (188).

Vorkonstitutionell ist aber *keinerlei tatsächliche Übung* in dem vom Bundesverfassungsgericht dargestellten Sinn ersichtlich. Denn seit Inkrafttreten der Rechtsanwaltsordnung im Jahre 1879 ist bis zum Ende September des Jahres 1934 - *dies sind über 50 Jahre* - nichts zu beobachten, was auch nur andeutungsweise als eine Art Übung angesehen werden könnte. Vielmehr war die Frage der Zulässigkeit überörtlicher Anwaltssozietäten "offen"[6]. Die maßgebliche oberste richterliche Instanz - *der Ehrengerichtshof für die deutschen Rechtsanwälte*[7] - stellte im Gegenteil noch Ende des Jahres 1931 *ausdrücklich dahin*, ob eine *überörtliche Sozietät zulässig* oder *unzulässig* sei[8].

Die Antwort zu geben, blieb dem *neuen, seit Juli 1934*[9] *amtierenden Ehrengerichtshof bei der Reichs-Rechtsanwaltskammer* vorbehalten. Er hatte den alten Ehrengerichtshof für die deutschen Rechtsanwälte abgelöst[10] und war nicht mehr dem Reichsgericht zugeordnet, das die neuen Herrscher "mißtrauisch beobachteten"[11]. Vielmehr war er ein Organ der *von den NS-Machthabern* kurz nach der "Machtergreifung" - bereits im März 1933[12] - er-

---

6 *Feuerich* AnwBl 1989, 360 (361 f.).

7 Beim Reichsgericht gebildet, bestand er (seit 1910) aus zwei Senaten. Den Vorsitz hatte der Reichsgerichtspräsident bzw. ein Senatspräsident; Beisitzer waren je drei Mitglieder des Reichsgerichts und der Rechtsanwaltskammer beim RG (§ 90 Abs. 2 und 3 RAO 1878 in der Fassung des Änderungsgesetzes vom 22. Mai 1910); zu diesem Gerichtshof *Kurlbaum* S. 70 ff. Er beendete seine Tätigkeit Ende April 1934. Am 1. Mai 1934 trat an seine Stelle der "*Ehrengerichtshof bei der Reichs-Rechtsanwaltskammer*" (vgl. *Noack* [Kommentar] § 69 Anm. 1), und zwar aufgrund des Gesetzes zur Änderung der Vorschriften über die Ehrengerichtsbarkeit der Rechtsanwaltschaft vom 28.3.1934 (RGBl I S. 252).

8 Urteil vom 10. 12. 1931, *EGH* XXV, 196 (198: "Ob ein solches Sozietätsverhältnis als Anpassung bestehender Vorschriften und Möglichkeiten an die Erfordernisse der Praxis zulässig wäre, ist nicht zu entscheiden [EGH Bd. 15 S. 109]"). Auch früher schon hatte der *Ehrengerichtshof für die deutschen Rechtsanwälte* keinen Anlaß gesehen, eine überörtliche Sozietät zu untersagen, → Rdnr. 136 Fußn. 53.

9 Vgl. Vorwort zu *EGH* XXVIII (S. 3).

10 → Fußn. 7.

11 *Ostler* S. 251.

12 Die "Verordnung des Reichspräsidenten über Maßnahmen auf dem Gebiete der Finanzen, der Wirtschaft und der Rechtspflege" vom 18.3.1933, RGBl I S. 109, fügte einen § 61 a in die RAO ein, der die Errichtung einer "Reichs-Rechtsanwaltskammer" enthielt; vgl. auch *Sue* S. 36 f.

richteten *Reichs-Rechtsanwaltskammer*[13], die die deutsche Anwaltschaft "disziplinierte und auf die von den Nationalsozialisten geforderte Linie" brachte[14]. Der neue "*Ehrengerichtshof bei der Reichs-Rechtsanwaltskammer*" entsprach im übrigen auch den Vorstellungen der NS-Ideologie von einem "ständischen Aufbau des deutschen Volkes" und der für jeden "Stand" vorgesehenen Ehrengerichtsbarkeit[15]. Die im Sinne der neuen politischen Kriterien zuverlässigen Mitglieder[16] des Ehrengerichtshofs bei der Reichs-Rechtsanwaltskammer garantierten, daß "auch bei den Ehrengerichten alles nach Wunsch lief"[17].

Der politisch zuverlässige *Ehrengerichtshof bei der Reichs-Rechtsanwaltskammer* entschied im Sinne der freiheitsfeindlichen Tendenz der neuen Zeit auch das Problem der überörtlichen Sozietät und sprach in dem schon eingangs[18] erwähnten Urteil vom 19. September 1934 deren *Unzulässigkeit* aus. Das Urteil selbst ließ zugleich erkennen[19], daß es seit Inkrafttreten der Rechtsanwaltsordnung 1878 keine Rechtsprechung gegeben hatte, die eine Unzulässigkeit der "interlokalen Assoziation" feststellte.

---

[13] Wie die anderen im Dritten Reich gegründeten Kammern (von der "Reichsarbeitskammer" über die "Reichskulturkammer" bis zur "Reichswirtschaftskammer") diente die Gründung auch dieser Institution der Gleichschaltung, der Abschaffung demokratischer Strukturen und der Durchsetzung des Führerprinzips. Durch ihre Richtlinien, Umdrucke und Anordnungen (z. T. abgedruckt bei *Noack* [Kommentar] S. 258 ff.) erfüllte die Reichs-Rechtsanwaltskammer vollauf die in sie gesetzten Erwartungen - genausowenig enttäuschte der bei ihr tätige Ehrengerichtshof bei der Reichs-Rechtsanwaltskammer die Hoffnungen der Nationalsozialisten.

[14] *Hartstang* S. 38; ähnlich *Ostler* S. 250.

[15] Vgl. *Giesebrecht* S. 11, 19 u. ö.

[16] Die Namen der Mitglieder sind in der Bekanntmachung vom 15. Mai 1934 aufgeführt, abgedruckt DJ 1934, 694 (der neue Ehrengerichtshof bei der Reichs-Rechtsanwaltskammer bestand aus drei Senaten mit je einem Rechtsanwalt als Vorsitzendem sowie jeweils fünf Anwälten und drei Reichsgerichtsräten als Beisitzern). Von den Namen der Mitglieder des Ehrengerichtshofs für die deutschen Rechtsanwälte, die für das Jahr 1933 genannt waren (vgl. die Liste im Heft 2 des AnwBl 1933 [S. 50]), kehrt *kein einziger Anwaltsname* bei dem neuen Ehrengerichtshof wieder; bei den Reichsgerichtsräten finden sich vier bisherige Namen.

[17] *Ostler* S. 251.

[18] → Rdnr. 4 Fußn. 25; Wortlaut des Urteils → Rdnr. 134.

[19] Besonders auch in den Schlußpassagen zum Verschulden, → Rdnr. 134 a. E.

In der kurzen Zeit seit diesem Urteil aus dem Jahre 1934 bis zum Inkrafttreten des Grundgesetzes kann sich schwerlich ein Gewohnheitsrecht entwickelt haben. Sicher ist nicht ausgeschlossen, daß sich einmal auch in etwas kürzeren Zeiträumen gewohnheitsrechtliche Sätze formen. Wenn aber unter einem Gesetz *über ein halbes Jahrhundert hindurch* - von 1879 bis 1934 - nachweislich weder eine entsprechende Judikatur noch eine einheitliche Praxis noch eine einmütige wissenschaftliche Meinung vorlagen, ist nach so wenigen Jahren ein Gewohnheitsrecht gewißlich nicht entstanden. Damit fehlt bereits die rein *formale* Voraussetzung - nämlich die zeitliche Komponente - für ein Gewohnheitsrecht.

Dieses Ergebnis stimmt im übrigen mit den Ausführungen des *Bundesverfassungsgerichts* zur Frage der gewohnheitsrechtlichen Zulässigkeit von Fachanwaltsbezeichnungen überein. Das Gericht hat zutreffend wegen der "relativ kurzen Zeitspanne" ihrer Zulässigkeit zwischen 1929 und dem Jahresende 1935 ein Gewohnheitsrecht verneint[20].

B. Keine "Übung, die eine dauernde und ständige, gleichmäßige und allgemeine ist"

131 Auch an dem weiteren Erfordernis des Bundesverfassungsgerichts[21], daß eine "Übung" besteht, "die eine dauernde und ständige, gleichmäßige und allgemeine" ist, fehlt es im vorliegenden Fall: Mangels weiterer veröffentlichter Erkenntnisse oberster Gerichte und einer greifbaren publizierten Diskussion in den Jahren seit 1934 ist schon fraglich, ob überhaupt eine *Übung* (*consuetudo*) zu beobachten ist. Eine *einzelne* Gerichtsentscheidung kann sicher nicht als "Übung" angesehen werden; stellt ja nicht einmal eine ständige Rechtsprechung als solche eine Rechtsquelle dar[22]. Deshalb fehlt es am Merkmal der *Dauerhaftigkeit*, *Ständigkeit*, *Gleichmäßigkeit* und *Allgemeinheit*.

---

[20] *BVerfGE* 57, 121 (134 - 136).

[21] → Rdnr. 129 Fußn. 4.

[22] *Stein-Jonas-Schumann* Einl. Rdnr. 25 bei Fußn. 60 mit weit. Nachw.

C. "Von den Beteiligten als verbindliche Rechtsnorm anerkannt"?

132 Da sowohl das Merkmal des längeren Zeitraums als auch das Erfordernis einer Übung fehlen, könnte unerörtert bleiben, ob die im Urteil des *Ehrengerichtshofs bei der Reichs-Rechtsanwaltskammer* vertretene Ansicht[23] "von den Beteiligten als verbindliche Rechtsnorm anerkannt" wurde[24]. Gleichwohl soll dieser Problematik nachgegangen werden, weil das gefundene Ergebnis nicht unwesentlich zur weiteren Diskussion beiträgt.

Es stellt sich nämlich die grundlegende Frage nach dem Entstehen von *Gewohnheitsrecht in einem totalitären Staat*. Denn die Legitimation des Gewohnheitsrechts[25] als einer Rechtsquelle beruht auf der Erfahrung, daß die rechtsunterworfenen Bürger sowie Rechtswissenschaft oder Rechtspraxis öffentlich widersprechen, wenn sie mit gewissen Übungen nicht einverstanden sind[26]. Wird die Gelegenheit zum Widerspruch nicht genutzt oder finden sich nur zustimmende Äußerungen, kann auf die "Anerkennung der Beteiligten" geschlossen werden.

In einem totalitären Staat wird es allerdings schwierig, aus dem fehlenden Widerspruch auf eine Anerkennung zu schließen. Sicher gab es auch im "Dritten Reich" Rechtsgebiete und -probleme, in denen es unterschiedliche Ansichten und Kontroversen gab. Aber das *Recht der juristischen Berufe im Sinne der NS-Ideologie* anzupassen und zu ändern, war ein *zentrales Anliegen der neuen Machthaber*[27], und zwar gerade auch in der Ziviljustiz[28]. So wurde offiziell[29] gefordert, "daß der Anwalt deutschen Blutes im Sinne der NSDAP., als Trägerin des deutschen Staats- und Rechtsgedankens, an den großen Aufgaben des Volkes mitarbei-

---

[23] Da aus den dargelegten Gründen eine *Übung* im Sinne der Rechtsquellenlehre nicht existiert, kann also nur gefragt werden, ob sich die Rechtsüberzeugung auf die in diesem einzigen Urteil niedergelegte *Ansicht* bezieht.

[24] Im Anschluß an die Formulierung des *BVerfG*, → Rdnr. 129 Fußn. 4.

[25] Wie immer man die "uralte" Streitfrage nach dem Geltungsgrund des Gewohnheitsrechts beantwortet.

[26] *Tacitus consensus* oder *tacita conventio civium (populi)*, vgl. *Windscheid-Kipp* § 15 Fußn. 1 sowie z. B. das Ende der bei *Nörr* S. 356 abgedruckten Digesten-Stelle.

[27] Vgl. auch *Sue* S. 36 ff. m. w. Nachw.

[28] Hierzu mit weit. Nachw. *Stein-Jonas-Schumann* Einl. Rdnr. 135 - 139.

[29] *Nationalsozialistisches Handbuch für Recht und Gesetzgebung.*

ten und in der nationalsozialistischen Bewegung und ihren Organisationen nach Kräften sich bestätigen soll"[30]. Angesichts der in den Jahren nach 1934 weiter zunehmenden Knebelung der deutschen Anwaltschaft[31] erscheint die Meinung als *weltfremd* und *geschichtsblind*, die deutschen Anwälte hätten die Ansicht des Ehrengerichtshofs bei der Reichs-Rechtsanwaltskammer in den Jahren seit 1934 als Gewohnheitsrecht anerkannt[32].

D. Das Urteil des Ehrengerichtshofs bei der Reichs-Rechtsanwaltskammer des Jahres 1934[33]

133 Sich auf das Urteil des *Ehrengerichtshofs bei der Reichs-Rechtsanwaltskammer* vom 19. September 1934 zu berufen, ist überdies in mehrfacher Hinsicht nicht unproblematisch. Ausgerechnet eine in Diktion und Argumentation der NS-Ideologie verhaftete Entscheidung soll in der Lage sein, ein Gewohnheitsrecht zu begründen?

---

30 *Noack* ebenda S. 1533; vgl. auch S. 1525: "Dieser Aufgabe kann er (sc. der Rechtsanwalt) jedoch im nationalsozialistischen Staatswesen nur gerecht werden, wenn er seine Tätigkeit dem Dienst am Volke unterordnet. Das ist wiederum nur möglich, wenn er die Grundsätze der nationalsozialistischen Weltanschauung anerkennt." ... "Folglich kann der Pflege des Rechts nur dienen, wer den nationalsozialistischen Geist des Rechts erkennt und in ihm lebt".

31 Vgl. z. B. den mit dem Gesetz über die Zulassung zur Rechtsanwaltschaft vom 7.4.1933 einsetzenden systematischen Kampf gegen jüdische Rechtsanwälte und gegen die mit ihnen zusammenarbeitenden nicht-jüdischen Kollegen: *Stein-Jonas-Schumann* Einl. Rdnr. 138 Fußn. 33, 34 und 35 mit weit. Nachw. über die damaligen Maßnahmen. Aufgrund des genannten Gesetzes mußten innerhalb nur *eines* Jahres (bis 30.4.1934) allein in Preußen über 1 000 Rechtsanwälte ausscheiden (vgl. "Übersicht über die Zahl der am 1.5.1934 zugelassenen arischen und nichtarischen Rechtsanwälte und Notare", DJ 1934, 950); weitere 280 schieden "aus anderen Gründen" aus - "(Tod, freiwillige Löschung usw.)" merkt die Statistik an.

32 Derartige Ansichten erinnern an den Zynismus von *Jonas* (DJ 1935, 377), dem es "wie ein Wunder" erschien, daß sich "die Anwaltschaft sofort in vollem Verständnis auf den Geist des neuen Gesetzes umstellte"; im Jahre 1924 nach dem damaligen Erlaß der ZPO-Novelle sei dies ganz anders gewesen (zu den Kontroversen um diese Novelle einschließlich ihrer nachträglichen Rechtfertigung im Dritten Reich: *Stein-Jonas-Schumann* Einl. Rdnr. 124 Fußn. 7 - 11).

33 Fundstellen usw. → Rdnr. 4 Fußn. 25.

1. Diktion und Argumentation des Urteils des Ehrengerichtshofs bei der Reichs-Rechtsanwaltskammer

134 Die Lektüre des Urteils erweckt schnell Bedenken. Möglicherweise sind Wortlaut und Gedankengang des Urteils denjenigen unbekannt, die meinen, auf einem solchen Richterspruch könne sich noch heute Gewohnheitsrecht gründen. Daher ist es angezeigt, die wesentlichen Passagen hier wiederzugeben:

Urteil des Ehrengerichtshofes bei der Reichs-Rechtsanwaltskammer vom 19. September 1934[34]

Der Ehrengerichtshof hatte bisher noch nicht zu der Frage Stellung genommen, ob es zulässig ist, daß sich Anwälte zu gemeinsamer Berufsausübung in mehreren Kanzleien getrennter Orte verbinden (interlokale Assoziation). Es ist aus folgenden Gründen unzulässig:

Der Anwalt ist nach dem Grundgedanken der Rechtsanwaltsordnung und nach der Standesauffassung nicht Gewerbetreibender, sondern Organ der Rechtspflege und Rechtswalter des Volkes. Damit die Anwaltschaft und der einzelne Anwalt in den Augen der Volksgenossen das Vertrauen genießen, das dieser Beruf erfordert (§ 28 RAO.), muß der Anwalt seine Erwerbsinteressen dem Interesse seiner Auftraggeber und der Rechtspflege unterordnen. Die Art der Berufsausübung darf auch keinen Anschein erwecken, der auf eine gegenteilige Berufsauffassung schließen läßt. Der Werbung und dem Wettbewerb des Anwalts sind dadurch Grenzen gesetzt. Wenn nun ein Anwalt außer dem Schild an seiner im Gesetz vorgesehenen Kanzlei (§ 18 RAO.) sein Namensschild auch in einem anderen Ort anbringt, sei es an einem dort eingerichteten Zweigbüro (EGH. XXVII, 124, 137[35]), sei es an einem Büro, das er mit einem dort wohnenden Rechtsanwalt in Gemeinschaft unterhält, wenn er mit diesem Kollegen gemeinsam auf Stempeln und Briefbögen firmiert und die gemeinsame Berufsausübung öffentlich anzeigt, so wird er den erwähnten Erfordernissen nicht gerecht. Ein solches Verhalten erweckt vielmehr in den Augen der Volksgenossen den Eindruck eines Gewerbebetriebes mit verschiedenen Niederlassungen.

Nun kann allerdings die Unterhaltung eines Zweigbüros ausnahmsweise durch ein Bedürfnis der Rechtspflege geboten und deshalb zulässig sein. Wieweit dies für eine Gemeinschaft der hier vorliegenden Art mit einem *ohnehin ortsansässigen*[36] Kollegen überhaupt in Betracht kommen kann, mag dahingestellt bleiben, denn hier lag ein solches Bedürfnis jedenfalls nicht vor. Vielmehr ist ihm durch die an beiden Orten ansässigen Anwälte Genüge geschehen.

In der Entscheidung EGH. XXIV, 136 ist entgegen der Meinung der Berufung nicht der Begriff der Arbeitsgemeinschaft als solcher behandelt und unbeanstandet geblieben, sondern die konkret damals vorliegende Arbeits-

---

[34] Fundstellen usw. → Rdnr. 4 Fußn. 25.

[35] Zu diesen beiden Entscheidungen → Rdnr. 136; Nachweise dort in Fußn. 44.

[36] Im Original gesperrt.

gemeinschaft anderer Art ist aus anderen Gründen für unzulässig erklärt worden. Auch in EGH. XXV, 198 ist die Frage der Zulässigkeit einer Art Assoziation bei getrenntem Wohnsitz ausdrücklich offengelassen.
Wenn sonach das Verhalten der Angeklagten objektiv gegen die Standespflichten verstößt, so ist ihnen doch zugute zu halten, daß die strengere Auffassung bezüglich der lokalen Begrenzung der büromäßigen Tätigkeit des Anwalts (Zweigbüro, Sprechtage) sich in der Rechtsprechung des Ehrengerichtshofs erst nach Abschluß ihrer "Vereinbarung" durchsetzte und ihnen nach ihrer glaubhaften Erklärung erst wenige Tage vor der Hauptverhandlung der ersten Instanz bekannt wurde. Mit Rücksicht auf jenes Urteil des I. Senats (EGH. XXVII, 124), dem sich der II. Senat in EGH. XXVII, 137 und 143 anschloß, haben die Angeklagten ihre Verbindung gelöst. Bei dieser Sachlage sind sie mangels Verschuldens freizusprechen, weil nicht etwa lediglich bei ihnen selbst Unkenntnis über das Bestehen der wirklichen Pflicht geherrscht hat, sondern die Auffassung der maßgebenden Instanz darüber, was erlaubt war, ihnen günstig erscheinen konnte.

2. Allgemeine Bedeutung des Urteils des Ehrengerichtshofs bei der Reichs-Rechtsanwaltskammer

135 Das Urteil des Ehrengerichtshofs bei der Reichs-Rechtsanwaltskammer vom 19. September 1934 reiht sich nahtlos in die *freiheitsfeindliche Entwicklung* ein, die - sogar nach eigenem Eingeständnis damaliger Akteure[37], nicht weniger aus heutiger Sicht - "in Blitzesschnelle"[38] nach der Ernennung Adolf Hitlers zum Reichskanzler am 30. Januar 1933 einsetzte und in einem "beängstigendem Tempo"[39] gerade auch die Rechtspflege und hier

---

[37] Vgl. *Jonas* DJ 1935, 377: "Es lag auf der Hand, daß sofort nach der Machtergreifung in der Anwaltschaft das Steuer mit aller Energie herumgeworfen werden mußte." Mit welcher Geschwindigkeit die Gleichschaltung geschah, zeigen beispielsweise die Hefte des Anwaltsblattes 1933 seit dem März. Schon unter dem 26.3.1933 erschien die erste "Erklärung"" des Deutschen Anwaltvereins im Sinne des Nationalsozialismus (S. 89); im Juli/August-Heft wird allen "arischen Kollegen" der Briefkopf "Deutscher Rechtsanwalt" und den Mitgliedern des BNSDJ. [Bund Nationalsozialistischer Deutscher Juristen] ein Hakenkreuz als Wasserzeichen in den Briefbögen empfohlen (S. 166). Auf der folgenden Seite ist ein Beschluß der Berliner Rechtsanwaltskammer vom 23.5.1933 abgedruckt, der eine "berufliche Verbindung" des Anwalts mit einem aus dem Staatsdienst herausgeworfenen Juristen sowie die Sozietät oder Bürogemeinschaft zwischen "Anwälten arischer und nichtarischer Abstammung" für unzulässig erklärt.....

[38] *Hartstang* S. 32. Dort auch (S. 33 ff. und 48 ff.) weitere eindrucksvolle Ausführungen zur NS-Herrschaft. Umfassend und tiefschürfend auch *Ostler* S. 229 ff.

[39] *Engelhard* S. 50: "Zu diesen Tatsachen zählt das beängstigende Tempo, mit dem die als konservativ-bürgerlich einzustufende Mehrheit der Justizjuristen ihre Anpassung an das totalitäre Regime vollzog. Innerhalb weniger Wochen des Jahres

vor allem die Anwaltschaft betraf[40]. Selbstverständlich sind weder das Verbot überörtlicher Sozietäten noch vergleichbare andere Beschränkungen der Tätigkeit von Anwälten - allein für sich genommen - nationalsozialistisches Gedankengut. Ganz im Geist jener Zeit liegt aber die *freiheitseinschränkende Tendenz des Urteils des Ehrengerichtshofs bei der Reichs-Rechtsanwaltskammer*[41]. Unter der dem politischen Liberalismus des ausgehenden 19. Jh. verpflichteten Rechtsanwaltsordnung hatte es *über ein halbes Jahrhundert keinerlei Bedürfnis für ein Verbot überörtlicher Rechtsanwaltssozietäten* gegeben[42]. Mit der Abkehr vom liberalen Denken auch in der Rechtspflege, mit der Beseitigung der Grundrechte und mit dem bereits angekündigten Abschied von der freien Advokatur[43] befindet sich denn auch das Urteil des Ehrengerichtshofs bei der Reichs-Rechtsanwaltskammer in vollem Einklang. Es ist schwer vorstellbar, daß eine solche Entscheidung noch heute bedeutsam sein soll.

3. Die im Urteil vorgenommene Rechtsprechungsänderung

136 Wer trotz solcher Zusammenhänge dem Urteil des *Ehrengerichtshofs bei der Reichs-Rechtsanwaltskammer* eine noch heute wirksame Autorität zuzuerkennen vermag, dem kommen vielleicht aber doch Bedenken, wenn er von der *Kehrtwendung* hört, die die ehrengerichtliche Rechtsprechung *sehr schnell nach der Machtergreifung* durch die Nationalsozialisten vollzog, und wenn er ferner erfährt, *wie freiheitsbejahend* die ehrengerichtliche Judikatur bis zum Ende der Weimarer Demokratie war.

Dies zeigt sich am besten an derjenigen Entscheidung, die der Ehrengerichtshof der Reichs-Rechtsanwaltskammer *selbst* zuerst

---

1933 warf diese Mehrheit die zuvor so oft beschworenen justizpolitischen und menschlichen Grundsätze über Bord."

[40] Hierzu → Rdnr. 132 Fußn. 28.

[41] Zu weiteren (schlimmen) Entscheidungen dieses Gerichts vgl. die Aufstellung bei *Sue* S. 42 f. und *König* S. 60 ff.

[42] → Rdnr. 130.

[43] Sie wurde im Jahr 1936 durch § 15 Abs. 2 Reichs-Rechtsanwaltsordnung abgeschafft, vgl. *Stein-Jonas-Schumann* Einl. Rdnr. 135 Fußn. 6 mit weit. Nachw.

zitiert[44]. Dieses Urteil aus dem Juli 1933 ist deshalb höchst bemerkenswert, weil es die *Kehrtwendung* bei der Frage der *Zulässigkeit von Zweigstellen* vornahm: Seit dem Inkrafttreten der RAO 1878 bis kurz nach dem Ende der Weimarer Demokratie[45] hatte es der *Ehrengerichtshof für die deutschen Rechtsanwälte* in einer beständigen, immer wieder bestätigten Judikatur zugelassen[46], wenn Rechtsanwälte Zweigstellen unterhielten, und es auch abgelehnt, die Zulässigkeit von anwaltlichen Zweigstellen unter dem Gesichtspunkt der Bedürfnisse der Rechtspflege zu überprüfen[47]. Das Urteil vom Juli 1933[48] brach mit dieser ständigen[49] Rechtsprechung und erteilte auch der bisherigen Grundauffassung über den Wettbewerb unter Rechtsanwälten eine entschiedene Absage[50]. Wer also das Ehrengerichtshofurteil von

---

44 → Rdnr. 134 bei Fußn. 35. Es handelt sich um die Urteile vom 6. 7. 1933, *EGH* XXVII, 124 - 130 = AnwBl 1933, 186 - 187 und vom 20.9.1933, *EGH* XXVII, 137 - 139.

45 Vgl. die Entscheidungen vom Februar 1933 und das letzte Urteil vom Mai 1933 → Rdnr. 84 Fußn. 6.

46 → Rdnr. 84 Fußn. 5.

47 Mit anderen Worten: Es stand im freien Willen des Anwalts, ob er Zweigstellen errichtete.

48 Auch *methodologisch* ist die Argumentation dieses Urteils interessant: Es räumt ein, daß die RAO ein Zweigstellenverbot nicht enthalte (*EGH* XXVII, 127 [unten] und 128 [oben]) und vermag dem § 18 RAO (→ auch Rdnr. 78 Fußn. 18) "nicht voller Sicherheit" (!) ein solches Verbot zu entnehmen (*EGH* XXVII, 128). Ihm reicht aber der in § 18 RAO "angedeutete Gedanke" (!) eines Verbots, der "offenbar der positiven Regelung zugrundeliegt" (a. a. O.). Von der rechtsstaatlich präzisen Argumentation der früheren Judikatur hat sich der neue Ehrengerichtshof bei der Reichs-Rechtsanwaltskammer abgewendet - die "unbegrenzte Auslegung" des Dritten Reichs kündigt sich an, vgl. hierzu grundlegend *Rüthers*, z. B. S. 121 ff., S. 136 ff. u. ö.

49 Historisch unhaltbar ist die Darstellung bei *Isele* § 28 Anm. II B, der von einer "unsicheren Lage" (gemeint wohl: für den einzelnen Anwalt) spricht. Die Rechtsprechung des *EGH für die deutschen Rechtsanwälte* war bis in den Mai des Jahres 1933 beständig, klar und eindeutig (→ auch Rdnr. 84). Daß die unteren Gerichte und die Vorstände der Anwaltskammern sowie literarische Äußerungen nicht immer mit dieser ständigen Rechtsprechung übereinstimmten, liegt auf der Hand, führte aber zu keinen Unsicherheiten. Unzutreffend ist es ferner, wenn *Isele* a. a. O. meint, die "RRAO machte dieser unsicheren Lage ein Ende". Dies bewirkte vielmehr das bereits im Septemberheft des Anwaltsblattes (→ Fußn. 44) veröffentlichte Urteil vom 6.7.1933 und die ihm folgende Judikatur.

50 *EGH* XXVII, 128 [unten] - 129.

1934 als Kronzeugen für ein Verbot überörtlicher Sozietäten zitiert, muß sich im klaren sein, auf welch radikaler Rechtsprechungsänderung es aufbaut und welcher Geisteshaltung es entstammt.

Der von der ehrengerichtlichen Judikatur *seit 1933 vorgenommene grundlegende Kurswechsel* wird besonders deutlich, wenn man sich mit denjenigen Richtersprüchen beschäftigt, die gegen Ende der Weimarer Demokratie zum Thema überörtliche Sozietät und zur Problematik eines Zweigstellenverbots ergingen: Wie schon ausgeführt[51], sah der *Ehrengerichtshof für die deutschen Rechtsanwälte* in seinem Urteil vom 10. Dezember 1931 keinen Grund, sich gegen überörtliche Sozietäten auszusprechen - obwohl er dies ohne weiteres hätte tun können[52]. Auch in einer früheren Entscheidung[53] hätte der Ehrengerichtshof für die deutschen Rechtsanwälte die überörtliche Zusammenarbeit als allgemein unzulässig beanstanden können, wenn dies in seinem Sinne gewesen wäre; stattdessen hat er - obwohl ihm dies eine schwierigere Begründung abverlangte - aus den konkreten Umständen des Einzelfalls die Unzulässigkeit bejaht[54].

Diese *auffallende Zurückhaltung* des *Ehrengerichtshofs für die deutschen Rechtsanwälte* bei der Frage der *überörtlichen Rechtsanwaltssozietät* hängt mit seiner Rechtsprechung zur generellen Zulässigkeit von anwaltlichen Zweigstellen zusammen: In den Urteilen vom 2. April 1930[55] und vom 20. Mai 1931[56] hatte der *Ehrengerichtshof für die deutschen Rechtsanwälte* die Zulässigkeit auswärtiger *Sprechtage* und *anwaltlicher Zweigstellen* wieder ein-

---

[51] → Rdnr. 130 Fußn. 8.

[52] Vgl. das schon wiedergegebene wörtliche Zitat, → Rdnr. 130 Fußn. 8.

[53] Urteil vom 2.7.1930, *EGH* XXIV, 135.

[54] Weil durch das systematische Auftreten nicht zugelassener Rechtsanwälte der Sinn des zivilprozessualen Anwaltszwanges beeinträchtigt werde, a. a. O. S. 140.

[55] *EGH* XXIV, 66 ff. Leitsätze: "1. Die Errichtung von Zweigbüros ist weder ungesetzlich, noch widerspricht sie den Grundgedanken der Standesauffassung. 2. Der Grundsatz der Lokalisierung wirkt nur soweit der Anwaltszwang reicht." Der Wortlaut der Entscheidung → sogleich Rdnr. 137.

[56] *EGH* XXV, 84 f. Leitsatz: "Die Zulässigkeit von Sprechtagen ist nicht von örtlichen Bedürfnissen oder einem Bedürfnis der Rechtspflege abhängig. Zu beanstanden sind Sprechtage nur im Falle des Mißbrauchs". Der Wortlaut der Entscheidung → Rdnr. 138.

mal[57] *allgemein bejaht*. Die damaligen Ausführungen stehen in einem unüberbrückbaren Gegensatz zur Geisteshaltung des Urteils des *Ehrengerichtshofs der Reichs-Rechtsanwaltskammer* aus dem September 1934 und seien deshalb wörtlich zitiert:

Urteil des Ehrengerichtshofs für die deutschen Rechtsanwälte vom 2. April 1930[58]

137 ..... Die gesetzliche Ordnung der Rechtsanwaltschaft wird beherrscht von dem Gedanken der freien Advokatur. Soweit sich nicht aus dem Gesetz Einschränkungen ergeben, ist der Rechtsanwalt in seiner Niederlassung wie auch in seiner Tätigkeit frei. Der Grundsatz der Lokalisierung wirkt nur soweit, als der Anwaltszwang reicht. Solange der Rechtsanwalt seinen Wohnsitz am Ort des Zulassungsgerichts beibehält, hindert ihn keine gesetzliche Vorschrift an der Ausübung seiner Berufstätigkeit bei einem oder mehreren Amtsgerichten mit allen Mitteln, insbesondere auch mit einem ständigen Büro. (EGH. vom 17. Mai 1887 G. 28/86, Bd. III S. 103, vom 4. Oktober 1887 G. 16/87 Bd. III S. 112) Niemals hat der Ehrengerichtshof es als regelmäßig bedenklich bezeichnet und nur ausnahmsweise gebilligt, wenn Rechtsanwälte außerhalb ihres Wohnsitzes Sprechtage halten oder Zweigbüros errichten; nur für die Ausnahmefälle des Mißbrauchs ist es getadelt worden. (EGH. vom 23. November 1912 II G. 25/12, Bd. XVI S. 247, 248).
.....

Hiernach steht der Errichtung von Zweigbüros weder ein gesetzliches Hindernis im Wege, noch auch widerspricht sie den Grundgedanken, die für die Standesauffasung maßgebend ist. .....

Urteil des Ehrengerichtshofs für die deutschen Rechtsanwälte vom 20. Mai 1931[59]

138 ..... Diese Auffassung[60] findet weder im Gesetz noch in der Rechtsprechung des Ehrengerichtshofs eine Stütze. Wie in Entscheidungen des Ehrengerichtshofs wiederholt ausgeführt worden ist (zuletzt im Urteil Band XXIV Blatt 66), wird die gesetzliche Ordnung der Rechtsanwaltschaft beherrscht von dem Gedanken der freien Anwaltschaft. Soweit sich nicht aus dem Gesetz Beschränkungen ergeben, ist der Rechtsanwalt in seiner Tätigkeit frei. Er ist nicht gehindert, seine Berufstätigkeit bei anderen Amtsgerichten (insbesondere auch mit einem ständigen Zweigbüro) oder an anderen Orten des Amtsgerichtsbezirks seiner Niederlassung auszuüben (EGH. vom 17. Mai 1887 G.26/86 Bd. III S. 103, vom 4. Oktober 1887 G. 16/87 Bd. III S. 112). Niemals hat der Ehrengerichtshof es als regelmäßig bedenklich bezeichnet und nur ausnahmsweise gebilligt, wenn Rechtsanwälte außerhalb

---

[57] → auch Rdnr. 84 Fußn. 5.

[58] *EGH* XXIV, 66 ff.; Leitsätze → Rdnr. 136 Fußn. 55.

[59] *EGH* XXV, 84 f.; Leitsatz → Rdnr. 136 Fußn. 56.

[60] Sc. die Bejahung des Verbots von Sprechtagen.

ihres Wohnsitzes Sprechtage halten oder Zweigbüros errichten; nur für Ausnahmefälle des Mißbrauchs ist es getadelt worden (EGH. vom 23. November 1912, G 25/12 Bd. 16 S. 247/248). Der Ehrengerichtshof ist dem gegenteiligen Beschluß der vereinigten Kammervorstände vom 2. Juni 1929 (Friedlaender, RAO. 1930 S. 200 Anm. 97, 98, 100) nicht beigetreten. Er hat vielmehr weiter aus dem Grundgedanken der freien Anwaltschaft, daß dem Tüchtigen, und zwar gerade im Interesse der Rechtssuchenden, Gelegenheit gegeben sein muß, sich durchzusetzen, gefolgert, daß der Rechtsanwalt, von den im Gesetze vorgeschriebenen Ausnahmen abgesehen, nicht allgemein gegen Wettbewerb geschützt ist, sondern nur gegen unlauteren Wettbewerb (EGH. vom 6. Mai 1911, G. 43/10 Bd. 15 S. 112 und das obengenannte Urteil vom 2. April 1930 G. 11/30 Band XXIV S. 66). Mit diesem Grundgedanken der freien Anwaltschaft stände es auch im Widerspruch, die Abhaltung von Sprechtagen von einem örtlichen Bedürfnis oder einem Bedürfnis der Rechtspflege abhängig zu machen. .....

E. Die hohe Hürde für ein Anwaltsgewohnheitsrecht

139 Nach der Verneinung eines die überörtliche Rechtsanwaltssozietät verbietenden Gewohnheitsrechtssatzes braucht die Frage nicht vertieft zu werden, ob es denn überhaupt ein so *tiefeingreifendes berufsbeschränkendes Anwaltsgewohnheitsrecht* geben kann[61]. Wenn von gewohnheitsrechtlichen Übungen die Rede ist, wird in aller Regel *nicht auf den Status des Rechtsanwalts* gezielt, sondern es geht meist um zwar nicht unwichtige, aber insgesamt eher untergeordnete Einzelheiten der Berufsausübung des Anwalts. So hat das Bundesverfassungsgericht in der einen Entscheidung zu den anwaltlichen Standesrichtlinien "die *Verschwiegenheitspflicht,* das *Verbot der Wahrnehmung widerstreitender Interessen,* die *Grundsätze der Gebührenberechnung*" angeführt[62]; in dem anderen Beschluß ist das *Werbeverbot* genannt[63]. Schon länger zurück liegt die Entscheidung über die *Amtstracht*; auch hier bejahte das Bundesverfassungsgericht ein Gewohnheitsrecht[64]. Im übrigen aber durchzieht die verfassungsgerichtliche Judikatur eine deutliche Skepsis gegenüber dem Anwaltsgewohnheitsrecht. Besonders im *Schily-Beschluß* hat das *Bundesverfassungsgericht* strengste Anforderungen aufgestellt, als es um die angebliche Existenz eines Gewohnheitsrechtssatzes ging, der

[61] Daß ohnehin nur *vorkonstitutionelles* Gewohnheitsrecht imstande ist, das Grundrecht der Berufsfreiheit einzuschränken, wurde schon gesagt, → Rdnr. 130 Fußn. 5.

[62] → Rdnr. 2 Fußn. 13.

[63] *BVerfGE* 76, 205 f.

[64] *BVerfGE* 28, 21 = JZ 1970, 320 mit ablehnender Anm. *Sälzer* JZ 1970, 572.

die Entziehung der Verteidigungsbefugnis eines Rechtsanwalts legitimieren sollte[65]. Auch die übrige Anwaltsrechtsprechung des *Bundesverfassungsgerichts* liegt auf dieser Linie. Dies gilt sowohl für die zeitlich vor dem *Schily-Beschluß* liegenden Entscheidungen[66], als auch für die Judikatur seither[67].

F. Gewohnheitsrecht statt Standesrichtlinien?

140 Da seit den Entscheidungen des Bundesverfassungsgerichts ein Verbot der überörtlichen Rechtsanwaltssozietät nicht mehr mit den Standesrichtlinien zu rechtfertigen ist[68], lag naturgemäß die Versuchung nahe, dieses Verbot durch den Hinweis auf ein Gewohnheitsrecht zu begründen. Ein solches Gewohnheitsrecht besteht, wie die Untersuchung gezeigt hat, nicht. Gleichwohl muß sich das Augenmerk auf diesen Begründungsversuch richten, weil ihm ein entscheidendes Mißverständnis anzuhaften scheint: Die (unbewußte) *Gleichsetzung der Standesrichtlinien mit einem Gewohnheitsrecht*. Natürlich wird ein Gewohnheitsrechtssatz nicht dadurch beseitigt, daß er in Standesrichtlinien wiedergegeben ist[69]. Standesrichtlinien können also durchaus einmal Gewohnheitsrecht enthalten. Aber sie selbst sind kein Gewohnheitsrecht[70], was sich übrigens auch aus der Rechtsprechung des Bundesverfassungsgerichts ergibt, die den Standesrichtlinien eine *Qualität als Rechtsnorm abgesprochen* hat[71]. Gerade angesichts dieser Rechtsprechung erscheint es verfehlt, (ehemals) in den Standesrichtlinien enthaltene Regelungen nunmehr als Gewohnheitsrecht zu deklarieren. Es wäre denn auch ein *groteskes Ergebnis*: Das Bundesverfassungsgericht verbietet den sich auf Standesrichtlinien berufenden Eingriff - darauf wird derselbe

---

65 *BVerfGE* 34, 293 ff. = JZ 1973, 311 ff. mit zustimmender Anm. *Schumann* a. a. O.

66 Hinweise bei *Schumann* a. a. O. S. 314 Fußn. 1, 3 und 6.

67 Z. B. *BVerfGE* 36, 212 ff.

68 → Rdnr. 113.

69 Beispiel ist das *Amtstrachtgebot* in § 11 der anwaltlichen Standesrichtlinien (→ auch Rdnr. 139 Fußn. 64).

70 *BVerfGE* 36, 212 (217, 218); vgl. *Zuck* in: *Lingenberg-Hummel-Zuck-Eich* Einl. Rdnr. 27 und grundlegend *Kleine-Cosack* S. 64 ff., vgl. ferner *Hanna* S. 14 ff.

71 *BVerfGE* 76, 185 ff.

Eingriff durch ein (angeblich) in den Standesrichtlinien kodifiziertes Gewohnheitsrecht legitimiert.

G. Zwischenergebnis

141 Die Untersuchung hat gezeigt, daß es keinen gewohnheitsrechtlichen Satz gibt, der die *überörtliche Rechtsanwaltssozietät* untersagt. Es fehlen bereits die formalen Voraussetzungen: sowohl eine *längere* tatsächliche Übung als auch die *Dauerhaftigkeit, Ständigkeit, Gleichmäßigkeit* und *Allgemeinheit* einer solchen Gewohnheit. Denn seit Erlaß der Rechtsanwaltsordnung 1878 bis zum 19. September 1934 gab es kein derartiges Verbot; ausgesprochen wurde es erst durch den damals neu errichteten Ehrengerichtshof bei der Reichs-Rechtsanwaltskammer.

Daß ein gewohnheitsrechtliches Verbot überörtlicher Rechtsanwaltssozietäten von der deutschen Rechtsanwaltschaft *als verbindliche Rechtsnorm anerkannt* worden ist, kann ferner deshalb nicht angenommen werden, weil erst die freiheitsfeindliche Judikatur des Ehrengerichtshofs bei der Reichs-Rechtsanwaltskammer die Vorstellung eines solchen Verbots entwickelte, während gerade der Ehrengerichtshof für die deutschen Rechtsanwälte in einer jahrzehntelangen Rechtsprechung bis in das Dritte Reich hinein sogar die Befugnis der Anwälte zu Zweigstellen und Sprechtagen bejahte und vor allem ein Verbot überörtlicher Sozietäten nicht aussprach.

Außerdem hat das Bundesverfassungsgericht hohe Hürden für die Anerkennung von Anwaltsgewohnheitsrecht errichtet. Die in den Standesrichtlinien enthaltenen Vorschriften stellen kein Gewohnheitsrecht dar.

§ 10. Das Ergebnis dieses Teils der Untersuchung

142 Die im Teil III. der Untersuchung dargelegten Ortsbindungen des deutschen Rechtsanwalts stehen einer *überörtlichen Sozietät* nicht entgegen:

Die Lokalisierung bei einem bestimmten Gericht ist mit einer solchen Sozietät zu vereinbaren[1]. Die drei aus der Residenzpflicht entspringenden Verpflichtungen werden durch die überörtliche Rechtsanwaltssozietät nicht verletzt[2]. Das Zweigstellenverbot untersagt diese Art einer Sozietät nicht[3]. Die anwaltlichen Standesrichtlinien stehen nicht entgegen[4]; ebensowenig existiert ein (vorkonstitutionelles) gewohnheitsrechtliches Verbot[5]. Mit der Generalklausel des § 43 BRAO kollidiert die überörtliche Rechtsanwaltssozietät nicht - auch nicht mit dem aus ihr entspringenden Werbeverbot[6]. Auf die "Gesamtregelung der BRAO" ist in diesen Zusammenhängen grundsätzlich nicht zurückzugreifen; allerdings ist dem beim *Bundesgerichtshof* zugelassenen Rechtsanwalt eine überörtliche Sozietät untersagt[7].

---

[1] → Rdnr. 39 - 68 und Rdnr. 69 [Zwischenergebnis].

[2] → Rdnr. 70 - 80 und Rdnr. 81 [Zwischenergebnis].

[3] → Rdnr. 82 - 92 und Rdnr. 93 [Zwischenergebnis].

[4] → Rdnr. 94 - 112 und Rdnr. 113 [Zwischenergebnis].

[5] → Rdnr. 129 - 140 und Rdnr. 141 [Zwischenergebnis].

[6] → Rdnr. 114 - 121 und Rdnr. 122 [Zwischenergebnis].

[7] → Rdnr. 123 - 127 und Rdnr. 128 [Zwischenergebnis].

IV. Teil.
Die Zulässigkeit der überörtlichen Sozietät in anderen beratenden Berufen

§ 11. Das Standesrecht dieser Berufe

A. Beratungstätigkeit und Prozeßvertretung

143 Drei beratende Berufe werden vom Standesrecht der Rechtsanwälte als so ähnlich angesehen, daß es eine *interprofessionelle Sozietät* zuläßt[1]: Mit *Wirtschaftsprüfern*, *Steuerberatern* und *Patentanwälten* darf ein Rechtsanwalt eine derartige Sozietät bilden. Schon deshalb ist ein Blick auf das Standesrecht dieser Berufe angezeigt. Vor allem aber betreiben die Angehörigen der drei genannten Berufe in umfangreicher Weise Rechtsberatung[2] und sind insofern geborene Konkurrenten der Rechtsanwälte. Ferner sind sie zulässigerweise[3] und in nicht unerheblicher Weise auch als *Prozeßbevollmächtigte* tätig. Es ist daher hochinteressant, wie das Standesrecht der anderen Berufe überörtliche Aktivitäten behandelt.

---

[1] § 30 Standesrichtlinien, Text → Rdnr. 98; → auch schon Rdnr. 92 zur *Zulässigkeit überörtlicher interprofessioneller Sozietäten*.

[2] Vgl. § 2 Abs. 2, § 43 Abs. 4 Nr. 1 WPO; §§ 33, 65 StBerG; § 3 PatAnwO sowie z. B. *BVerfGE* 80, 269 (280: "Die Steuerberatung ist bloßer Ausschnitt der Tätigkeit des Rechtsanwalts").

[3] Vgl. § 1 Abs. 2 Nr. 1, §§ 33, 65 StBerG; § 2 Abs. 2, § 43 Abs. 4 Nr. 1 WPO; § 3 Abs. 2 Nr. 2 und 3 sowie Abs. 3 Nr. 2 PatAnwO.

B. Standesrecht der Wirtschaftsprüfer

1. Die einschlägigen Vorschriften der Wirtschaftsprüferordnung und der Standesrichtlinien

144 **§ 3 WPO. Berufliche Niederlassung.** (1) Wirtschaftsprüfer und Wirtschaftsprüfungsgesellschaften können sich an jedem Ort im Geltungsbereich dieses Gesetzes niederlassen und von ihrer Niederlassung aus ohne räumliche Beschränkung tätig werden. Die berufliche Niederlassung eines Wirtschaftsprüfers ist innerhalb von sechs Monaten nach der Bestellung zu begründen.
(2) Wirtschaftsprüfer und Wirtschaftsprüfungsgesellschaften dürfen Zweigniederlassungen nach den Vorschriften dieses Gesetzes errichten. Wirtschaftsprüfer dürfen neben ihrer Hauptniederlassung nur eine Zweigniederlassung errichten.

145 **§ 47 WPO. Zweigniederlassungen.** (1) Wirtschaftsprüfer dürfen neben ihrer Niederlassung eine weitere berufliche Niederlassung nur begründen, wenn auch am Ort dieser weiteren Niederlassung ein dort ansässiger Wirtschaftsprüfer deren fachliche Leitung übernimmt. Ausnahmen hiervon kann die Wirtschaftsprüferkammer zulassen.
(2) Jede Zweigniederlassung einer Wirtschaftsprüfungsgesellschaft muß von wenigstens einem Wirtschaftsprüfer geleitet werden. Dieser muß seinen Wohnsitz am Ort der Zweigniederlassung haben; zur Vermeidung von Härten kann die Wirtschaftsprüferkammer ihm gestatten, an einem anderen Ort zu wohnen.

146 **III. Standesrichtlinien. Eigenverantwortlichkeit**[4]. (1) Der Wirtschaftsprüfer hat sein Handeln in eigener Verantwortung zu bestimmen. Die Eigenverantwortlichkeit verlangt, daß er sich sein Urteil selbst bildet und seine Entscheidungen selbst trifft. Er muß in der Lage sein, die Tätigkeit von Mitarbeitern derart zu überblicken und zu beurteilen, daß er sich eine auf Kenntnissen beruhende, eigene Überzeugung bilden kann.
(2) Auch der im Anstellungsverhältnis tätige Wirtschaftsprüfer hat im Rahmen der ihm gestellten Aufgaben eigenverantwortlich zu handeln. Eine eigenverantwortliche Tätigkeit übt nicht aus, wer sich als zeichnungsberechtigter Vertreter oder als zeichnungsberechtigter Angestellter an Weisungen zu halten hat, die ihn verpflichten, Prüfungsberichte und Gutachten auch dann zu unterzeichnen, wenn ihr Inhalt sich mit seiner Überzeugung nicht deckt. Weisungen, die solche Verpflichtungen enthalten, sind unzulässig (§ 44 Abs. 2 WPO).

[4] Quelle: *Wirtschaftsprüferkammer*: Richtlinien usw. S. 15.

147 **Richtungweisende Feststellungen. 6. Sozietäten**[5]. Sozietäten zwischen WP[6] und/oder vBP[7] sind örtlich und überörtlich zulässig. Die Partner haben sich hierbei der gegenseitigen Verantwortung, auch bezüglich des beruflichen Verhaltens, bewußt zu sein.

148 **VIII. Standesrichtlinien. Kundmachung, Werbeverbot**[8]. (1) Wirtschaftsprüfer sind zu berufswürdigem Verhalten bei der Kundmachung verpflichtet. (2) Werbung ist verboten (§ 52 WPO).

149 **Richtungweisende Feststellungen. 1. Berufsbezeichnung. b) Sozietäten**[9]. Sozietäten treten unter den Namen und den Berufsbezeichnungen der Partner auf. Die Führung von Sammelbezeichnungen (z. B. Wirtschaftsprüfergemeinschaft) ist nicht statthaft; es ist jedoch zulässig, durch den Zusatz "und Partner" auf das Vorhandensein weiterer Sozien hinzuweisen, und zwar unter Angabe aller in der Sozietät vorkommenden Berufsqualifikationen. Bei einer derartigen Kundmachung im Briefkopf müssen alle Partner an anderer, geeigneter Stelle mit ihren Berufsbezeichnungen aufgeführt werden. Werden im Briefkopf alle Partner genannt, so sind bei unterschiedlichen Berufsqualifikationen jedem Partner seine Berufsbezeichnungen unmittelbar zuzuordnen.
Bei Sozietäten überörtlicher Art müssen die einzelnen Partner mit dem Ort ihres Berufssitzes in Erscheinung treten, weil ein Auftreten unter gemeinsamen Ortsbezeichnungen den Anschein gegenseitiger Vertretung und damit wechselseitiger Niederlassungen erweckt; alsdann sind die diesbezüglichen Bestimmungen zu beachten (Abschnitt III. Nr. 2 der Richtlinien).

2. Der Inhalt der Regelungen

150 Aus den soeben zitierten Vorschriften (§ 3 Abs. 2, § 47 WPO) ist ersichtlich, daß es Wirtschaftsprüfern vom Gesetz nicht verwehrt wird, sogar *Zweigstellen* zu errichten[10]. Dabei muß man beachten, daß der *Beruf des Wirtschaftsprüfers innerhalb einer Kapitalgesellschaft* ausgeübt werden darf[11]. Da weder das deutsche Gesellschaftsrecht noch das Standesrecht der Wirtschaftsprüfer entge-

---

5 *Wirtschaftsprüferkammer* a. a. O. S. 17.

6 = Wirtschaftsprüfer.

7 = Vereidigter Buchprüfer.

8 *Wirtschaftsprüferkammer* a. a. O. S. 31.

9 *Wirtschaftsprüferkammer* a. a. O. S. 31 f.

10 Zur Geschichte der *Zweigstellenbefugnis der Wirtschaftsprüfer und Steuerberater* → Rdnr. 176 Fußn. 16 und 17.

11 Dies lassen § 1 Abs. 3, §§ 27 ff. WPO zu!

genstehen, kann eine Wirtschaftsprüfungsgesellschaft neben ihrem Hauptsitz zulässigerweise auch mehrere Zweigniederlassungen besitzen. Nur der einzelne Wirtschaftsprüfer darf lediglich *eine* Zweigniederlassung errichten (§ 3 Abs. 2 Satz 2 WPO).

Aus dem Blickwinkel des anwaltlichen Standesrechtes erscheint es fast unvorstellbar, daß manche dieser Gesellschaften sogar an *mehreren* Orten ihren *Hauptsitz* haben[12]. Probleme hinsichtlich der mitgliedschaftlichen Zuordnung[13] bei der Wirtschaftsprüferkammer entstehen hierbei nicht: Da es im gesamten Bundesgebiet nur *eine* Wirtschaftsprüferkammer[14] gibt, spielt es keine Rolle, wo der Sitz der Gesellschaft liegt und ob sie mehrere Sitze hat und ob im Laufe der Entwicklung tatsächlich einmal eine Zweigniederlassung zum Mittelpunkt der Gesellschaft und damit zum Hauptsitz wird. Die Wirtschaftsprüferordnung bietet somit einen für *überörtliche Aktivitäten* sowohl des einzelnen Wirtschaftsprüfers als auch der Wirtschaftsprüfergesellschaften *maßgeschneiderten rechtlichen Rahmen*. Gleichzeitig unterstreicht sie die Allörtlichkeit des Wirtschaftsprüfers sogar ausdrücklich: Von seiner Niederlassung darf er "*ohne räumliche Beschränkung tätig werden*", betont der Gesetzestext (§ 3 Abs. 1 Satz 1 WPO) in deutlicher Ablehnung jeglicher Ortsgebundenheit. Ebenso eindeutig sind die entsprechenden Gesetzesmotive[15]: "Die Tätigkeit des Wirtschaftsprüfers und der Wirtschaftsprüfergesellschaft kann ihrem Wesen und Umfang nach nicht auf den Ort der Niederlassung oder das Land beschränkt sein, in dem sich die Niederlassung befindet, vielmehr muß ihnen gestattet sein, an jedem Ort im Inland und Ausland tätig zu werden."

Diesen rechtlichen Rahmen füllen übrigens auch die *Standesrichtlinien* voll aus: *Überörtliche Wirtschaftsprüfersozietäten* werden in ihnen *ausdrücklich* zugelassen, wie die richtungweisenden Feststellungen sowohl unter III. 6[16] als auch unter VIII. 1b[17] zei-

---

[12] → Rdnr. 151 Fußn. 20.

[13] Zu dieser Frage bei der Anwaltschaft → Rdnr. 62.

[14] § 4, §§ 57 ff. WPO - mit Landesgeschäftsstellen, die aber keine Selbständigkeit haben.

[15] Verhandlungen des Deutschen Bundestages, Drucksachen, 3. Wahlperiode, Band 56, Drucksache 201, S. 56 zu § 3 sub 2.

[16] → Rdnr. 147.

gen. Damit darf jeder einzelne Wirtschaftsprüfer mit anderen Wirtschaftsprüfern eine überörtliche Sozietät errichten. Welche Pflichten hierbei zu beachten sind, legen die Richtlinien fest.

3. Rechtswirklichkeit

151 Ein Blick auf die Rechtswirklichkeit zeigt ein - aus der Sicht der Rechtsanwaltschaft - *erstaunliches Bild*: Geradezu selbstverständlich finden sich bei den Wirtschaftsprüfungsgesellschaften die Angaben über ihre Zweigstellen[18]. Natürlich gibt es den Einzelwirtschaftsprüfer[19]. Aber *Zweigniederlassungen zu haben, ist keineswegs eine Ausnahme*[20]. In der jeweiligen Region, vielfach *flä-*

---

[17] → Rdnr. 149.

[18] Zur Diskriminierung der Rechtsanwaltschaft, der verboten ist, Zweigstellen zum errichten, → Rdnr. 176.

[19] § 1 Abs. 1 und 2, § 3 WPO.

[20] Nach dem Wirtschaftsprüfer-Verzeichnis 1988 (*Stand 1987*) sind hier etwa zu nennen:
ARTHUR ANDERSEN & CO. GmbH: sechs Zweigniederlassungen
Arthur Young GmbH: drei
ATG Allgäuer Treuhand G.m.b.H.: drei
BAYERISCHE TREUHAND-AKTIENGESELLSCHAFT: zwei
BAYERN-REVISION GMBH: eine
BDO Binder Dijker Otte & Co: zehn
CENTRAL TREUHAND AG: neun
Coopers & Lybrand: fünfzehn
Datag: neun
Deloitte, Haskins & Sells GmbH: sechs
Deutsche Baurevision Aktiengesellschaft: fünf
Deutsche Revisons- und Treuhand Aktiengesellschaft: eine
DEUTSCHE TREUHAND-GESELLSCHAFT (DTG): neun (bei einem Doppelsitz in Berlin und Frankfurt)
DWT: fünfzehn
Ernst & Whinney GmbH: drei
Karoli-Wirtschaftsprüfung Gesellschaft: vier
KPMG Peat Marwick Treuhand GmbH: fünf
Price Waterhouse GmbH: vier
Schitag: zwei
SüdTreu: drei
Susat & Partner: eine

chendeckend im gesamten Bundesgebiet und teilweise sogar darüber hinaus[21] kann auf diese Weise der Dienst als Wirtschaftsprüfer angeboten werden. Damit wird sichtlich versucht, überörtlich einen *gleichbleibenden Standard* zu gewährleisten und auch *inhaltlich ein lückenloses Beratungsprogramm* anzubieten[22].

4. Zwischenergebnis: Keine "Problematik überörtlicher Zusammenschlüsse"

152 Die bisherigen Darlegungen haben gezeigt, daß es eine "Problematik überörtlicher Zusammenschlüsse" für Wirtschaftsprüfer nicht geben kann. Was als Problem zwischen Rechtsanwälten erscheint, ist zulässige und gelebte Wirklichkeit beim Beruf der Wirtschaftsprüfer.

Touche Ross & Co.: dreizehn
TREUARBEIT: zwölf (bei einem Doppelsitz in Berlin und Frankfurt).
TREUHAND-VEREINIGUNG Aktiengesellschaft: fünfzehn
TREUVERKEHR DR. RÄTSCH & CO. GMBH: eine
WIBERA: elf
WIRTSCHAFTS-REVISION UND TREUHAND AKTIENGESELLSCHAFT: fünf
Wollert-Elmendorff Deutsche Industrie-Treuhand GmbH: acht.
Durch Fusionen in der letzten Zeit (z. B. *TREUARBEIT* und *TREUHAND-VEREINIGUNG* zur "*Deutschen Revisions und Treuhand AG*" sowie *KPMG* und *DTG* zur *KPMG-DTG* [Ende 1987] und dieser neuen Gesellschaft mit der *TREUVERKEHR* [zum 1. Januar 1990]) ist diese Liste teilweise schon wieder überholt. Außerdem haben mehrere Gesellschaften inzwischen weitere Zweigniederlassungen gegründet. Doch geht es hier nicht um den Nachweis der konkreten Situation der genannten Gesellschaften, sondern um die Tendenz auf dem Beratungsmarkt.

[21] Das soeben genannte Wirtschaftsprüfer-Verzeichnis nennt (als Zweigniederlassungsorte der *deutschen* Gesellschaft): *Brüssel, Luxembourg, Neuilly-sur-Seine*. Vor allem aber treten noch die Verflechtungen mit ausländischen Unternehmungen hinzu, besonders natürlich bei den weltweit operierenden (bisherigen) "big eight": *KPMG, Arthur Andersen, Coopers & Lybrand, Price Waterhouse, Ernst & Whinney, Arthur Young* und *Deloitte, Haskins & Sells* sowie *Touche Ross*.

[22] Die zum 1. Januar 1990 wirksame Fusion zwischen *KPMG-DTG* mit der *Treuverkehr* (→ Fußn. 20) wurde von den Vorständen der Unternehmen in diesem Sinne begründet: "Durch Bündelung von Fachwissen und Erfahrung"..."könne den Anforderungen der international tätigen Mandanten besser entsprochen werden. Den Herausforderungen an die Wirtschaftsprüfer und Steuerberater, die sich durch den gemeinsamen europäischen Markt nach 1992 ergeben, könne dadurch wirkungsvoller begegnet werden.", FAZ vom 27. 6. 1989.

C. Standesrecht der Steuerberater

1. Die einschlägigen Vorschriften des Steuerberatungsgesetzes und der Standesrichtlinien

153 **§ 34 StBerG[23]. Berufliche Niederlassung, auswärtige Beratungsstellen.** (1) Berufliche Niederlassung ist die Beratungsstelle, von der aus der Steuerberater oder Steuerbevollmächtigte seinen Beruf überwiegend ausübt. Die berufliche Niederlassung ist innerhalb von sechs Monaten nach der Bestellung zu begründen.

(2) Auswärtige Beratungsstellen können unterhalten werden, soweit dadurch die Erfüllung der Berufspflichten nicht beeinträchtigt wird. Leiter der auswärtigen Beratungsstelle muß ein Steuerberater oder Steuerbevollmächtigter sein.

154 **Nr. 28 Standesrichtlinien. Berufliche Niederlassung[24].** (1) Die berufliche Niederlassung des Steuerberaters oder Steuerbevollmächtigten ist eine ständige Einrichtung, von der aus der Beruf ausgeübt wird (Geschäftsstelle). Als berufliche Niederlassung eines ausschließlich nach § 58 StBerG angestellten Steuerberaters oder Steuerbevollmächtigten gilt seine regelmäßige Arbeitsstätte.

(2) Die berufliche Niederlassung von selbständig tätigen Steuerberatern und Steuerbevollmächtigten soll nach außen durch Praxisschild, Aufnahme im amtlichen Fernsprechverzeichnis und muß durch Hinweis auf den Geschäftspapieren kenntlich gemacht werden. Am Ort der beruflichen Niederlassung (politische Gemeinde) darf nur eine Geschäftsstelle unterhalten werden. Weitere Arbeitsräume, auch gelegentliche, außerhalb der beruflichen Niederlassung dürfen nach außen nicht kenntlich gemacht werden.

(3) Sprechtage außerhalb der beruflichen Niederlassung dürfen nur gegenüber Auftraggebern kundgemacht werden.

(4) Das Vortäuschen einer beruflichen Niederlassung ist berufswidrig. Eine Wohnung des Steuerberaters oder Steuerbevollmächtigten, die nicht gleichzeitig Geschäftsstelle ist, darf nicht durch Praxisschild, Anzeigen und dergleichen kenntlich gemacht werden.

155 **Nr. 29 Standesrichtlinien. Auswärtige Beratungsstellen.** (1) Außerhalb des Ortes der beruflichen Niederlassung können weitere Beratungsstellen nur unterhalten werden, soweit dadurch die Erfüllung der Berufspflichten nicht beeinträchtigt wird (auswärtige Beratungsstellen im Sinne des § 34 StBerG). Zweigniederlassungen von Steuerberatungsgesellschaften sind auswärtige Beratungsstellen im Sinne des Gesetzes.

(2) Jede auswärtige Beratungsstelle muß durch einen anderen Steuerberater oder Steuerbevollmächtigten geleitet werden, der seine berufliche Nie-

---

[23] In der Fassung des Vierten Gesetzes zur Änderung des Steuerberatungsgesetzes vom 9. 6. 1989, BGBl I S. 1062 ff. (1063).

[24] Abgedruckt bei *Charlier-Peter* Gr. 20/321, Stand 1989 und *Eckert* S. 74 ff.

derlassung am Ort der auswärtigen Beratungsstelle hat. Eine auswärtige Beratungsstelle ist auch dann ordnungsgemäß besetzt, wenn ein Steuerberater oder Steuerbevollmächtigter ausnahmsweise zwei Beratungsstellen anderer Berufsangehörigen leitet, sofern ein örtlicher Zusammenhang besteht. Dies gilt jedoch nur dann, wenn der betreffende Berufsangehörige nicht auch noch in eigener Praxis tätig ist.
(3) Die zuständige Berufskammer kann Ausnahmen von den Grundsätzen des Absatzes 2 zulassen, soweit dadurch die Erfüllung der Berufspflichten nicht beeinträchtigt wird. Die Ausnahmegenehmigung kann mit Auflagen verbunden werden.

156 **Nr. 30 Standesrichtlinien. Sozietäten und Bürogemeinschaften.** (1) Steuerberater und Steuerbevollmächtigte können sich zur gemeinschaftlichen Berufsausübung in Sozietäten oder in Bürogemeinschaften nur mit Angehörigen der steuerberatenden, wirtschaftsprüfenden oder rechtsberatenden Berufe zusammenschließen, die einer Berufskammer angehören.
(2) Bürogemeinschaften dürfen nicht den Anschein einer Sozietät erwecken; sie dürfen nicht nach außen kenntlich gemacht werden, insbesondere dürfen keine gemeinsamen Geschäftspapiere oder Praxisschilder verwendet werden.

2. Der Inhalt der Regelung - Rechtswirklichkeit

157 Aus § 34 Abs. 2 StBerG ist erkennbar, daß der einzelne Steuerberater *Zweigstellen* unterhalten darf[25]. Angesichts der Ähnlichkeit der soeben zitierten Regelungen mit den Vorschriften im Standesrecht der Wirtschaftsprüfer[26] reicht es aus, die Zulässigkeit auch von *Steuerberatungsgesellschaften* hervorzuheben[27]. Zweigstellen sind auch hier keineswegs die Ausnahme[28].

---

[25] Sogar *mehrere* Beratungsstellen darf er errichten, soweit seine Berufspflichten nicht beeinträchtigt werden, *Rohweder* in: *Mittelsteiner-Gehre* § 34 Anm. 4. - Zur Diskriminierung der Rechtsanwaltschaft, der Zweigstellen ausdrücklich verboten sind, → Rdnr. 176.

[26] → Rdnr. 144 ff. Bei der beruflichen Selbstverwaltung zeigen sich allerdings *Unterschiede*: Anders als bei den Wirtschaftsprüfern (→ Rdnr. 150) gibt es nicht nur eine einzige Berufskammer, sondern jeweils für das Gebiet einer Oberfinanzdirektion ist eine eigene Steuerberaterkammer eingerichtet. Bei Steuerberatungsgesellschaften ist deren Sitz maßgebend für die Zuordnung zu der Kammer, §§ 73 f. StBerG.

[27] § 32 Abs. 3, §§ 49 ff. StBerG.

[28] Die meisten Steuerberatungsgesellschaften sind zugleich Wirtschaftsprüfergesellschaften, so daß die Ausführungen zu diesen Gesellschaften (→ Rdnr. 151) auch hier gelten.

Wie früher schon dargelegt[29], hat der Bundesgerichtshof ausdrücklich auch die *Zulässigkeit einer überörtlichen Steuerberatersozietät bejaht*[30].

3. Zwischenergebnis: Keine "Problematik überörtlicher Zusammenschlüsse"

158 Ebensowenig wie beim Wirtschaftsprüfer ergeben sich beim Beruf des Steuerberaters Probleme, wenn er sich überörtlich zusammenschließen will.

D. Standesrecht der Patentanwälte

1. Die einschlägigen Vorschriften

159 **§ 28 PatAnwO. Zweigstelle und Sprechtage.** (1) Der Patentanwalt darf weder eine Zweigstelle einrichten noch auswärtige Sprechtage abhalten. Der Präsident des Patentamts kann dies jedoch gestatten, wenn es nach den örtlichen Verhältnissen im Interesse einer geordneten Rechtspflege dringend geboten erscheint. Der Vorstand der Patentanwaltskammer ist vorher zu hören.
(2) Die Erlaubnis kann widerrufen werden. Vor dem Widerruf sind der Patentanwalt und der Vorstand der Patentanwaltskammer zu hören.
(3) Der Bescheid, durch den die Erlaubnis versagt oder widerrufen wird, ist mit Gründen zu versehen. Er ist dem Patentanwalt zuzustellen. Gegen einen solchen Bescheid kann der Patentanwalt innerhalb eines Monats nach der Zustellung bei dem Oberlandesgericht den Antrag auf gerichtliche Entscheidung stellen.

160 **§ 18 Richtlinien[31]. Sozietäten.** (1) Die Sozietät erstreckt sich im Rahmen der gesetzlichen Zulässigkeit auf die gemeinsame Berufsausübung. Sie findet in der Form der Gesellschaft bürgerlichen Rechts statt.
(2) Die Angehörigen einer Sozietät sind im Außenverhältnis, insbesondere aus entgegengenommenen Aufträgen, gemeinsam verpflichtet und berechtigt und haften in allen die Sozietät betreffenden Fällen gemeinsam.

---

29 → Rdnr. 4 Fußn. 31.

30 So auch *Borggreve* S. 112 (m. w. Nachw. S. 110 ff. zur standesrechtlichen Diskussion).

31 Quelle: *Patentanwaltskammer*, Richtlinien, Stand 20. November 1986.

(3) Praxisschilder und Drucksachen müssen das Bestehen einer Sozietät, die Namen aller Sozien sowie deren Vertretungsbefugnis erkennen lassen.
(4) Kein Angehöriger einer Sozietät darf einer weiteren Sozietät angehören oder nebenher eine Einzelpraxis führen.
(5) Der Patentanwalt, der eine Sozietät mit einem Angehörigen eines anderen Berufes eingeht, muß sicherstellen, daß jeder Sozius nur diejenigen Aufgaben erfüllt, für die er kraft Gesetzes die Befugnis besitzt; entsprechendes gilt für seine Vertretung. Er bleibt an seine standesrechtlichen Grundsätze gebunden und hat die des Partners zu berücksichtigen.
(6) Bei Sozietäten zwischen an verschiedenen Orten niedergelassenen Anwälten ist auf Drucksachen zusätzlich der Niederlassungsort jedes Sozius kenntlich zu machen.
(7) Den Sozien ist die Regelung des Innenverhältnisses innerhalb der Sozietät freigestellt.
(8) Eine Sozietät darf nicht unter unterschiedlichen Bezeichnungen in Erscheinung treten.

2. Der Inhalt der Regelung

161 Der Blick auf das Standesrecht der Patentanwälte zeigt ein - angesichts der Diskussion um die Zulässigkeit überörtlicher Rechtsanwaltssozietäten - geradezu *verblüffendes Bild*: Obwohl der Patentanwalt nach § 28 PatAnwO weder eine Zweigstelle einrichten noch auswärtige Sprechtage abhalten darf, haben seine Standesrichtlinien keinerlei Bedenken, eine *Sozietät des Patentanwalts mit einem Kollegen an einem anderen Ort* zuzulassen: § 18 Abs. 6 der Richtlinien bejaht *ohne weiteres* die Zulässigkeit einer "Sozietät zwischen an verschiedenen Orten niedergelassenen Anwälten"[32]. Aus der Sicht der vorliegenden Untersuchung ist dies richtig. Denn ein Patentanwalt, der einer überörtlichen Sozietät angehört, betreibt keine Zweigstelle[33] und hält keine auswärtigen Sprechtage. Er beachtet das Gesetz, weil er *keine institutionell verfestigte Aktivitäten*[34] *außerhalb seiner Kanzlei entfaltet, wenn er einer überörtlichen Patentanwaltssozietät angehört.* So se-

---

32 Vgl. *Michalski* S. 18, 242 f., 257 ff.

33 Anders allerdings *Kelbel* (§ 28 Rdnr. 3), der meint, die überörtliche Patentanwaltssozietät führe zur Errichtung von Zweigstellen. Dementsprechend beschränkt er (§ 39 Rdnr. 92) die Geltung der Standesrichtlinien auf *genehmigte* Zweigstellen, übersieht jedoch, daß eine überörtliche Patentanwaltssozietät vom Patentamtspräsidenten überhaupt nicht genehmigt werden muß. Gegen *Kelbel* zutreffend auch *Borggreve* S. 98. und *Heintzen* S. 11 ff.

34 Hierzu → Rdnr. 82 ff.

hen es ganz offensichtlich die Berufsvertretung der Patentanwälte[35] und vor allem die Aufsichtsbehörde; denn in der letzten Zeit ist nicht bekannt geworden, daß diese Instanzen die überörtliche Patentanwaltssozietät für unzulässig gehalten hätten[36].

An diejenigen Gerichte und Autoren, die aus dem Zweigstellenverbot die Unzulässigkeit der überörtlichen *Rechts*anwaltssozietät ableiten, stellt sich jetzt die selbstverständliche Frage, weshalb ein und derselbe Gesetzeswortlaut[37] den *Patent*anwälten die überörtliche Sozietät gestattet, während er bei den *Rechts*anwälten die überörtliche Sozietät angeblich verbietet. Selbstverständlich gibt es zwischen diesen beiden Berufen große Unterschiede. Aber die Begriffe "Zweigstelle" und "auswärtige Sprechtage" werden davon nicht beeinflußt. In beiden Berufen zielen sie auf institutionell verfestigte überörtliche Tätigkeiten in dem mehrfach dargestellten[38] Sinn, aber nicht auf ein Verbot der Sozietät mit einem Partner an einem anderen Ort.

3. Zwischenergebnis: Wiederum "keine Problematik überörtlicher Zusammenschlüsse"

162 Auch bei dem dritten hier untersuchten freien Beruf, der eine deutliche Nähe zum Rechtsanwalt hat und mit ihm im übrigen auch konkurriert, zeigen sich keine Probleme für überörtliche Zusammenschlüsse. Vor allem wurde deutlich, daß ein Zweigstellenverbot die überörtliche Sozietät nicht untersagt.

---

[35] Wie bei den Wirtschaftsprüfern (→ Rdnr. 150) existiert für das gesamte Bundesgebiet nur *eine* Kammer.

[36] In seinem Beschluß zur überörtlichen Sozietät von Steuerberatern (→ Rdnr. 4 Fußn. 31) hat der *Bundesgerichtshof* sehr wohl erkannt, daß die Standesrichtlinien dem Patentanwalt die überörtliche Sozietät gestatten, obwohl ein gesetzliches Zweigstellenverbot besteht (*BGHSt* 30, 81 [83] = NJW 1981, 2477). Anders als zum Anwaltsrecht hat sich der *BGH* nicht negativ zur überörtlichen Sozietät geäußert, insbesondere hat er nicht etwa Bedenken gegen die Standesrichtlinien für Patentanwälte erhoben.

[37] Die Regelung ist *wörtlich völlig gleichlautend*, → Rdnr. 82 einerseits und Rdnr. 159 andererseits. Zur grundrechtlichen Problematik → Rdnr. 208.

[38] → vor allem Rdnr. 83 ff.

E. Das Ergebnis dieses Teils der Untersuchung

163 Der Blick auf das Recht der drei mit dem Rechtsanwalt konkurrierenden Berufe des *Wirtschaftsprüfers*, des *Steuerberaters* und des *Patentanwaltes* hat die Zulässigkeit überörtlicher Zusammenschlüsse gezeigt. Zwei der Berufe - Wirtschaftsprüfer und Steuerberater - können ihn in *Kapitalgesellschaften* ausüben, die ihrerseits über Zweigstellen verfügen dürfen und bisweilen sogar mehrere Hauptsitze haben. Weit enger als bei einer überörtlichen Sozietät kann damit ein (teilweise flächendeckendes) Netz der Mandantenbetreuung geknüpft werden.

Der einzelne *Wirtschaftsprüfer, Steuerberater* und *Patentanwalt* ist - als natürliche Person - ferner keineswegs gehindert, eine überörtliche Sozietät zu bilden. Trotz eines mit der Bundesrechtsanwaltsordnung wörtlich übereinstimmenden Verbots von Zweigstellen und auswärtigen Sprechtagen ist den Patentanwälten in ihren Standesrichtlinien ausdrücklich die überörtliche Sozietät gestattet.

V. Teil.
Die Zulässigkeit der überörtlichen Anwaltssozietät

§ 12. Die Zulässigkeit der überörtlichen Rechtsanwaltssozietät im Blick auf die vorgetragenen Gegenargumente

A. Beachtung des Verbots der Doppel- und Mehrfachlokalisation und keine Umgehung der Vorschriften über die Lokalisierung

164 Dem Rechtsanwalt ist es grundsätzlich verwehrt, bei mehreren Gerichten zugelassen zu sein. Daß dieser Grundsatz durch Simultanzulassungen in sehr vielen Fällen durchbrochen wird, ändert nichts an dessen prinzipieller Geltung. Sinn und Zweck der Zulassung bei *einem* Gericht ist nicht etwa die Beschränkung der anwaltlichen Tätigkeit auf das Zulassungsgericht, sondern vielmehr und lediglich die Zuordnung zu der für dieses Gericht örtlich zuständigen *Rechtsanwaltskammer*[1]. Übrigens bewegt sich in aller Regel die Simultanzulassung innerhalb des Bezirks der Rechtsanwaltskammer. Mit der *tatsächlichen* Berufsausübung des Anwalts hat diese Zulassungsfrage nichts zu tun; denn für die Berufsausübung des Rechtsanwalts gilt das Prinzip der Freizügigkeit innerhalb der Bundesrepublik Deutschland[2].

Dieses Zulassungssystem stellt die *überörtliche Rechtsanwaltssozietät* nicht in Frage. Jeder einzelne Sozius dieser Sozietät ist bei *einem* Gericht der ordentlichen Gerichtsbarkeit zugelassen[3] und sucht nicht etwa im Wege der überörtlichen Sozietät zugleich die Zulassung bei einem Gericht eines anderen Ortes. Damit bringt die überörtliche Rechtsanwaltssozietät die wichtige Zuordnung jedes einzelnen Rechtsanwalts zu *seiner* Rechtsanwaltskammer nicht durcheinander.

---

[1] → Rdnr. 62.

[2] Näher → Rdnr. 7 - 38.

[3] *Simultanzulassungen* bleiben auch hier unberücksichtigt, → Rdnr. 1 Fußn. 2 und Rdnr. 60.

Da das deutsche Anwaltsrecht weder juristischen Personen noch nicht-rechtsfähigen Vereinigungen den Zugang zum Anwaltsberuf öffnet, knüpft die Zulassung stets und ausnahmslos an die *Einzelperson* des Rechtsanwalts an. Das anwaltschaftliche Zulassungsrecht ist *personenbezogen*[4] orientiert. Allein der *Anwalt* (nicht seine Sozietät) kann zugelassen werden. Daher ist es auch mißverständlich, wenn umgangssprachlich von der "Zulassung einer Rechtsanwaltssozietät" bei einem bestimmten Gericht geredet wird. Zugelassen sind deren Mitglieder, nicht die Sozietät. Nur deshalb schadet es sowohl nach dem Gesetzestext als auch nach fast einhelliger Meinung in Rechtsprechung und Schrifttum auch nicht, wenn in einer Sozietät Rechtsanwälte tätig sind, die an verschiedenen Gerichten zugelassen sind[5], und daß auf diese Weise innerhalb einer Sozietät ein Bündel von Zulassungen existiert, das der einzelne Rechtsanwalt selbst nicht besitzen kann oder sogar nicht erhalten darf.

Dieses *personenbezogene Zulassungsprinzip* des deutschen Anwaltsrechts wird auch nicht dadurch tangiert, sondern im Gegenteil geradezu bestätigt, daß der einzelne Rechtsanwalt zulässigerweise eine Sozietät mit Nicht-Rechtsanwälten unterhält[6]. Wäre die *Sozietät* zugelassen, müßten derartige Zusammenarbeiten auf Schwierigkeiten stoßen, weil die Zuordnung der nichtanwaltlichen Freiberufler zu ihrer Berufskammer fraglich wäre. Das *personenbezogene* Zulassungsprinzip löst diese Frage spielend: Für den *Wirtschaftsprüfer* in der Rechtsanwaltskanzlei bleibt die Wirtschaftsprüferkammer zuständig; er ist *deren* Mitglied, so wie es seine Anwaltskollegen bei ihrer Rechtsanwaltskammer sind. *Sozietäten tasten also die jeweils personenorientierte Mitgliedschaft in einer Berufskammer nicht an*. Gilt dies für unterschiedliche Berufskammern, so ist dies auch für verschiedene Rechtsanwaltskammern gültig. Deshalb können keine Bedenken bestehen, wenn in einer überörtlichen Rechtsanwaltssozietät die *einen* Anwälte der Rechtsanwaltskammer in X. und die *anderen* Anwälte der Kammer in Y. angehören.

---

[4] → Rdnr. 88.

[5] *Gemischte Sozietät*, → Rdnr. 67.

[6] *Interprofesssionelle Sozietät*, → Rdnr. 92.

Damit wird auch deutlich, daß die überörtliche Rechtsanwaltssozietät nicht zu einer *Doppelzulassung* oder zu einer *Mehrfachzulassung* zu führen vermag. Sie ist keine Bedrohung des Systems der strengen Zuordnung jedes Rechtsanwalts zu einer einzigen Rechtsanwaltskammer.

B. Beachtung der Residenzpflicht und keine Umgehung der Residenzpflicht

165 Daß die drei in der Residenzpflicht enthaltenen Verpflichtungen (*Kanzleipflicht*, *Ortsbezogenheit der Kanzlei* und *Wohnsitzgebot*) durch die überörtliche Rechtsanwaltssozietät nicht verletzt werden, haben die Betrachtungen gezeigt[7]. Der sich anschließende eingehende Blick auf die uneingeschränkte Zulässigkeit überörtlicher Rechtsanwaltsaktivitäten und die Argumente zur Rechtfertigung der zivilprozessualen Postulationsfähigkeit lassen es für sinnvoll erscheinen, sich jetzt zusammenhängend noch einmal mit der Residenzpflicht zu befassen. Dabei steht in Vordergrund der Hauptaspekt dieser Pflicht, nämlich das Gebot, eine *Kanzlei am Ort des Zulassungsgerichts* zu unterhalten; die Wohnsitzfrage kann vernachlässigt werden.

Angesichts der Zulässigkeit "allörtlicher" Tätigkeiten eines Rechtsanwalts stellt sich schnell die Frage nach einer Verletzung der Kanzleipflicht. Sie muß beantwortet werden, weil das Kanzleigebot mit einer geordneten Rechtspflege untrennbar zusammenhängt. Die Kanzlei des Rechtsanwalts ist der institutionalisierte Sitz dieses "Organs der Rechtspflege"[8]. In den Standesrichtlinien und in der ehrengerichtlichen Rechtsprechung wird sie vor allem räumlich-gegenständlich betrachtet. Daran ist nichts auszusetzen. Aber ihren Zweck kann sie nur erfüllen, wenn *personenorientierte* Überlegungen einfließen[9]. Mit gutem Grund verlangt das Gesetz, der Rechtsanwalt habe für einen Vertreter zu sorgen, wenn er "sich länger als eine Woche von

---

[7] → Rdnr. 70 - 81.

[8] → Rdnr. 76.

[9] Zu der *personenbezogenen* Orientierung des anwaltlichen Zulassungsrechts → Rdnr. 88 und Rdnr. 164.

seiner Kanzlei entfernen will"[10]. Der unstete "Wanderanwalt", der örtlich nicht faßbare "ambulante Anwalt" und der "Rechtsanwalt im Umherziehen" werden also durch die Residenzpflicht mittelbar unterbunden[11]. Dies ist berechtigt: Zur Kanzleipflicht gehören die *persönliche* Verantwortung des Rechtsanwalts[12] und damit auch seine Erreichbarkeit. Ihr wird durch eine rein äußerliche Kanzleiorganisation nicht genügt.

Vor hundert Jahren waren deshalb "allörtliche" Aktivitäten eines Rechtsanwalts nur schwer vorstellbar: Bereits innerdeutsche Reisen erforderten häufig eine tagelange Abwesenheit, und auf die Idee, mit einem Kollegen kurz einmal in Paris, London oder Rom zusammenzutreffen und am Abend wieder in der Kanzlei zu sein, konnte niemand kommen.

Die *modernen Verkehrsmittel* haben hier einen grundlegenden Wandel bewirkt. Es sind heute aber nicht nur größte Distanzen leicht und schnell zu überwinden. Für die persönliche Erreichbarkeit ist viel wichtiger der Ausbau der *Kommunikationsmittel*. Sie *sichern* den *ständigen Kontakt des Rechtsanwalts mit seiner Kanzlei*. So kann er über einen Anrufbeantworter mit Fernabfrage selbst über Zeitverschiebungen hinweg alle für ihn eiligen Mitteilungen abfragen und den Entwurf erbetener Antworten sogleich auch diktieren, auch wenn in Europa Nacht ist. Über - gegebenenfalls mobiles - Telefax ist er "urkundlich" mit seiner Kanzlei weltweit verbunden. Daneben treten die herkömmlichen Mittel von Fernschreiber und Telefon, bereichert durch mobile Netze (im Pkw, im IC oder EC, mittels mobiler Telefonanschlüsse, neuerdings sogar auf Flugreisen) sowie neue Techniken wie Eurosignal, Konferenzschaltungen über Telefon oder Bild-(Videokonferenz-)Netze, message handling, mail box, teletext,

---

10 § 53 Abs. 1 Nr. 2 BRAO. Diese heute noch geltende Wochenfrist wurde vor hundert Jahren eingeführt, weil sie "in Anbetracht der gegenwärtig bestehenden Verkehrsverhältnisse fast durchweg" genüge, "um dem Anwalt die Erledigung von Geschäften an einem außerhalb seines Wohnsitzes gelegenen Orte zu ermöglichen", Motive zur RAO, *Siegel* S. 241.

11 Die notwendige Zuordnung zu einer Rechtsanwaltskammer verbietet derartige Anwaltstätigkeiten ohne greifbare Berufszentren, → Rdnr. 62 Fußn. 30 - 32.

12 Dies zeigt auch die *Wohnsitzpflicht*, die ihre Rechtfertigung nur im Hinblick auf die Kanzleipflicht erhält, → Rdnr. 79.

zeitversetzte Übertragungen usw[13]. Der "allörtlich erreichbare" Rechtsanwalt ist also lebendige Wirklichkeit, und deshalb braucht die Sorge nicht aufzukommen, die geschilderten überörtlichen Tätigkeiten gefährdeten die Erreichbarkeit des Rechtsanwalts.

Aus dieser "allörtlichen Erreichbarkeit" des Rechtsanwalts nunmehr den Schluß auf die *Abschaffung der Kanzleipflicht* zu ziehen, wäre allerdings verfehlt. Im Gegenteil: Die modernen Kommunikationsmittel verlangen - fast noch mehr als früher - die Kanzlei als *das* Zentrum anwaltlicher Kommunikationen.

Die *überörtliche Rechtsanwaltssozietät* fügt sich in dieses Bild moderner Anwaltstätigkeiten problemlos ein. Sie beseitigt nicht die Kanzlei des Rechtsanwalts und hebt vor allem deren Funktion als Kommunikationszentrum aller für den Anwalt bestimmten Vorgänge nicht auf.

Die überörtliche Sozietät führt aber auch nicht zu einer *Vermehrung der Kanzleien* desselben Rechtsanwalts. Auch hier muß wieder an die *personenbezogene* Betrachtungsweise des deutschen Anwaltsrechts erinnert werden. Die Kanzleipflicht trifft den *einzelnen* Rechtsanwalt, nicht die Sozietät. Dementsprechend unterhält stets auch der einzelne Rechtsanwalt als natürliche *Person* die Kanzlei (und nicht die Sozietät)[14]. Verbinden sich an verschiedenen Orten zugelassene Rechtsanwälte zu einer (überörtlichen) Sozietät, hat demgemäß nicht "die Sozietät mehrere Kanzleien"[15]. Vielmehr bleibt es bei der Zuordnung der Kanzlei auf den Rechtsanwalt - unbeschadet der bürgerlich-rechtlichen Regelung des Innenverhältnisses zwischen den Mitgliedern der einzelnen Sozietät[16]. Demgemäß besteht die überörtliche So-

---

[13] Zur "explosionsartigen Entwicklung" neuer Kommunikationsdienste *Ungerer Costello* S. 42 u. ö.

[14] Auf diese Rechtslage stellen auch die Standesrichtlinien ab, wenn sie nicht von der Kanzlei der Sozietät sprechen, sondern von einer "gemeinsamen Kanzlei" der Sozien, vgl. § 28 Abs. 1 der Standesrichtlinien [Text → Rdnr. 97].

[15] Es ist nicht anders als bei der Zulassung des Rechtsanwalts bei einem bestimmten Gericht: *Er*, nicht die Sozietät ist zugelassen, → Rdnr. 88 und 164. Zum Mißverständnis, die Sozietät (und nicht die Anwälte) unterhielten die Kanzlei, → Rdnr. 88 Fußn. 39.

[16] Wie schon dargelegt (→ Rdnr. 121) ist es standesrechtlich irrelevant, wie die Mitglieder einer (überörtlichen) Sozietät das Innenverhältnis bürgerlich-rechtlich

zietät aus an verschiedenen Orten zugelassenen Rechtsanwälten, die jeweils ihre eigene (und einzige) Kanzlei unterhalten. Für jeden der Anwälte ändert seine Zugehörigkeit zur überörtlichen Sozietät nichts hinsichtlich *seiner* Kanzlei: Nur durch sie erfüllt er seine Kanzleipflicht und nur sie bildet für ihn das (einzige) Zentrum der Kommunikation.

Die Situation ist also für eine überörtliche Rechtsanwaltssozietät nicht anders als bei den schon in anderen beratenden Berufen üblichen Sozietäten und bei denjenigen überörtlichen (interprofessionellen) Sozietäten, die schon bisher ein Rechtsanwalt unbestritten eingehen durfte: Daß eine Sozietät mit einem an einem anderen Ort niedergelassenen Partner besteht, macht die dortige Niederlassung nicht automatisch zur Kanzlei des hiesigen Rechtsanwalts oder umgekehrt. Kraft der *personenbezogenen* Betrachtungsweise ist ein anderes Ergebnis nicht möglich[17].

C. Beachtung des Verbots von Zweigstellen und keine Umgehung der Zweigstellenregelungen

166 Die überörtliche Rechtsanwaltssozietät unterläuft auch nicht das Zweigstellenverbot. Dies wurde eingehend behandelt[18]. Hier muß eine nicht unwichtige weitere Erkenntnis hinzugefügt werden, die sich im Laufe der Untersuchung bei der Behandlung des Standesrechts der Patentanwälte ergab: Obwohl die Patentanwaltsordnung ein mit der Rechtsanwaltsordnung wörtlich gleich-

---

ordnen. So können Mieter (Eigentümer) der jeweiligen Kanzlei die dort tätigen Rechtsanwälte sein, die dann die jeweiligen Kosten in die Gesamtabrechnung der überörtlichen Sozietät einfließen lassen. Es kann aber auch von vornherein Mieter (Eigentümer) einer örtlichen Kanzlei die Gesamtheit aller Sozien der überörtlichen Sozietät sein. Das Standesrecht gibt hier keinerlei Vorgaben.

[17] Nochmals sei hier betont, daß der *Einzelfall* anders auszusehen vermag: So wie der Einzelanwalt auf den Gedanken kommen kann, in einem anderen Ort (natürlich unzulässigerweise) eine zweite Kanzlei zu errichten, schließt auch die Rechtsform der überörtlichen Rechtsanwaltssozietät derartiges unzulässiges Verhalten nicht aus. Doch ist dies nicht die automatische Folge der Form der überörtlichen Sozietät, wie der *BGH* in seinem Beschluß vom 18.9.1989 (→ Rdnr. 6) klar herausgestellt hat.

[18] → Rdnr. 82 - 93.

lautendes Zweigstellenverbot kennt[19], ist den *Patentanwälten die Bildung überörtlicher Sozietäten nicht verwehrt*. Diese Praxis bei der Patentanwaltschaft ist richtig und gesetzeskonform, da eine überörtliche Anwaltssozietät nicht gegen das Zweigstellenverbot verstößt[20].

D. Die Unbeachtlichkeit eines Verstosses gegen die Standesrichtlinien

167 Indem die Standesrichtlinien für die Mitglieder einer Rechtsanwaltssozietät nur "eine gemeinsame Kanzlei" vorschreiben[21], könnte ihnen eine überörtliche Sozietät widersprechen; denn deren Rechtsanwälte haben ja gerade keine "gemeinsame" Kanzlei, sondern behalten jeweils ihre *eigene* Kanzlei. Angesichts der Rechtsprechung des Bundesverfassungsgerichts zu den anwaltlichen Standesrichtlinien und zu ihrer weiteren Beachtung kann auch hier dahinstehen, ob wirklich die Standesrichtlinien verletzt sind. Sie stehen einer *überörtlichen Rechtsanwaltssozietät* (heute) nicht (mehr) entgegen[22].

E. Beachtung der "Gesamtregelung der Bundesrechtsanwaltsordnung"

168 Die überörtlichen Tätigkeiten, die einem deutschen Rechtsanwalt uneingeschränkt eingeräumt sind, ließen im Sinne der früher behandelten[23] Rechtsprechung des Bundesverfassungsgerichts und des Bundesgerichtshofs erkennen, daß ein wichtiger Teil dieser *Gesamtregelung* gerade *die fehlende Ortsgebundenheit der anwaltlichen Tätigkeit* ist. Bereits die Motive der Rechtsan-

---

[19] Text → Rdnr. 159; vgl. auch Rdnr. 161.

[20] Zu einer - trotz *wörtlich identischem* Gesetzestext - gegenteiligen Ansicht bei der Rechtsanwaltschaft → Rdnr. 161 Fußn. 37.

[21] § 28 Abs. 1 [Text → Rdnr. 97].

[22] Näher → Rdnr. 94 - 113.

[23] → Rdnr. 125.

waltsordnung haben dies vor über hundert Jahren am Beginn der Ausführungen über die "Lokalisierung der Rechtsanwaltschaft" betont[24]. Deshalb würden die Dinge auf den Kopf gestellt[25], wenn sich aus der Gesamtregelung der Bundesrechtsanwaltsordnung die Unzulässigkeit überörtlicher Aktivitäten ergäbe. Umgekehrt bestätigen Entstehungsgeschichte, Entwicklung und Praxis des deutschen Anwaltsrechts das gerade von freier Entfaltung und fehlender Fixierung auf einen bestimmten Ort geprägte Bild des deutschen Anwalts. Deshalb können auch nicht allgemeine (angebliche) Interessen des Gemeinwohls, der Allgemeinheit oder der Rechtspflege gegen die überörtliche Rechtsanwaltssozietät ins Feld geführt werden.

F. Keine Umgehung sonstigen Standesrechts

169 Die bisherigen Untersuchungen haben gezeigt, daß die überörtliche Rechtsanwaltssozietät auch mit dem sonstigem Standesrecht der Anwälte vereinbar ist. Sie steht auch nicht in Konflikt mit dem Werbungsverbot der freien Berufe[26]. Zwei praktische Fragen sollen aber wegen ihrer großen Bedeutung noch behandelt werden.

1. Insbesondere die Gestaltung der Briefbögen

170 Die bisherigen gerichtlichen Entscheidungen zur überörtlichen Rechtsanwaltssozietät haben sich vor allem mit der Gestaltung der Briefbögen beschäftigt. Dies ist nicht verwunderlich; denn angesichts des Werbeverbots der freien Berufe[27] kommen nur einige wenige "Verlautbarungen" in Betracht - beim Rechtsanwalt vor allem sein Briefpapier.

Da die überörtliche Sozietät - wie auch jede andere Sozietät - nichts an der *Zulassung der Sozien bei Gericht* ändert, darf auch

[24] → Rdnr. 65 mit einem wörtlichen Abdruck.

[25] Hierzu → Rdnr. 123 ff.

[26] → Rdnr. 117.

[27] → auch Rdnr. 117.

der Briefkopf[28] nicht etwa den Eindruck erwecken, als seien die Sozien bei mehr Gerichten zugelassen, als dies tatsächlich der Fall ist. Der Briefkopf muß also so gestaltet sein, daß erkennbar ist, bei welchem Gericht die einzelnen Sozien zugelassen sind; nicht aber etwa dürfen unabhängig von den Rechtsanwälten alle Zulassungsgerichte aufgeführt werden[29].

Ähnliches gilt für die *Angabe der Kanzlei*. Denn, wie sich gezeigt hat[30], nicht die Sozietät unterhält die Kanzlei, sondern die Kanzlei wird von dem Rechtsanwalt (bei einer Sozietät von den Anwälten gemeinsam) betrieben[31]. Deshalb sind Kanzleiangaben ohne Bezugnahmen auf die die Kanzlei tragenden Rechtsanwälte ebenfalls unzulässig[32]; sie würden vorspiegeln, daß alle Anwälte an allen Orten der überörtlichen Sozietät ihre Kanzlei haben - doch dies ist standesrechtlich verboten[33]. Deshalb muß die Kanzlei stets im Zusammenhang mit den jeweiligen Namen derjenigen Rechtsanwälte aufgeführt werden, die sie unterhalten, und die graphische Gestaltung darf nicht zu Verwechslungen führen.

Die Briefköpfe dürfen ferner nicht den Eindruck erwecken, als ob die Rechtsanwälte in der Kanzlei der auswärtigen Partner *Sprechtage* abhielten oder dort eine *Zweigstelle* unterhielten. Solche institutionalisierten Aktivitäten außerhalb der eigenen Kanzlei untersagt das Gesetz[34].

---

[28] Das *LG Nürnberg-Fürth* behandelt in seinem Urteil vom 29.11.1989 (Az.: 3 O 3530/89 UWG S. 18 f.) die Frage, wie der Briefkopf einer überörtlichen Sozietät zulässigerweise auszusehen hat.

[29] Dies ist übrigens auch schon bisher bei jeder anderen Sozietät notwendig.

[30] → Rdnr. 88 und 164.

[31] "Betrieben" im *standesrechtlichen* Sinne. Wie sich *bürgerlich-rechtlich* die Sozien der überörtlichen Sozietät hinsichtlich der Kostenabrechnung vereinbart haben, ist standesrechtlich irrelevant. Dies wurde schon mehrfach (→ Rdnr. 121 und Rdnr. 165 Fußn. 16) betont.

[32] Vgl. *Michalski* S. 247, 252 zum *Praxisschild*.

[33] → Rdnr. 85.

[34] → Rdnr. 82 - 93.

2. Insbesondere die Gestaltung des Praxisschildes

171 Wie bei den Briefköpfen darf auch das Praxisschild keine Angaben enthalten, die den Eindruck erwecken, als ob die auswärtigen Partner hier eine Kanzlei oder eine Zweigstelle betrieben oder Sprechtage abhielten. Auf jeden Fall darf der Name (die "Firma") der überörtlichen Rechtsanwaltssozietät[35] auf dem Schild der Kanzlei stehen, auch wenn einzelne oder alle der Namensträger nicht zu der betreffenden Kanzlei gehören[36].

G. Keine Wettbewerbsverzerrungen zugunsten von Großkanzleien. Die regionale überörtliche Sozietät

172 Die Zulässigkeit überörtlicher Rechtsanwaltssozietäten wird auch nicht durch das bisweilen vorgetragene Argument erschüttert, diese Art der anwaltlichen Zusammenarbeit begünstige nur große Kanzleien. Es kann hier unbeantwortet bleiben, ob ein solches Argument überhaupt juristische Qualität hat und nicht vielmehr in den rechtspolitischen Raum gehört. Denn es ist ein Irrtum, die überörtliche Anwaltssozietät sei für den Einzelanwalt oder für "kleine" Kanzleien uninteressant[37].

Im Gegenteil vermag eine derartige Sozietät, dem Einzelanwalt oder der kleineren Sozietät dadurch zu helfen, daß sie den Spezialverstand des Kollegen im Nachbarort in das Sozietätsangebot einbringt und bei Urlaub oder Krankheit die Betreuung der Mandantschaft vor allem in Eilfällen sicherstellt[38]. Die erhöhte Finanzkraft einer Sozietät ermöglicht auch die Anschaffung und den Unterhalt einer Sachausstattung, die sich ein einzelner Anwalt nur schwer zu leisten vermag. Dies gilt gleichermaßen für Spezialliteratur wie für moderne technische Hilfsmittel. In der Diskussion wird deshalb immer wieder betont, welche

---

35 "Rechtsanwälte X, Y und Partner".

36 *Heintzen* S. 46.

37 Hierzu vor allem *Teichmann* AnwBl 1989, 368 ff. sowie auch *Schroeder-Teichmann* AnwBl 1990, 25. Zur Bedeutung des Einzelanwalts allgemein vgl. *Plaas* AnwBl 1988, 557 ff.

38 *Teichmann* AnwBl 1989, 371.

Vorzüge eine überörtliche Anwaltsozietät auch "in der Region" hat und welche Attraktivität solche Sozietäten vor allem außerhalb der Ballungszentren bieten können[39].

Aus diesen Überlegungen wird auch deutlich, daß gerade die *kleineren und die mittleren Anwaltspraxen* in ihrer Wettbewerbskraft gegenüber den anderen beratenden Berufen[40] gestärkt werden, wenn sie sich zu überörtlichen Anwaltsozietäten zusammenfinden[41]. Sie können dann ein Beratungsspektrum anbieten, über das sonst nur die großen Anwaltskanzleien verfügen[42].

H. Das Ergebnis dieses Teils der Untersuchung

173 Dieser Teil der Untersuchung, in dem die Ergebnisse der vorherigen Teile eingeflossen sind, hat positiv die Zulässigkeit der überörtlichen Anwaltssozietät aufgewiesen: Sie bewirkt keine Doppel- oder Mehrfachlokalisation, sie beachtet Residenzpflicht und Zweigstellenverbot und führt bei diesen vorgenannten Pflichten auch nicht zu einer Umgehung der jeweiligen gesetzlichen Regelungen. Der "Gesamtregelung der Bundesrechtsanwaltsordnung" entspricht das Bild eines in seiner Tätigkeit nicht an einen Ort gebundenen Rechtsanwalts. Ein etwaiger Verstoß gegen die Standesrichtlinien wäre angesichts der Rechtsprechung des Bundesverfassungsgerichtes unbeachtlich. Sonstiges Standesrecht oder die Generalklausel des § 43 BRAO wird beachtet. Eine Wettbewerbsverzerrung zugunsten von Großkanzleien ist nicht zu befürchten.

---

[39] Vgl. *Commichau* Handelsblatt vom 25.7.1989 und bereits 1982 *Borggreve* S. 91.

[40] Zum Wettbewerb vor allem durch Wirtschaftsprüfungs- und Steuerberatungsgesellschaften → Rdnr. 150 - 158.

[41] *Winters* S. 176 meint hingegen, daß für die breite Anwaltschaft die überörtliche Sozietät eine geringere Bedeutung haben werde.

[42] So auch *Teichmann* AnwBl 1989, 370 f.

VI. Teil.
Die Rechtfertigung der überörtlichen Anwaltssozietät

§ 13. Die Sachgerechtigkeit überörtlicher Rechtsanwaltssozietäten

A. Die sachliche Legitimierung und Art. 12 GG

174 Überörtliche Rechtsanwaltssozietäten sind nach den bisherigen Ergebnissen *de lege lata* zulässig. Um dieses Resultat zu begründen, bedarf es nicht auch des Nachweises der sachlichen Rechtfertigung solcher Sozietäten. Gleichwohl wird sich nunmehr die Untersuchung dieser Thematik widmen. Denn solche Gedanken sind auf dem Hintergrund des Art. 12 Abs. 1 GG niemals überflüssig; selbst wenn sich nämlich - was freilich nicht möglich war - ein Verbot überörtlicher Rechtsanwaltssozietäten aus dem (einfachen) Gesetzesrecht hätte ableiten lassen, müßte sich gleichwohl das *Verbot derartiger Sozietäten sachlich legitimieren*, um vor dem Grundgesetz zu bestehen[1]. Daß eine derartige Rechtfertigung nicht möglich ist[2], ja daß im Gegenteil überzeugende Gründe *für* die überörtliche Rechtsanwaltssozietät bestehen, wird sich nunmehr zeigen.

---

[1] Ständige Rechtsprechung des *BVerfG*, auch im Zusammenhang mit dem Standesrecht der Anwälte: "Eingriffe in die freie Berufsausübung erfordern nicht nur eine gesetzliche Grundlage, sondern sind nach ständiger Rechtsprechung nur dann mit Art. 12 Abs. 1 GG vereinbar, wenn sie durch ausreichende Gründe des Gemeinwohls gerechtfertigt werden und wenn sie dem Grundsatz der Verhältnismäßigkeit genügen, wenn also das gewählte Mittel zur Erreichung des verfolgten Zweckes geeignet und auch erforderlich ist und wenn bei einer Gesamtabwägung zwischen der Schwere des Eingriffs und dem Gewicht der ihn rechtfertigenden Gründe die Grenze der Zumutbarkeit noch gewahrt ist" (*BVerfGE* 76, 196 [207] → Rdnr. 2 Fußn. 13; ähnlich *BVerfGE* 61, 291 [312], 71, 162 [173]).

[2] Dies betont auch das *LG Nürnberg-Fürth* in seinem Urteil vom 29.11.1989 (Az.: 3 O 3530/89 UWG S. 19).

B. Gleichstellung mit anderen beratenden Berufen - Beseitigung der "Anwaltsdiskriminierung"

1. Gleichstellung mit den inländischen Wirtschaftsprüfungs- und Steuerberatungsgesellschaften[3]

175 Rechtsanwälte, Wirtschaftsprüfer und Steuerberater sind vielfältig auf *denselben* Gebieten tätig; dies braucht hier nicht weiter dargelegt zu werden. Ein unbefangener Betrachter meint wahrscheinlich, daß die *Wettbewerbsbedingungen* dieser miteinander konkurrierenden Berufe einigermaßen *gleich* seien. Erstaunlicherweise ist dies aber nicht der Fall: *Den Rechtsanwälten werden zahlreiche höchst hinderliche Steine in die Wege gelegt*. Die "Diskriminierung"[4] der deutschen Rechtsanwaltschaft bewirken Regelungen und angebliche Standesvorstellungen, die den anderen konkurrierenden Berufen fremd sind. Wie schon dargelegt[5], hat der Gesetzgeber keine Bedenken, den Beruf des Wirtschaftsprüfers und den des Steuerberaters auch im Rahmen von *Kapitalgesellschaften* ausüben zu lassen und diesen Gesellschaften zu gestatten, Zweigniederlassungen oder sogar mehrere Sitze zu haben. Die Rechtsanwaltsordnung verbietet dies alles. Sie kennt nur *natürliche* Personen[6]. Damit ist eine außerordentlich hohe

[3] Hierzu z. B. *Kewenig* S. 7.

[4] Im Sinne einer Verletzung des Gleichheitssatzes.

[5] → Rdnr. 150 und Rdnr. 157.

[6] Auch hier läßt sich ein verfassungsrechtliches Fragezeichen nicht vermeiden: Welche sachliche Gründe rechtfertigen diesen Unterschied zwischen den beratenden Berufen? Welche Folgerungen für die Rechtsanwaltschaft ergeben sich, wenn ihr weiterhin die Gründung von Rechtsberatungskapitalgesellschaften verwehrt bleibt? Die letzte Frage muß deshalb gestellt werden, weil gerade das *Bundesverfassungsgericht* in seinem Beschluß zum Sozietätsverbot bei Steuerberatern (*BVerfGE* 60, 215, → Rdnr. 92 Fußn. 65) eine Verbindung zwischen der "Möglichkeit der Zusammenarbeit, insbesondere der Gründung einer Steuerberatungsgesellschaft" und Sozietätsbeschränkungen hergestellt hat (a. a. O. S. 231); ein Sozietätsverbot erschien dem *BVerfG* erträglich, weil es die Rechtsform der Steuerberatungsgesellschaft gibt. Verwehrt das Gesetz weiterhin die Rechtsberatungsgesellschaft, müssen möglicherweise schon aus diesem Grund die Restriktionen gemildert werden, die der Rechtsanwaltschaft im Sozietätsbereich auferlegt sind.

Hürde errichtet, die eine auf feste Strukturen[7] gegründete und institutionell wie kapitalmäßig abgesicherte allörtliche Anwaltstätigkeit verhindert.

2. Gleichstellung wenigstens des einzelnen Rechtsanwalts mit den Wirtschaftsprüfern, Steuerberatern und Patentanwälten

176 Wer jetzt meint, wenigstens dem *einzelnen* Rechtsanwalt (also der *natürlichen* Person) sei eingeräumt, was anderen beratenden Berufen erlaubt ist, täuscht sich. Dem Rechtsanwalt soll - jedenfalls nach der Ansicht der Gegner der überörtlichen Anwaltsozietät - keineswegs dasselbe gestattet sein, was seinem Konkurrenten - dem Wirtschaftsprüfer[8] oder Steuerberater[9] oder Patentanwalt[10] - durchaus freigestellt ist - nämlich eine Sozietät mit einem Kollegen zu gründen, der seine Kanzlei an einem anderen Ort hat.

Damit wird das *de lege lata* gefundene[11] Ergebnis auch verfassungsrechtlich untermauert: Die Zulässigkeit der überörtlichen Sozietät entspricht einem *verfassungskonformen Gesetzesvollzug*. Wenn schon den anderen konkurrierenden Berufen vor allem durch die dort zulässige Rechtsform der juristischen Person die institutionelle Tätigkeit an mehreren Orten und ferner dem einzelnen Freiberufler die überörtliche Sozietät mit einem Kollegen erlaubt sind, stellt die Möglichkeit einer überörtlichen Rechtsanwaltssozietät ein (schwaches) Mittel dar, bestehende Diskriminierungen des Anwaltsberufs zu mildern[12].

---

7 Auf diese Notwendigkeit weist insbesondere *Zuck* JZ 1989, 356 hin. Der "Gedanke der Rechtsanwalts-GmbH" soll nach seiner Meinung dann "energisch weiterverfolgt werden", wenn die Pläne für ein Partnerschaftsgesetz scheitern.

8 → Rdnr. 150.

9 → Rdnr. 157.

10 → Rdnr. 161.

11 → Rdnr. 142.

12 Angesichts der Zulässigkeit überörtlicher Rechtsanwaltssozietäten soll auch in diesem Zusammenhang *ausdrücklich dahinstehen*, ob die Regelung der lokalisierten zivilprozessualen Postulationsfähigkeit (→ Rdnr. 8 - 20) und das Verbot der Ausübung des Anwaltsberufs im Rahmen einer juristischen Person (→ Rdnr. 175) mit dem Gleichheitssatz und mit den sonstigen Grundrechten vereinbar sind. Daß

In diesem Zusammenhang muß sich das Augenmerk auf eine weitere Benachteiligung der Rechtsanwälte richten: Anders als den Wirtschaftsprüfern[13] und Steuerberatern[14] ist den Anwälten untersagt[15], *Zweigstellen* zu besitzen. Die Zweigstellenbefugnis für die beiden genannten Berufe ist ein Kind der Zeit nach dem Zweiten Weltkrieg. Der Gesetzgeber führte sie in denselben Jahren ein, als er sie den Anwälten verweigerte, und zwar gleichermaßen sowohl für die Wirtschaftsprüfer[16] als auch für

---

aber vor allem der in Art. 3 Abs. 1 GG verbürgte Gleichheitssatz hier nicht irrelevant ist, liegt auf der Hand. Hierauf geht auch der Ausblick am Ende der Untersuchung ein, → Rdnr. 207 - 210.

[13] § 3 Abs. 2 WPO [Text → Rdnr. 144], § 47 WPO [Text → Rdnr. 145], → auch Rdnr. 150 und 151.

[14] § 34 Abs. 2 StBerG [Text → Rdnr. 153], → auch Rdnr. 157.

[15] § 28 BRAO [Text → Rdnr. 82], → auch Rdnr. 83 - 93.

[16] Der Berufsstand der Wirtschaftsprüfer fand erstmals eine gesetzliche Grundlage in der Verordnung des Reichspräsidenten über Aktienrecht, Bankenaufsicht und über eine Steueramnestie vom 19.9.1931 (RGBl. I S. 493) und der Ersten Verordnung zur Durchführung der aktienrechtlichen Vorschriften der Verordnung des Reichspräsidenten über Aktienrecht, Bankenaufsicht und über eine Steueramnestie vom 15.12.1931 (RGBl. I S. 760). Keine dieser Verordnungen erwähnt eine Zweigstellenbefugnis des Wirtschaftsprüfers. Auch die Ländervereinbarung über Grundsätze für die öffentliche Bestallung der öffentlich bestellten Wirtschaftsprüfer (Anlage zur Ersten Durchführungsverordnung vom 15.12.1931, RGBl. I S. 761) gestattete den Wirtschaftsprüfern nicht ausdrücklich, Zweigstellen zu errichten. Die beiden Verordnungen waren bis zum Ende des Zweiten Weltkrieges in Kraft (vgl. Verhandlungen des Deutschen Bundestages, Drucksachen, 3. Wahlperiode, Band 56, Drucksache 201, S. 26). Nach dem Zweiten Weltkrieg entstand - ähnlich wie bei den Steuerberatern - eine Zersplitterung des Berufsrechts der Wirtschaftsprüfer. In der Amerikanischen Zone erlaubte das Gesetz Nr. 105 über Wirtschaftsprüfer, Bücherrevisoren und Steuerberater (z. B. in Bayern das Gesetz über Wirtschaftsprüfer, Bücherrevisoren und Steuerberater vom 9.3.1948, BayGVBl. 1948, S. 45) den Wirtschaftsprüfern, Zweigstellen zu unterhalten. Auf diese Regelung und ähnliche Vorschriften in anderen Bundesländern bezieht sich die Begründung des Entwurfs eines Gesetzes über eine Berufsordnung der Wirtschaftsprüfer (Wirtschaftsprüferordnung) vom 13.2.1958 (Verhandlungen des Deutschen Bundestages, Drucksachen, 3. Wahlperiode, Band 56, Drucksache 201, S. 56 f.). Über frühere ausdrückliche Regelungen bezüglich einer Zweigstellenbefugnis der Wirtschaftsprüfer wird nichts gesagt. Hingegen erscheint dieser Gesetzesbegründung die Zweigstellenbefugnis geradezu als notwendige Folge der beruflichen Freizügigkeit: "Inhalt des Rechts der Freizügigkeit ist auch die Befugnis, Zweigniederlassungen zu errichten" (a.a.O. S. 56 sub 3 zu § 3).

die Steuerberater[17]. Wie schon früher angedeutet[18], gehört es zu den *erstaunlichen Entwicklungen* der letzten Jahrzehnte, wie den Rechtsanwälten überörtliche Aktivitäten in Gestalt von Zweigstellen und überörtlichen Sozietäten verwehrt wurde, während dieselben Betätigungsformen anderen beratenden Berufen unbestritten zustand. Daß die Anwaltschaft "hierdurch erheblich benachteiligt" ist[19], liegt auf der Hand.

---

[17] In der Verordnung zur Durchführung des § 107 der Reichsabgabenordnung vom 18.2.1937 (RGBl. I S. 245 f.) war noch nicht die Rede davon, daß ein Steuerberater oder eine Steuerberatungsgesellschaft Zweigstellen errichten darf. Nach dem Zweiten Weltkrieg wurde in den Ländern der Amerikanischen Zone in den Jahren 1947 und 1948 das zonengleiche Gesetz (vgl. Verhandlungen des Deutschen Bundestages, 3. Wahlperiode, Drucksachen, Band 55, Drucksache 128 S. 21) über Wirtschaftsprüfer, Bücherrevisoren und Steuerberater erlassen (in Bayern das in der vorhergehenden Fußnote schon genannte Gesetz vom 9.3.1948). § 3 dieses Gesetzes erlaubt den genannten Berufsgruppen, Zweigstellen zu errichten. In der "Verordnung zur Durchführung des Gesetzes Nr. 105 über Wirtschaftsprüfer, Bücherrevisoren und Steuerberater vom 15.12.1948" (BayGVBl. 1949, S. 4 [7]) wird in § 21 das Zulassungsverfahren für Zweigstellen geregelt. Der "Entwurf eines Gesetzes über die Rechtsverhältnisse der Steuerberater und Steuerbevollmächtigten" (Steuerberatungsgesetz) wollte den Steuerberatern und Steuerberatungsgesellschaften nur in engen Grenzen erlauben, Zweigstellen zu errichten (§ 5, vgl. Verhandlungen des Deutschen Bundestages, 3. Wahlperiode, Drucksachen, Band 55, Drucksache 128): Grundsätzlich sollten - nach dem Vorbild der BRAO (*Bühring* § 3 Anm. 1) - Zweigstellen nicht zulässig sein, ... "damit ungesunde Wettbewerbsverhältnisse und der Schein einer gewerblichen Betätigung vermieden werden" (Verhandlungen des Deutschen Bundestages, 3. Wahlperiode, Drucksachen, Band 55, Drucksache 128, S. 26). Da ein Zweigstellenverbot aber die *Steuerberater gegenüber den Wirtschaftsprüfern schlechter* gestellt hätte, lehnten Finanzausschuß und Plenum des Bundestages eine solche Einschränkung ab (vgl. *Bühring* § 3 Anm. 1). § 3 StBerG vom 16.8.1961 erhielt daher nicht das im Gesetzentwurf vorgesehene Verbot von Zweigstellen. Seine Formulierung glich wörtlich dem heutigen § 34 Abs. 2 StBerG (anstelle von "Beratungsstellen" sprach § 3 StBerG 1961 von "Geschäftsstellen").

[18] → Rdnr. 84 a. E.

[19] So schon im Jahre 1982 *Borggreve* S. 92.

3. Gleichstellung mit ausländischen Rechtsanwälten - keine Inländerdiskriminierung des deutschen Rechtsanwalts. Die Europäische Wirtschaftliche Interessenvereinigung

177 Auch gegenüber seinen ausländischen Kollegen muß der deutsche Rechtsanwalt langfristig gleichgestellt werden. Insbesondere ist dies innerhalb der Europäischen Gemeinschaft aus Rechtsgründen erforderlich. Da der Beruf des Rechtsanwalts als Dienstleistung im Sinne des EWG-Vertrages (Art. 59, 60) anzusehen ist, unterliegt die anwaltliche Tätigkeit der Freizügigkeit im Rahmen des EG-Binnenmarktes[20]; ferner gestattet die Niederlassungsfreiheit (Art. 52 EWG-Vertrag) dem Rechtsanwalt die Errichtung von Zweit- und Mehrfachkanzleien[21]. Dementsprechend ist den EG-Rechtsanwälten die Tätigkeit im Inland erlaubt[22]. Anwälte aus den EG-Mitgliedstaaten dürfen sich ferner zur "Rechtsbesorgung auf dem Gebiet ausländischen und internationalen Rechts" in der Bundesrepublik Deutschland niederlassen[23]; Anwälte aus anderen Staaten ist unter bestimmten Voraussetzungen die Rechtsbesorgung hinsichtlich des Rechts ihres Heimatlandes gestattet[24]. Jeder Marktbürger darf innerhalb der Bundesrepublik Deutschland als Rechtsanwalt zugelassen werden, sofern er die persönlichen Voraussetzungen erfüllt, die an einen deutschen Rechtsanwalt zu stellen sind.

Das Entstehen des einheitlichen europäischen Dienstleistungsmarktes wird zur weiteren Entwicklung grenzüberschreitender

---

[20] Eingehend *Raczinski-Rogalla-Tomsche* AnwBl 1989, 583 ff.

[21] *EuGH* (Fall *Klopp* und Fall *Reyners*, → Rdnr. 5 Fußn. 41) sowie die dort genannten Literaturstimmen. Zur Rechtslage bei *Ärzten* vgl. die ähnliche Entscheidung *EuGHE* 1986, 1475 (1485 ff.) in der Rechtssache 98/85.

[22] Sie können in Verfahren ohne Anwaltszwang ohne jede Einschränkung auftreten, *Friese* AnwBl 1987, 11; die entgegengesetzte Auffassung (*LSG Baden-Württemberg* NJW 1985, 582; *Geimer* Rdnr. 2036 f.) ist jedenfalls seit der Entscheidung des *EuGH* zum Rechtsanwaltsdienstleistungsgesetz (NJW 1988, 887 = IPRax 1989, 33, → Rdnr. 19 Fußn. 57) überholt.

[23] § 206 Abs. 1 BRAO [Text → Rdnr. 73].

[24] § 206 Abs. 2 BRAO [Text → Rdnr. 73].

Rechtsanwaltssozietäten führen, zumal das Ausland überörtliche Sozietäten durchaus kennt[25].

Diese Tendenz wird sicherlich auch durch die seit 1. Juli 1989 geschaffene Möglichkeit zur Gründung einer *Europäischen Wirtschaftlichen Interessenvereinigung* (EWIV)[26] verstärkt. Die EWIV, wurde nämlich mit dem Ziel geschaffen, die grenzüberschreitende Kooperation auch der Angehörigen der freien Berufe in der EG zu erleichtern[27]. Es wäre eine vor dem Grundgesetz[28] kaum haltbare *Inländerdiskriminierung*[29], falls den deutschen Rechtsanwälten eine überörtliche Tätigkeit verwehrt würde, die ausländischen Rechtsanwälten ohne weiteres gestattet wäre. Noch problematischer erschiene es, eine überörtliche Rechtsanwaltssozietät nur dann als zulässig anzusehen, falls ein ausländischer Anwalt an ihr beteiligt ist[30]

4. Gleichstellung mit der flächendeckenden Rechtsberatung der Banken[31]

178 Bis vor einigen Jahrzehnten gab es zwischen Banken und Anwaltschaft keine Konkurrenzsituation. Inzwischen hat sich auch hier das Blatt gewendet. Offenbar ohne großen Widerstand zu finden, sind die Banken in Beratungsgebiete eingestiegen, die sie ehedem nicht kannten. Am Bankschalter gibt es (zum Teil kostenlos) Broschüren und Informationsschriften über juristische

---

25 → Rdnr. 5 Fußn. 44.

26 EG-Verordnung Nr. 2137/85 des Rates der EG vom 25.7.1985 und das hierzu ergangene EWIV-Ausführungsgesetz vom 14.4.1988 (BGBl. I 1988 S. 514).

27 BTDrucks. 11/352 S. 1, 6, 12; *Autenrieth* BB 1989, 305; *Heintzen* S. 55 f.; *Michalski* S. 297 f.; *Prütting* JZ 1989, 712; *Scriba* S. 78 f.

28 Ob auch das europäische *Gemeinschaftsrecht* verbietet, einen Inländer schlechter als einen Ausländer zu stellen, kann hier dahinstehen. Vgl. hierzu *Schroeder-Teichmann* AnwBl 1990, 25 m. w. Nachw. und [ablehnend] *Hauschka* AnwBl 1989, 552 f. und *BGH* BB 1989, 2207 [2208] = NJW 1990, 108 [109] jeweils m. w. Nachw.

29 Zu dieser Argumentationsfigur z. B. *Reitmaier* mit weit. Nachw.

30 Die EWIV ist nur zulässig, wenn wenigstens eines der Mitglieder einem anderen EG-Staat angehört. Auf Einzelheiten der EWIV und auf ihre Bedeutung für die Rechtsanwaltschaft kann hier nicht näher eingegangen werden.

31 Hierzu auch *Kewenig* S. 7 f. und *Winters* S. 57 ff.

Gegenstände[32]. Die Bank selbst stellt ihren Kunden aber auch *individuellen juristischen Rat* zur Verfügung: Hilfe bei gesellschaftsrechtlichen Fragen, beim Streit in der Familiengesellschaft oder mit dem Finanzamt - diese und ähnliche klassischen Beratungsgebiete eines Rechtsanwalts werden ganz *offen genannt*[33]. Dabei ist das "Banken-Consulting" gewiß keine Ausnahme. In Kenntnis der Bedeutung des Beratungsmarktes sind die drei Großbanken[34] in dieses Geschäft eingestiegen und bringen damit die anderen Banken in Zugzwang.

5. Gleichstellung mit der flächendeckenden Verbandsberatung[35]

179 Wie schon dargelegt[36] spielt die flächendeckende Verbandsberatung eine immer größere Rolle. In ähnlicher Weise wie die Bankenberatung tritt sie zunehmend in Konkurrenz zur Beratung durch selbständige Rechtsanwälte[37]. Auch hier muß die Anwaltschaft in die Lage versetzt sein, wenigstens in gewissen Bereichen überörtlich zusammenzuarbeiten. Da die Nachfrage nach überörtlicher Beratung nicht abnimmt, ist schon jetzt abzusehen, daß sich die Verbandsberatung in den nächsten Jahren erheblich ausdehnen wird, sofern es der deutschen Rechtsanwaltschaft nicht gelingt, hier mit ähnlichen Angeboten nachzuziehen. Damit würde ein weiterer wichtiger Bereich der Anwaltstätigkeit in die Hände von juristischen Personen übergehen, die - auch wenn sie ihre Rechtsberatung teilweise durch Rechts-

---

32 Als Beispiel: *Jürgen Nef*: "Praktischer Ratgeber für Erbfall und Testament", Schweizerische Kreditanstalt, Zürich oder *Vereinsbank-Informationen*: "Die Wahl der Unternehmensform in steuerlicher Sicht".

33 "Mittelständler, die Zielgruppe des Instituts [sc. *Dresdner Management Consult GmbH*], wollen keinen Dritten und schon gar keine Unternehmensberatung im Haus, sondern direkt von ihrer Bank Hilfe bei der Wahl der Gesellschaftsform, bei Streitfällen unter den Familieneignern oder bei Problemen mit dem Finanzamt", *Neubauer* Stuttgarter Zeitung vom 17. 7. 1989.

34 *Deutsche Bank, Dresdner Bank, Commerzbank*, vgl. *Neubauer* a. a. O.

35 Hierzu *Winters* S. 55 ff.

36 → Rdnr. 29.

37 *Wettmann-Jungjohann* S. 23 f.

anwälte ausüben lassen - in keiner Weise die Garantien einer unabhängigen und sachorientierten Rechtsberatung bieten, wie dies die Beratung durch einen deutschen Rechtsanwalt sicherstellt.

C. Steigerung der Wettbewerbsfähigkeit der deutschen Rechtsanwaltschaft

1. Formale Aspekte

180 Die Wettbewerbsfähigkeit der deutschen Rechtsanwaltschaft wird bereits durch die *Rechtsform* der überörtlichen Sozietät gesteigert. Wie die soeben beendeten Ausführungen zur Gleichstellung des Rechtsanwalts mit anderen beratenden Berufen oder Institutionen gezeigt haben, ist die Wettbewerbskraft der deutschen Rechtsanwaltschaft durch eine Einschränkung auf nur örtliche Sozietäten und auch durch das Verbot, in Gesellschaften den Beruf auszuüben, erheblich beeinträchtigt. Die Zulässigkeit überörtlicher Rechtsanwaltssozietäten ist bereits *als solche* ein Beitrag, die Wettbewerbsfähigkeit der deutschen Rechtsanwaltschaft zu steigern[38].

2. Inhaltliche Aspekte

181 Die Zulässigkeit überörtlicher Rechtsanwaltssozietäten rechtfertigt sich aber vor allem aus *inhaltlichen* Gründen. In einer Zeit, in der die Zusammenarbeit ("team-work") geradezu ein Kennzeichen der gesamten gesellschaftlichen Entwicklung ist, braucht über Sinn und Vorteil der Zusammenarbeit innerhalb der Rechtsanwaltschaft nicht viel mehr ausgeführt zu werden - haben sich ja die Rechtsform der Sozietät und die Ausgestaltung zu größeren Anwaltssozietäten in der Vergangenheit nicht etwa aus theoretischen Überlegungen, sondern aus dem Zwang der

---

[38] Auch in anderen europäischen Ländern wird der Zusammenschluß von Anwälten als Mittel zur Steigerung der Wettbewerbsfähigkeit angesehen. In Frankreich ist nach fast allgemeiner Ansicht die Zeit des freiberuflichen Einzelkämpfers vorbei, weil nur die gemeinschaftliche Ausübung auch des freien Berufs einer konzentrierten und hochtechnisierten Wirtschaftsgesellschaft angemessen sei (*Wibbe* S. 15).

tatsächlichen Entwicklung ergeben[39]. Dementsprechend wird bei der überörtlichen Sozietät immer wieder der Synergieeffekt hervorgehoben[40].

a) Allgemeine Vorteile anwaltlicher Zusammenarbeit

182 Die überörtliche Sozietät findet deshalb bereits dann einen Sinn, wenn sie - wie auch sonst bei Sozietäten - zur *partnerschaftlichen Zusammenarbeit* führt. Gerade bei der kleineren überörtlichen Sozietät, etwa in einer Region, ermöglicht sie Gespräch und Gedankenaustausch, ohne die viele juristische Problemlösungen nicht gelingen[41]. Besonders bei der kleineren Sozietät ist sie auch hilfreich für die Geschäftsreisen-, Urlaubs- und Fortbildungsplanung sowie die Vorsorge für Krankheitsfälle.

b) Spezialisierung

183 Die Notwendigkeit überörtlicher Teamarbeit stellt sich vor allem wegen der immer weiter um sich greifenden Kompliziertheit der Rechtsordnung und der weiter zunehmenden Interdependenz der Rechtsgebiete. Sicher ist auch heute noch die Ausbildung zum Einheitsjuristen unverzichtbar, und sicher muß jeder Rechtsanwalt über ein breites Grundwissen über die gesamte Rechtsordnung verfügen. Gleichwohl lassen sich Spezialisierungen nicht vermeiden[42], wie dies denn auch die Aufstellung von

---

[39] Erinnert sei hier an den erstaunlichen Umstand (→ Rdnr. 4 Fußn. 28), daß die BRAO keine ernsthafte Notiz von der Rechtsanwaltssozietät nimmt. Hierzu z. B. *Hartstang* S. 195 ff.

[40] Auf den "synergetischen Effekt" einer überörtlichen Anwaltssozietät geht das Schrifttum immer wieder ein, so *Feuerich* S. 361, *Kewenig* S. 6. Ein solcher Effekt wird dort angestrebt, wo sich mehrere Freiberufler zusammentun. Er ist deshalb ein Kennzeichen jeder Sozietät und deshalb kein Merkmal gerade einer überörtlichen Sozietät. Daß gleichwohl bei der überörtlichen Anwaltssozietät dieser Effekt immer wieder angesprochen und herausgestellt wird, liegt an den neuen Dimensionen, mit denen vor allem unternehmensberatende Anwaltssozietäten konfrontiert sind - ist also inhaltlich begründet.

[41] "Anhebung des wissenschaftlichen Niveaus": *Michalski* S. 101. Zur *regionalen* überörtlichen Sozietät → Rdnr. 172.

[42] Hierzu auch *Michalski* S. 381 ff., 102 ff. u. ö.

Fachgebietslisten[43] zeigt und wie vor allem die Entwicklung der *Fachanwaltsbezeichnungen* das Bedürfnis sogar nach einer institutionell abgesicherten und nach außen erkennbaren Spezialisierung beweist[44]. Kommt demgemäß die deutsche Rechtsanwaltschaft ohne Spezialisten - gleich, ob durch Zusatzbezeichnungen erkennbar oder nicht - nicht aus, erhebt sich von selbst die Frage, ob der jeweilige Spezialist für sich allein seinem Beruf nachgeht oder ob es nicht sinnvoller ist, sich in einer Sozietät spezialisierter Anwälte in der Weise zusammenzuschließen, daß innerhalb dieser Sozietät auf alle üblicherweise gestellten Rechtsfragen eine Antwort gegeben werden kann[45].

c) *"Service aus einer Hand"*

184 Wie in anderen Bereichen der Dienstleistung muß die Rechtsanwaltschaft ferner wissen, daß der "*Service aus einer Hand*" für den Kunden (Mandanten) die Idealform der Betreuung ist. Auf diese Erkenntnis bauen bereits die Wirtschaftsprüfergesellschaften und die Steuerberatungsgesellschaften auf, und die moderne Unternehmensberatung ist auf dem besten Wege, ebenfalls "aus einer Hand" den Unternehmer zu bedienen. Will die deutsche Rechtsanwaltschaft nicht weiter Terrain verlieren, muß auch sie bemüht sein, den Mandanten möglichst nicht zum Spezialisten wegzuschicken, sondern ihn in der Sozietät auch mit seinen sehr speziellen Problemen zur Verfügung zu stehen[46]. Dann kann der in München ansässige Spediteur bei einer Frage aus dem Seetransportrecht Hilfe von seiner ihn auch sonst betreuenden Rechtsanwaltskanzlei erwarten, weil sie in Bremen über den Spezialisten für solche Fragen verfügt.

In diesem Zusammenhang muß die Untersuchung abermals darauf verweisen, welche Entwicklung und Ausweitung die Rechts-

---

[43] Z. B. "Spezialistenliste" des Münchner Anwaltvereins mit über 60 "Spezialgebieten". Zu solchen Listen z. B. *Ring* S. 327. Zur Zulässigkeit der Bezeichnung als "*Strafverteidiger*" auf Praxisschild und Briefkopf: *OLG Stuttgart* NJW 1989, 2898 ff.

[44] Zu dieser Entwicklung bereits → Rdnr. 27 Fußn. 2.

[45] Das erhebliche Defizit bei der Anwaltsspezialisierung betonen eindrucksvoll *Wettmann-Jungjohann* S. 40 ff. - Zur erhöhten Haftung des spezialisierten Anwalts → Rdnr. 196.

[46] Vgl. z. B. auch *Schroeder-Teichmann* AnwBl 1990, 24 m. w. Nachw.

gebiete jenseits des klassischen Privatrechts und des Strafrechts in den letzten Jahrzehnten genommen haben. Insbesondere das öffentliche Recht hat sich in einer Weise ausgedehnt, daß häufig ohne einen spezialisierten Rat nicht auszukommen ist[47].

d) Interdependenz mit den Problemen anderer Gebiete

185 Die überörtliche Rechtsanwaltssozietät vermag die anwaltliche Dienstleistung auch insofern inhaltlich auszuweiten, als sie sich *wirtschaftlichen* und *technischen* Feldern öffnet. Schon bisher konnte der Rechtsanwalt mit Wirtschaftprüfern, Steuerberatern und Patentanwälten eine überörtliche Sozietät bilden[48]. Im Zuge einer Spezialisierung innerhalb einer überörtlichen Rechtsanwaltssozietät[49] können sich die einzelnen Mitglieder sicher viel mehr den bislang stark vernachlässigten[50] Bereichen von Technik und Wirtschaft widmen.

Richtige Rechtsantworten zu finden, ist in weiten Bereichen heute nur noch möglich, wenn der Berater mit den *tatsächlichen Gegebenheiten* eng vertraut ist. Dies gilt für technische Fragen genauso wie für betriebswirtschaftliche, internationale oder (außen-)politische Zusammenhänge. Um mit solchen Zusammenhängen vertraut zu sein, bedarf es häufig langjähriger Befassung, so daß sich auch hier Spezialistentum nicht vermeiden läßt.

e) Internationale Situation

186 Nicht zuletzt hängt die Diskussion um die Zulässigkeit der überörtlichen Rechtsanwaltssozietät mit der *internationalen* Situation zusammen[51]. Dies ist deshalb nicht verwunderlich, weil - wie in den anderen EG-Staaten - auch in der Bundesrepublik Deutschland aufgrund der europapolitischen Diskussionen um die Einführung des Binnenmarktes in allen Bereichen des gesellschaft-

---

[47] → auch Rdnr. 27.

[48] → Rdnr. 92.

[49] Zur Spezialisierung innerhalb der Rechtsgebiete → Rdnr. 183.

[50] Hierzu *Wettmann-Jungjohann* S. 42 ff.

[51] Auf die Bedeutung der internationalen Entwicklung wurde schon frühzeitig im deutschen Anwaltsschrifttum hingewiesen, z. B. *Ostler* S. 395.

lichen Lebens zwei Fragen überall gestellt werden: *Erstens* geht es um die Chance deutsche Produkte in den anderen EG-Staaten und *zweitens* um das Einströmen der Erzeugnisse aus anderen EG-Staaten in den deutschen Markt. Es wäre ein Wunder, wenn die deutsche Rechtsanwaltschaft von dieser Entwicklung ausgespart geblieben wäre. Sie ist daher aufgerufen, deutsche Unternehmer umfassend über die Chancen deutscher Produkte im Ausland zu beraten. Andererseits muß sie bedacht sein, auch ausländischen Mandanten zur Verfügung zu stehen, um sie über die Gestaltungsmöglichkeiten nach deutschem Recht zu beraten. Stets setzen solche Beratungen die *Kenntnis der fremden Rechtsordnungen* voraus[52]. Zusätzliche Spezialisierungen sind unvermeidlich, aber wirtschaftlich nur tragbar, wenn sie möglichst optimal genutzt werden können.

3. Betriebswirtschaftliche Seite

187 Der zuletzt genannte Grund leitet über zu rein *betriebswirtschaftlichen* Überlegungen, die selbstverständlich ein Rechtsanwalt als Angehöriger eines freien Berufes nicht vernachlässigen darf:

a) Wirtschaftliche Tragfähigkeit der Anwaltsspezialisierung

188 Es hat wenig Sinn, falls sich ein Anwalt für ein Gebiet spezialisiert, wenn ihn diese Spezialisierung nicht "auslastet". Spezialisierungen sind stets nur insoweit sinnvoll, als sie dann auch in der Rechtsberatung eingesetzt werden können. Aus diesem Grunde wird sich kein Rechtsanwalt in Bereichen spezialisieren, die ihm wirtschaftlich nichts nützen. Die überörtliche Rechtsanwaltssozietät ist in dieser Hinsicht die ideale Rechtsform, um Spezialisierungen zu entwickeln, da in solch einem Fall der Spezialist in das Gesamtangebot der überörtlichen Sozietät eingebracht werden kann und auf diese Weise seine "Auslastung" sichergestellt ist. Gerade dieser Aspekt wird in Zukunft jüngere Rechtsanwälte[53] motivieren, sich zu spezialisieren und sich insbesondere auch mit internationalen Fragen zu beschäftigen, weil die Basis

---

[52] Zur gesteigerten Haftung des auf Auslandsrecht spezialisierten Rechtsanwalts → Rdnr. 197.

[53] Hierzu *Hommerich* S. 125 - 130.

der überörtlichen Sozietät auch die wirtschaftliche Tragfähigkeit garantiert.

b) Wirtschaftliche Tragfähigkeit hinsichtlich der Mitarbeiter

189 Diese betriebswirtschaftlichen Überlegungen gelten aber auch für den Bereich der nicht-juristischen Mitarbeiter. Spezielle nicht-juristische Mitarbeiter für Fachgebiete (z. B. Übersetzer, Fremdsprachensekretärinnen, Bibliothekare, steuerlich spezialisierte nicht-juristische Mitarbeiter, Informatiker) können bei einer überörtlichen Sozietät angestellt werden, während eine nur örtliche Sozietät häufig nicht in der Lage sein wird, sich sehr spezialisierte Kräfte zu leisten.

c) Sachausstattung der überörtlichen Rechtsanwaltssozietät

190 Dasselbe gilt hinsichtlich der Sachausstattung einer überörtlichen Sozietät. Zu denken ist hierbei an eine gemeinsame, wenn auch überörtliche (dezentralisierte) Bibliothek, die über Spezialschrifttum verfügt und auf deren Bestände jeder Sozius, der nicht am Ort des jeweiligen Buchbestandes seine Kanzlei hat, heute durch die modernen Möglichkeiten der Fotokopie und der Telekopie schnell zurückgreifen kann. Die überörtliche Rechtsanwaltssozietät ist auch leichter in der Lage, andere teuere technische Einrichtungen zu besitzen, etwa Verbindungen zu nationalen oder internationalen Datenbanken zu haben oder auch "nur" mit einem leistungsfähigen Computersystem ausgestattet zu sein.

D. Verbesserungen für die Mandantschaft

191 Für die Mandantschaft hat eine überörtliche Sozietät nicht unerhebliche Vorteile. Das von ihr angestrebte Ziel einer "*Rechtsberatung aus einer Hand*" erlaubt dem Mandanten, mit *allen* Problemen zu seiner Sozietät zu gehen[54]. Dabei spielt es keine Rolle, ob es sich um den kleinen Gewerbetreibenden handelt,

---

[54] Hierzu auch *Michalski* S. 103 f.

der zu einer regionalen überörtlichen Sozietät geht, die aus den Rechtsanwälten einiger Nachbarorte besteht. Er kann jetzt sicher sein, mit allen Problemen, die sein Unternehmen mit sich bringt, betreut zu werden. Die Erleichterung besteht nicht weniger für das weltweit operierende Unternehmen, wenn es eine überörtliche Sozietät zur Seite hat, die national und international engagiert ist.

1. Verringerung der Informationsbelastung

192 Dabei darf auch die *Informationsbelastung* nicht übersehen werden, die den Mandanten bei der Betrauung weiterer (zusätzlicher) Rechtsanwälte trifft. In solchen Fällen ist er gezwungen, dem neuen Rechtsanwalt noch einmal den Sachverhalt darzustellen. Erfahrungsgemäß enthält diese Informationsphase eine Quelle von Mißverständnissen und Reibungsverlusten. Die überörtliche Sozietät kann diese Reibungsverluste vermeiden.

2. Identität des Vertrauensverhältnisses

193 Selbst wenn der Mandant die Information seinem bisherigen Anwalt überläßt, muß sich das *Vertrauensverhältnis zu dem neuen Anwalt* (zu der neuen Sozietät) aufbauen. Hier darf nicht übersehen werden, daß sich selbst größere Unternehmen scheuen, mit zu vielen Rechtsanwälten zusammenzuarbeiten und stets den Kontakt mit der bewährten bisherigen Anwaltskanzlei bevorzugen. Bei mittleren und kleineren Unternehmen, bei Freiberuflern und Privatpersonen ist ohnehin der Gang zu einem neuen Rechtsanwalt unbeliebt.

3. Beratung aus einem Mund

194 Eine "*Beratung aus einer Hand*" ist zugleich auch eine Beratung aus *einem* Mund. Auf diesen Gesichtspunkt wurde schon früher hingewiesen[55]: Je mehr Personen einen Fall betrachten, umso größer ist die Gefahr unterschiedlicher Beurteilungen. Häufig neigen auch Juristen zu abweichenden Ansichten, um auf diese Weise ihre Bedeutung (und Existenzberechtigung) zu dokumen-

---

55 → Rdnr. 35.

tieren oder um ihre Unkenntnis zu verbergen. Dann ist der "Mandant zwischen den Stühlen" keine Seltenheit, weil er sich zwischen unterschiedlichen Ergebnissen und Ratschlägen entdeckt. Die "Beratung aus einer Hand" unterbindet diese Situation. Mögliche Meinungsunterschiede werden innerhalb der Sozietät ausgetragen. Der nach außen erteilte Rechtsrat hingegen ist einheitlich und klar.

4. Eindeutige Verantwortlichkeit

195 Dem Mandanten vermittelt eine solche Rechtsantwort nicht nur Klarheit und Eindeutigkeit. Er weiß auch, daß er auf ihr aufbauen kann. Denn die *Verantwortlichkeiten* sind nicht weniger eindeutig: Während er bei (möglicherweise divergierenden) Antworten mehrerer Rechtsanwälte die Verantwortung selbst tragen muß, steht er bei einem einheitlich erteilten Rechtsrat auf einem festen Fundament.

5. Bessere Haftungssituation für den Mandanten

196 Abgesehen von diesen im Zentrum stehenden Argumenten hat eine überörtliche Sozietät aber auch sonstige nicht unerhebliche finanzielle Vorteile für den Mandanten. Da die Sozietät - gleich wie sie innerlich organisiert ist - insgesamt mit allen ihren Sozien für Anwaltsverschulden haftet[56], bedeutet die überörtliche Sozietät eine nicht unerhebliche Absicherung für den einzelnen Mandanten, weil ihm gegenüber nicht mehr nur der einzelne Anwalt oder die einzelne Kanzlei, sondern *sämtliche Mitglieder der überörtlichen Sozietät haften*[57]. Auf diese Haftungssituation haben sich übrigens die Haftpflichtversicherer eingestellt.

---

[56] *BGHZ* 56, 355 (356 ff.); 70, 247 (249 ff.); 83, 328 (330 ff.: Umfassende Haftung einer *interprofessionellen* Sozietät zwischen Wirtschaftsprüfer, Steuerberater und Rechtsanwalt); *Haug* in *Borgmann-Haug* S. 212; *Vollkommer* [Anwaltshaftungsrecht] Rdnr. 51, 57, 397 jeweils m. w. Nachw. auch hinsichtlich gewisser Einschränkungen der Haftung beim zivilgerichtlichen Anwaltsprozeß (Haftung nur der bei dem betreffenden Zivilgericht zugelassenen Sozien).

[57] Diese umfassende Haftung aller Sozien einer überörtlichen Rechtsanwaltssozietät wirkt übrigens auch der Versuchung entgegen, Anwälte auf dem Briefbogen oder auf dem Praxisschild zu nennen, mit denen keine Sozietät besteht.

6. Strengere Haftung des spezialisierten Sozietät

197 Bei der mit Spezialisten besetzten überörtlichen Sozietät kommt dem Mandanten auch die gesteigerte Haftung des Spezialanwalts zugute. Liegt ein Anwaltsverschulden vor, zählt dann nicht der allgemeine Maßstab anwaltschaftlicher Durchschnittskenntnisse, sondern der erhöhte Standard spezialisierter (Fach-) Anwälte[58]. Diese *strengere Haftung des Spezialisten* wirkt sich naturgemäß auf die Qualität der Rechtsberatung aus und stellt für viele Mandanten ein wichtiges Motiv dar, sich des fachspezifischen Rechtsrats zu bedienen[59]. Auch hier[60] ist wiederum die *internationale* Situation von Gewicht. Angesichts der Tendenz, die Anwaltshaftung bei der Anwendung ausländischen Rechts von vornherein einzuschränken oder wenigstens einschränkende Vereinbarungen zuzulassen[61], vermag sich der Mandant auf eine solide Basis zu stützen, wenn ein im betreffenden Auslandsrecht bewanderter Rechtsanwalt den Rechtsrat erteilt hat.

7. Geringere Gebührenbelastung des Mandanten

198 Ein weiterer finanzieller Vorteil besteht für den Mandanten auch darin, daß er für die Rechtsberatung nur einmal Gebühren zu entrichten hat, während ihn der Gang zum Spezialisten *zusätzliche* Gebühren bereitet.

---

58 Näher zur gesteigerten Haftung des Spezialanwalts *Vollkommer* [Anwaltshaftungsrecht] Rdnr. 288 und *Borgmann-Haug* S. 152.

59 *Vollkommer* a. a. O.: "Eine Auftragserteilung an den Fachanwalt wird daher regelmäßig deshalb erfolgen, weil der Mandant sich gegenüber dem 'Allgemeinanwalt' eine bessere, weil spezialisierte Betreuung verspricht. Die Spezialkenntnis des Anwalts wird so zur unausgesprochenen Vertragsgrundlage".

60 → Rdnr. 186.

61 Vgl. *Vollkommer* [Anwaltshaftungsrecht] Rdnr. 128 sowie [zu haftungsbegrenzenden Absprachen] Rdnr. 428, 438, 445; ferner *Borgmann-Haug* S. 92.

E. Rückeroberung verlorener Arbeitsgebiete und Erschließung neuer Felder für die Rechtsanwaltstätigkeit[62]

1. Der prozentuale Rückgang der Anwaltsberatung

199 Die wirtschaftliche Entwicklung der letzten Jahrzehnten hat in der Bundesrepublik Deutschland die Nachfrage nach Rechts-, Wirtschafts- und Unternehmensberatung erheblich gesteigert. Freilich ist diese Entwicklung weitgehend am "klassischen" Beratungsberuf - an der Anwaltschaft - vorbeigegangen; stattdessen stieg der Umsatz anderer beratender Berufe überproportional[63].

In derselben Zeit sind der Anwaltschaft sogar typisch juristische Tätigkeiten zunehmend entglitten[64]. Insbesondere im Bereich des Steuerrechts und damit zusammenhängender Gebiete beherrscht eine technisch überragend organisierte und modern eingestellte Konkurrenz das Feld. "Alle Organisationen, Banken, alle konkurrierenden Berufe und die befragten Anwälte selbst stimmen darin überein, daß der Anwalt bisher seine Beraterrolle vernachlässigt hat und ihm daher breite Märkte verschlossen bleiben", heißt es zutreffend in der jüngsten *PROGNOS*- und *INFRATEST*-Untersuchung zur Anwaltsforschung[65]. Der deutsche Rechtsanwalt erscheine "als der einzige, der sich den Bedingungen der modernen Dienstleistungsgesellschaft nicht angepaßt" habe[66].

---

[62] Hierzu z. B. *Zuck* JZ 1989, 353f. mit weit. Nachw.

[63] Die acht größten deutschen Wirtschaftsprüfungsgesellschaften haben im letzten Jahrzehnt ihre Honorareinnahmen mehr als verdoppelt, vgl. *DER SPIEGEL* vom 24.4.1989, S. 130; die *Arthur Andersen & Co. GmbH* (→ Rdnr. 151 Fußn. 20) hat ein Jahreswachstum von 35 % (*Friedemann* FAZ vom 16. 5. 1989).

[64] *Zuck* JZ 1989, 353: "Es müssen" ... "originäre Tätigkeitsfelder, wie die Beratung, wiederbelebt, neue Tätigkeitsfelder für die Anwaltschaft erschlossen werden" und a. a. O. S. 355: .... "ist der Grund, warum die Anwaltschaft kontinuierlich Tätigkeitsbereiche verliert".

[65] *Wettmann-Jungjohann* S. 38.

[66] *Wettmann-Jungjohann* a. a. O.

2. "Anwaltsabstieg" trotz "Anwaltschwemme"

200 Wer die wahre Situation nicht kennt, wird wohl meinen, daß dieser "Abstieg"[67] der Anwaltschaft und der Siegeszug der anderen beratenden Berufe auf einer zu geringen Zahl von Rechtsanwälten beruht, die nicht in der Lage war, den Nachfragebedarf zu befriedigen. Aber das Gegenteil ist richtig: Genau in demselben Zeitraum ist die Zahl der Rechtsanwälte sprunghaft gestiegen[68]. Standesvertreter und Politiker werden nicht müde, die "Anwaltsschwemme"[69] zu beklagen, und vom Studium der Jurisprudenz wird wegen der aussichtlosen Chancen insbesondere als Rechtsanwalt allenthalben abgeraten. Doch die Erfahrung zeigt, daß solche Aufrufe nicht beachtet werden - zumal die Aussichten in anderen akademischen Berufen auch nicht besonders günstig erscheinen[70].

3. Die Notwendigkeit, den Bereich der Anwaltstätigkeit auszuweiten

201 In dieser Situation ist die Anwaltschaft aufgerufen, verlorenes Terrain zurückzuerobern und neue Gebiete zu besetzen[71]. Dies

---

67 Formulierung nach dem Titel des Aufsatzes von *Kühn* AnwBl 1988, 129.

68 Folgende Zahlen finden sich bei *Zuck* JZ 1989, 353 Fußn. 3:
1967: 20 543 Rechtsanwälte
1980: 36 077 Rechtsanwälte
1987: 50 247 Rechtsanwälte
1988: 51 953 Rechtsanwälte
1989: 54 108 Rechtsanwälte.
Im Vergleich hierzu sind frühere Zahlen für das jeweilige Gebiet des Deutschen Reichs interessant (AnwBl 1933, 76 f.):
1915: 12 544 Rechtsanwälte
1925: 13 537 Rechtsanwälte
1932: 18 036 Rechtsanwälte.

69 Hierzu z. B. *Winters* S. 10 ff.

70 Die Prognosen für die nächste Zeit lauten auf 70 000 zugelassene Rechtsanwälte (vgl. *Commichau* Handelsblatt vom 25. 7. 1989).

71 *Schiefer* NJW 1987, 1969 ff.; *Strobel* BB 1987, 699 ff. und AnwBl 1988, 307 ff.; *Winters* NJW 1988, 521 ff. Vgl. auch "Zukunftsfelder anwaltlicher Tätigkeit" bei *Hommerich* S. 127 f.

kann sie freilich nur, wenn sie im Wettbewerb mit den anderen beratenden Berufen einigermaßen gleiche Dienstleistungen zu erbringen vermag. Die Gestaltungsform der überörtlichen Sozietät bietet, wie eingehend dargelegt, hierzu eine Möglichkeit[72]. Diese Gestaltungsform ersetzt nicht weitere standesrechtliche Überlegungen; aber sie ist mit Sicherheit zur Bewältigung der Zukunftsprobleme der Anwaltschaft weit besser geeignet als resignative Untätigkeit.

4. Die Notwendigkeit, die Präsenz deutscher Rechtsanwaltskanzleien im Ausland zu verstärken

202 Allein im Bereich der Europäischen Gemeinschaft unterhalten deutsche Handels- und Industrieunternehmen viele tausend Tochtergesellschaften, Niederlassungen, Betriebe, Filialen und Zweigstellen[73]; hinzukommen vergleichbare Aktivitäten in fast allen übrigen Ländern der Welt. Dem international vorhandenen "Heimwärtsstreben" folgend, will sich auch eine deutsche Unternehmensleitung möglichst von einer deutschen Rechtsanwaltskanzlei beraten lassen, und zwar gerade auch, wenn ausländisches Recht hereinspielt. Der räumlichen Expansion deutscher Unternehmen im EG-Ausland könnte eine ähnliche Ausbreitung deutscher anwaltlicher Beratungstätigkeit folgen, wenn hierzu die Anwaltschaft bereit ist[74]. Diese Bereitschaft wird durch überörtliche Sozietäten erleichtert, die über Länderspezialisten verfügen und die im Wege der Arbeitsteilung mit den verschiedenen einschlägigen fremden Rechtsordnungen vertraut sind, so daß in der *einen* Kanzlei der Schwerpunkt z. B. auf dem romanischen Rechtskreis und in der *anderen* Kanzlei auf englischsprachigen Rechtsordnungen liegt. Insbesondere die "mitt-

---

[72] So etwa auch *Commichau* Handelsblatt vom 25. 7. 1989.

[73] *Commichau* Handelsblatt vom 25. 7. 1989 nennt eine Zahl von "weit mehr als 6 000".

[74] Die *Wirtschaftsprüfer* haben diese Herausforderung erkannt, vgl. z. B.: "Schließlich wollen sich auch die Wirtschaftsprüfer dem Expansionsdrang ihrer Kunden anpassen. Ein europäischer Konzern, der sich ein Zweigwerk in Asien zulegt, ein japanischer Multi, der ein Standbein in Nordamerika aufbaut, alle wollen Service aus einer Hand. Weltweite Vertretung mit einer großen Palette von Dienstleistungen heißt das Konzept für die Zukunft", Wirtschaftswoche vom 2. 6. 1989, S. 145.

älere" Kanzlei kann hier internationale Dimensionen gewinnen, weil sie nicht in der Lage ist, über Spezialisten für *sämtliche* relevanten ausländischen Rechte zu verfügen.

VII. Teil.
Verfassungsrechtlicher Ausblick

§ 14. Die Vereinbarkeit der überörtlichen Rechtsanwaltssozietät mit dem Grundgesetz und die Verfassungswidrigkeit eines Verbots einer solchen Sozietät

203 Da die Untersuchung zum Ergebnis kommt, daß das Recht der Bundesrepublik Deutschland kein Verbot der überörtlichen Rechtsanwaltssozietäten kennt, stellt sich die Frage nicht, ob ein solches Verbot mit dem Grundgesetz zu vereinbaren wäre. Gleichwohl soll abschließend ein kurzer Blick auf diese Zusammenhänge gerichtet werden.

A. Art. 12 Abs. 1 GG[1]

1. Die fehlende Rechtsgrundlage eines Verbots der überörtlichen Sozietät als Grundrechtsverstoß

204 Daß die Ausübung des Rechtsanwaltsberufes durch Art. 12 Abs. 1 GG geschützt ist, bedarf keiner weiteren Ausführungen. Ohne gesetzliche Grundlage kann in dieses Grundrecht des einzelnen Rechtsanwalts zulässigerweise nicht eingegriffen werden[2]. Ein Verwaltungsakt oder ein gerichtliches Urteil stellen somit eine Grundrechtsverletzung dar, falls sie eine überörtliche Anwaltssozietät untersagen sollten; denn ein Rechtssatz existiert nicht, der eine überörtliche Anwaltssozietät verbietet.

---

[1] Zur Bedeutung des Art. 12 Abs. 1 GG für die überörtliche Anwaltssozietät: *Kewenig* S. 23 ff.

[2] Dies hat insbesondere der *Schily-Beschluß* des *BVerfG* herausgearbeitet (→ Rdnr. 139 Fußn. 65) und die Rechtsprechung zu den anwaltlichen Standesrichtlinien (→ Rdnr. 2 Fußn. 13) fortgeführt.

2. Die fehlende sachliche Legitimation eines Verbots der überörtlichen Sozietät als Grundrechtsverstoß

205 In diesem Zusammenhang muß noch einmal betont werden, daß sich ein Verbot überörtlicher Rechtsanwaltssozietäten stets vor Art. 12 Abs. 1 GG *sachlich* legitimieren muß, um überhaupt vor dem Grundgesetz zu bestehen[3]. Daß dies nicht der Fall ist, wurde im Rahmen dieser Untersuchung dargelegt.

3. Die fehlende Sachgerechtigkeit eines Verbots der überörtlichen Sozietät als Grundrechtsverstoß

206 Schließlich ist auch die fehlende Sachgerechtigkeit ein wichtiges Argument. Ein Verbot der überörtlichen Rechtsanwaltssozietät verletzt die Berufsfreiheit, weil kein rechtfertigender Grund dafür ersichtlich ist, daß die Rechtsordnung einem deutschen Rechtsanwalt innerhalb der Bundesrepublik Deutschland Gestaltungen verwehrt, die grenzüberschreitend einerseits ihm in anderen Staaten und andererseits einem ausländischen Anwalt im Inland erlaubt sind. Ein *gravierender Wertungswiderspruch* zeigt sich: Sowohl Gemeinschaftsrecht als auch das nationale Recht lassen die Zweit- und Mehrfachkanzlei *im Ausland* zu. Hingegen soll die (innerstaatliche) überörtliche Sozietät, die nicht zu einer weiteren Kanzlei des einzelnen Anwalts führt, verboten sein. Grenzüberschreitend darf also der Anwalt mehrere Kanzleien besitzen; innerstaatlich jedoch soll ihm sogar verwehrt werden, eine Sozietät mit einem Kollegen einzugehen, der an einem anderen Ort niedergelassen ist. Welche sachgerechten Erwägungen speisen eine derartige Differenzierung? Wenn der Beruf des Rechtsanwalts nicht gefährdet ist, falls er in anderen Staaten Kanzleien unterhält, welche Gefahren entstehen bei einem (rein innerstaatlichen) überörtlichen Zusammenschluß, der zu keinerlei Vermehrungen der Kanzleien des einzelnen Anwalts führt? Wer eine derartig unterschiedliche Regelung für richtig hält, ist aufgerufen, sie inhaltlich zu legitimieren. Daß eine solche Legitimierung nicht möglich ist, hat die Untersuchung gezeigt.

---

[3] Näher → Rdnr. 174.

B. Art. 3 Abs. 1 GG

1. Die Benachteiligung der Rechtsanwaltschaft gegenüber anderen beratenden Berufen

207 Jeder Rechtsanwalt kann sich ferner auf den *Gleichheitssatz* des Art. 3 Abs. 1 GG und auf das mit dem Gleichheitssatz eng zusammenhängende[4] *Willkürverbot* berufen. Diese Grundrechtspositionen sind in der Diskussion um die Zulässigkeit der überörtlichen Anwaltssozietät deshalb relevant, weil anderen beratenden Berufen ohne weiteres zugestanden ist, sich überörtlich in einer Sozietät zusammenzuschließen[5]. *Hier fordert das Verfassungsrecht Konsequenz*: *Entweder* ist es allen beratenden Berufen gestattet, überörtliche Sozietäten zu bilden, *oder* aber sämtlichen Angehörigen dieser Berufe ist dies verwehrt. *Gleichheitssatzwidrig* ist es jedoch, wenn *konkurrierende* Berufsgruppen, die vergleichbare Ausbildungsgänge und Berufsfelder haben, in einer so wesentlichen Frage unterschiedlichen Regelungen unterworfen sind.

2. Die willkürliche Ableitung aus dem Zweigstellenverbot

208 An Willkür, die ebenfalls Art. 3 Abs. 1 GG verbietet, grenzt es ferner, wenn aus einer *wörtlich gleichlautenden* Norm (das Zweigstellenverbot) für den einen Beruf (Patentanwälte) kein Verbot der überörtlichen Sozietät abgeleitet wird, für den anderen Beruf (Rechtsanwälte) gerade hieraus aber eine Untersagung resultieren soll[6].

---

[4] Statt vieler: *Peter Badura*, Staatsrecht, München 1986, Rdnr. 43.

[5] → Rdnr. 163. Zur unbestrittenen Zulässigkeit der *interprofessionellen* überörtlichen Sozietät → Rdnr. 92.

[6] Hierzu → Rdnr. 161.

3. Inländerdiskriminierung

209 Wie immer man gemeinschaftsrechtlich zu einem Verbot der Inländerdiskriminierung[7] steht, jedenfalls vor dem Gleichheitssatz des Art. 3 GG kann nicht völlig außer Betracht bleiben, wie ein Lebensbereich auch in seinen grenzüberschreitenden Beziehungen geregelt ist. Im Zusammenhang mit dem soeben behandelten Wertungswiderspruch[8] muß man von einer gleichheitssatzwidrigen Diskriminierung inländischer Anwälte sprechen[9], falls ihnen bereits die überörtliche Sozietät verwehrt wäre, gleichzeitig aber gestattet ist, in anderen Staaten sogar Kanzleien zu eröffnen[10]. Selbst wenn aber dem (nationalen) Gesetzgeber bei rein inländischen Sachverhalten die uneingeschränkte Befugnis eingeräumt sein sollte, ohne jede Rücksicht auf die grenzüberschreitende Rechtslage abweichende Regelungen zu treffen, so fehlt dann aber, wie dargelegt[11], jede Rechtfertigung für den Eingriff in das Grundrecht des Art. 12 GG.

4. Bindung des Gesetzgebers

210 Diese Gesichtspunkte binden übrigens auch den Gesetzgeber[12]. Gäbe es im geltenden Recht eine Norm, die die überörtliche Rechtsanwaltssozietät untersagen würde, wäre aus den genannten Gründen Art. 3 Abs. 1 GG verletzt.

---

[7] → Rdnr. 177, insbesondere auch dortige Fußn. 28.

[8] → Rdnr. 206.

[9] So auch *Prütting* JZ 1989, 712 und *Schroeder-Teichmann* AnwBl 1990, 26; vgl. zur Problematik auch *Hauschka* AnwBl 1989, 553.

[10] *Raczinski-Rogalla-Tomsche* AnwBl 1989, 589 ff. halten aus solchen Erwägungen sogar das Zweigstellenverbot für gemeinschaftsrechtswidrig (→ Rdnr. 85 Fußn. 29). Wieviel mehr wäre dann ein Verbot der überörtlichen Rechtsanwaltssozietät untragbar!

[11] → Rdnr. 206.

[12] Dies ist unter dem Grundgesetz unstreitig, vgl. statt vieler: *Badura* Rdnr. 42.

C. Übermaßverbot

211 Gleichgültig, wo das Übermaßverbot beheimatet ist - beim konkreten Grundrecht[13], bei Art. 3 GG oder insgesamt bei der Grundrechtsordnung[14] -, eine Untersagung der überörtlichen Anwaltssozietät muß sich auch vor diesem grundlegenden Verfassungsprinzip bewähren. Doch ist dies zu verneinen:

Die Untersuchung hat gezeigt, daß unabweisbare sachliche Gründe *für* eine überörtliche Anwaltssozietät sprechen: Sie dient dem Mandanten in vielfältiger Weise[15] und ermöglicht eine gleichermaßen umfassende und qualifizierte wie auch spezialisierte Beratung[16]. Die überörtliche Anwaltssozietät liegt im Interesse der einzelnen Anwälte, weil sie die Gemeinkosten zu senken imstande ist[17]. Sie ermöglicht wegen der Verbreiterung des Klientels dem einzelnen Rechtsanwalt eine Spezialisierung[18]. Vor allem hat die überörtliche Anwaltssozietät in mehrfacher Hinsicht eine *institutionelle Bedeutung* für die gesamte deutsche Rechtsanwaltschaft: Sie führt die Mandate mit internationalem Bezug in deutsche Hände zurück und steuert der Abwanderung an ausländische Kanzleien entgegen[19]. Gleichzeitig fördert sie die Wettbewerbsfähigkeit der Rechtsanwaltskanzleien im Konkurrenzkampf; denn sie stärkt durch Wegfall der bisherigen Diskriminierungen die Position der deutschen Rechtsanwaltschaft sowohl gegenüber den anderen beratenden Berufen (die die Hürde eines Verbots der überörtlichen Sozietät nicht ken-

---

[13] Hier also bei Art. 12 Abs. 1 GG.

[14] So z.B. *BVerfGE* 61, 126 (134) zum "Grundsatz der Verhältnismäßigkeit", der sich "bereits aus dem Wesen der Grundrechte selbst ergibt und dem als Element des Rechtsstaatsprinzips Verfassungsrang zukommt" sowie ferner *BVerfGE* 75, 246 (267) und 78, 179 (193).

[15] Näher → Rdnr. 191 - 198.

[16] Näher → Rdnr. 181 - 190.

[17] Zur regionalen (und meist kleineren oder mittleren) überörtlichen Rechtsanwaltssozietät → Rdnr. 172.

[18] Näher → Rdnr. 183 ff.

[19] Näher → Rdnr. 177.

nen)[20] als auch gegenüber der beratenden Tätigkeit sonstiger Institutionen, vor allem von Banken[21] und Verbänden[22].

Angesichts dieser Argumente vermag sich ein Verbot der überörtlichen Anwaltssozietät auf überzeugende sachgerechte Gründe nicht zu stützen; denn Residenzpflicht und Lokalisationsprinzip bleiben genauso unangestastet wie das Zweigstellenverbot[23]. Irreführende Angaben, Werbung und sonstiges standeswidriges Verhalten sind dem Rechtsanwalt auch weiterhin verboten[24]. So sind sachliche Gründe nicht ersichtlich, die einen Eingriff in die Berufsfreiheit zu legitimieren vermögen - wobei nochmals daran erinnert werden muß[25], daß das Standesrecht anderer beratender Berufe keinerlei Bedenken zeigt, die überörtliche Sozietät zuzulassen.

---

[20] Zu diesem Aspekt → Rdnr. 175 und 176.

[21] Zu diesem Aspekt → Rdnr. 178.

[22] Näher → Rdnr. 179.

[23] Näher → Rdnr. 39 - 93.

[24] Dies ist ebenfalls schon ausgeführt, → z. B. Rdnr. 169 - 171.

[25] Hierzu → Rdnr. 143 - 163.

VIII. Teil. Zusammenfassung

§ 15. Zusammenfassung

Nach dem geltenden Recht ist die überörtliche Sozietät zulässig. Unter ihr versteht man den Zusammenschluß von Rechtsanwälten, die an verschiedenen Orten ihre Kanzlei haben[1]. Der Beschluß des *Bundesgerichtshofs* vom 18. September 1989[2], der die überörtliche Sozietät als zulässig betrachtet, verdient daher die uneingeschränkte Zustimmung.

A. Das Prinzip der Freizügigkeit anwaltlicher Tätigkeiten

Das deutsche Anwaltsrecht ist vom Prinzip der Freizügigkeit anwaltlicher Tätigkeiten geprägt[3]. Dies gilt gleichermaßen für den *gerichtlichen* wie für den *außergerichtlichen Bereich*.

1. Gerichtlicher Bereich

Grundsätzlich vor allen Gerichten in der Bundesrepublik Deutschland darf ein bei einem bestimmten Gericht zugelassener Rechtsanwalt tätig werden[4]. Ausgenommen ist lediglich ein Sektor der streitigen Zivilgerichtsbarkeit - das Gebiet der dem Anwaltszwang unterworfenen Prozeßhandlungen -, und selbst hierbei ist der fremde Anwalt keineswegs vom Handeln ausgeschlossen. Er darf sogar in der mündlichen Verhandlung persönlich mitwirken, also gerade dann, wenn es um den Kernbereich der lokalisierten zivilprozessualen Postulationsfähigkeit

---

1 → Rdnr. 1.

2 → Rdnr. 6.

3 → Teil II. Rdnr. 7 - 38.

4 → Rdnr. 13 und Rdnr. 21 - 24.

geht[5]. Diese lokalisierte zivilprozessuale Postulationsfähigkeit ist übrigens *scharf* vom Begriff des Anwaltszwanges zu unterscheiden[6]. Denn Anwaltszwang existiert in der Bundesrepublik Deutschland in vielfältiger Weise *ohne* eine lokale Komponente[7].

2. Außergerichtlicher Bereich

Der Blick auf die überörtlichen Tätigkeiten eines Anwalts im außergerichtlichen Bereich zeigt keinerlei Beschränkungen des deutschen Rechtsanwalts: Er darf überall auftreten[8]. Mit dem geltenden Recht ist deshalb die Vorstellung unvereinbar, ein Anwalt dürfe nur ortsbezogen tätig sein oder für ihn gelte ein Gebot der Ortsbezogenheit der Rechtsberatung. Umgekehrt ist die heutige Zeit von der Notwendigkeit überörtlicher Tätigkeiten geprägt.

B. Ortsbindungen des Rechtsanwalts

Das Prinzip der Freizügigkeit anwaltlicher Tätigkeiten wird durch die Ortsbindungen des derzeitigen deutschen Anwaltsrechts nicht beeinträchtigt[9]. Überörtliche Tätigkeiten stehen auch nicht in Widerspruch zu derartigen Ortsbindungen. Solche Ortsbindungen sind: die Lokalisierung, die Residenzpflicht und das Zweigstellenverbot.

1. Lokalisierung

Das in der BRAO enthaltene und ausgeformte Prinzip der Lokalisierung ist erforderlich, um die *Selbstverwaltung der Anwaltschaft* zu organisieren und die Rechtsanwaltskammer auf eine klare Mitgliederbasis zu stellen[10]. Kraft der Zulassung bei dem *einen* Gericht erhält der

---

5 → Rdnr. 13 - 20.

6 → Rdnr. 10.

7 → Rdnr. 66 bei Fußn. 70 ff.

8 → Rdnr. 26 - 36.

9 → Teil III. Rdnr. 39 - 141.

10 → Rdnr. 62.

Rechtsanwalt die Mitgliedschaft bei seiner Kammer und kann zugleich bundesweit tätig sein. Eine *überörtliche Rechtsanwaltssozietät* verstößt nicht gegen den Grundsatz der Lokalisierung; denn der einzelne Sozius der überörtlichen Sozietät bleibt bei seiner Rechtsanwaltskammer zugelassen und diese Mitgliedschaft wird durch die Sozietät nicht angetastet[11].

Die Lokalisierung darf nicht mit dem lokalisierten zivilprozessualen Anwaltszwang durcheinandergeworfen werden[12]. Während die Lokalisierung nur der Zuordnung des Anwalts zu einer Rechtsanwaltskammer dient, regelt der zivilprozessuale Anwaltszwang die (lokalisierte) Postulationsfähigkeit[13]. Diese folgt keineswegs aus der Lokalisierung und ist ohnehin problematisch[14].

Daß die Lokalisierung als "Zulassung bei einem Gericht" erscheint, ist nur historisch zu erklären. Da das Deutsche Reich von 1871 keine Gesetzgebungskompetenz für die Anwaltschaft besaß (wie sie heute der Bund kennt[15]), konnte der Beruf des Rechtsanwalts reichsrechtlich nur geregelt werden, indem er auf das reichsrechtlich kodifizierte *gerichtliche Verfahren* bezogen wurde[16]. Aus heutiger Sicht erscheint diese rein prozessuale Orientierung der Anwaltszulassung als überholt.

2. Residenzpflicht

Das Residenzgebot enthält drei Verpflichtungen[17]: Jeder deutsche Rechtsanwalt hat eine *Kanzlei* zu besitzen. Diese Kanzlei ist am *Ort des Zulassungsgerichts* zu unterhalten. Der *Wohnsitz* des Anwalts muß innerhalb des Oberlandeslandesgerichtsbezirks liegen.

---

11 → Rdnr. 68.

12 → Rdnr. 39 Fußn. 1.

13 → Rdnr. 61.

14 → Rdnr. 64 Fußn. 35.

15 → Rdnr. 64 Fußn. 40 f.

16 → Rdnr. 64.

17 → Rdnr. 75 ff.

a) Kanzleipflicht

Die Kanzleipflicht als Gebot, eine Kanzlei zu unterhalten, folgt unmittelbar aus der Notwendigkeit, ein *Zentrum der Kommunikation* zu besitzen; es muß eine eindeutig erkennbare, räumlich klar definierte Stelle geben, an die sich jedermann richten kann, wenn er mit dem Anwalt zu tun haben will[18]. Übrigens kam die RAO 1878 ohne diese Pflicht aus; sie begnügte sich mit der Wohnsitzpflicht des Anwalts am Gerichtsort[19]. Eine überörtliche Sozietät gerät mit der Kanzleipflicht nicht in Widerspruch.

b) Ortsgebundenheit der Kanzlei

Die BRAO verlangt die Kanzlei am Sitz des Zulassungsgerichts; diese Verpflichtung ist - wie die Kanzleipflicht - ein Kind neuerer Zeit und dieser Pflicht zugeordnet[20]. Historisch hängt sie mit dem "Klischee des Anwalts als Prozeßvertreter"[21] zusammen und erscheint deshalb weitgehend überholt[22]; die neuere Gesetzgebung hat sie denn auch durchlöchert[23]. Die überörtliche Sozietät gerät freilich mit der Ortsgebundenheit der Kanzlei in keinerlei Kollision.

c) Wohnsitzpflicht

Als Ergänzung der Kanzleipflicht ist die Wohnsitzpflicht zu verstehen[24]. Die örtliche Grenzziehung - innerhalb des OLG-Bezirks muß der Rechtsanwalt wohnen - hängt mit der Mitgliedschaft des Rechtsanwalts in der Rechtsanwaltskammer zusammen[25] und soll der Kammer ermöglichen, die Erfüllung dieser Pflicht zu überprüfen. Mit der

---

[18] → Rdnr. 76.

[19] → Rdnr. 78 Fußn. 18.

[20] → Rdnr. 78.

[21] Hierzu → Rdnr. 32.

[22] → Rdnr. 78 bei Fußn. 20 ff.

[23] → Rdnr. 78 bei Fußn. 25 ff.

[24] → Rdnr. 79.

[25] Kammerbezirk ist grundsätzlich der OLG-Sprengel, → Rdnr. 62.

Wohnsitzpflicht kollidiert die überörtliche Sozietät offenkundig nicht[26].

3. Zweigstellenverbot

Die RAO 1878 kannte auch dieses Verbot nicht[27]. Es wurde erst im Dritten Reich von der Rechtsprechung entwickelt[28] und schließlich von der BRAO übernommen. Das Zweigstellenverbot untersagt dem Rechtsanwalt, neben seiner Kanzlei eine Zweigstelle zu unterhalten oder Sprechtage durchzuführen. Damit soll verhindert werden, daß sich neben der Anwaltskanzlei feste und institutionalisierte Stellen herausbilden, bei denen die regelmäßige persönliche Anwesenheit des Anwalts erwartet wird. Das Zweigstellenverbot monopolisiert daher die Kanzlei des Rechtsanwalts und unterbindet Zweit- oder Mehrfachkanzleien[29].

Das nach dem Zweiten Weltkrieg in der BRAO verankerte Zweigstellenverbot für Rechtsanwälte steht in einem diametralen Gegensatz zu der in derselben Zeit für *Wirtschaftsprüfer* und *Steuerberater* bejahten Zweigstellenbefugnis[30]. Erschwerend für die Anwaltschaft fällt ferner ins Gewicht, daß sie ihren Beruf nicht innerhalb von Kapitalgesellschaften auszuüben vermag, während dies den soeben genannten konkurrierenden Berufen gestattet ist, so daß allenthalben Zweigniederlassungen von Wirtschaftsprüfer- oder Steuerberatungsgesellschaften anzutreffen sind[31].

Die *überörtliche Rechtsanwaltssozietät* wird durch das Zweigstellenverbot nicht untersagt[32]. Übrigens sind schon bisher überörtliche *innerprofessionelle* Sozietäten[33] als zulässig angesehen worden[34]. Im

---

26 → Rdnr. 80.

27 → Rdnr. 84.

28 → Rdnr. 84.

29 → Rdnr. 85.

30 → Rdnr. 176 bei Fußn. 16 und 17 sowie Rdnr. 84 a. E.

31 → Rdnr. 150 bei Fußn. 11 und Rdnr. 151 Fußn. 20.

32 → Rdnr. 87 ff.

33 Zu diesem Begriff → Rdnr. 1.

34 → Rdnr. 92.

grenzüberschreitenden Bereich ist es dem Anwalt sogar unbenommen, Zweit- oder Mehrfachkanzleien zu unterhalten[35].

C. Personenbezogene Betrachtungsweise der Anwaltspflichten

Die Behandlung der ortsbezogenen Pflichten des deutschen Anwalts hat erkennen lassen, wie notwendig eine personenbezogene Betrachtungsweise ist[36]. Der *Bundesgerichtshof* verdient hohe Anerkennung, daß er in seinem Beschluß vom 18. September 1989 dieser personenorientierten Sicht der Anwaltspflichten gefolgt ist[37]. Denn Adressat der genannten Pflichten ist stets der einzelne Rechtsanwalt, nicht etwa die Sozietät[38]. Schließlich ist es ja der einzelne Anwalt, der zugelassen ist, und nicht etwa die Sozietät. Deshalb begegnet es von jeher keinen Bedenken, wenn trotz des Verbots der Simultanzulassung die Anwälte einer Sozietät bei verschiedenen Gerichten zugelassen sind ("gemischte Sozietät")[39]. Auch bei der Sozietät von Rechtsanwälten mit Nicht-Rechtsanwälten zeigt sich die Bedeutung einer personenorientierten Betrachtungsweise, weil auf diese Weise die Zuordnung jedes der einzelnen Sozien zu seiner Berufskammer garantiert bleibt[40]. Bei der überörtlichen Sozietät bewährt sich die personenbezogene Sicht: Die anwaltlichen Pflichten bleiben auch bei dieser Sozietät jeweils auf den einzelnen Sozius bezogen: Jeder Anwalt genügt seinen Pflichten[41].

---

35 → Rdnr. 85 bei Fußn. 30 und Rdnr. 75 Fußn. 3 sowie auch Rdnr. 4 Fußn. 40 und Fußn. 41.

36 → Rdnr. 88 und 89.

37 → Rdnr. 88 Fußn. 39.

38 → auch Rdnr. 165 Fußn. 15.

39 → Rdnr. 67.

40 → Rdnr. 164.

41 → Rdnr. 165 sowie Rdnr. 6: Ende des 1. Absatzes des Zitats des *BGH-Beschlusses*.

D. Sonstiges Standesrecht und überörtliche Sozietät

1. Standesrichtlinien

Die anwaltlichen Standesrichtlinien stehen der Zulässigkeit einer überörtlichen Rechtsanwaltssozietät nicht (mehr) entgegen[42]; für die konkrete Ausgestaltung einer solchen Sozietät können sie aber bedeutsam sein.

2. Generalklausel des § 43 BRAO

Die überörtliche Rechtsanwaltssozietät widerspricht nicht der standesrechtlichen Generalklausel des § 43 BRAO[43]. Sie verletzt auch nicht die Grundsätze über das anwaltliche *Werbungsverbot*[44]; denn die Mitglieder einer überörtlichen Rechtsanwaltssozietät sind in der Lage, dieses Werbeverbot einzuhalten. Im übrigen darf die grund- und menschenrechtliche Problematik derartiger Werbeverbote nicht unterschätzt werden[45]. Ferner sollte man nicht übersehen, daß jedem Anwalt *Kundgabepflichten* über seine Partner treffen[46]. Die wichtigen Vorschriften über den *Parteiverrat* können auch bei einer überörtlichen Sozietät beachtet werden[47].

3. "Gesamtregelung der BRAO"

Angesichts der gesetzlichen Regelung der Lokalisierung, der Residenzpflicht (mit ihren drei einzelnen Verpflichtungen) und des Zweigstellenverbots sowie der Generalklausel des § 43 BRAO sind ausdrückliche und eindeutige Normen vorhanden, an denen die überörtliche Rechtsanwaltssozietät gemessen werden kann. Damit erübrigt

---

42 → Rdnr. 111 f.

43 → Rdnr. 115 ff.

44 → Rdnr. 117.

45 → Rdnr. 119.

46 → Rdnr. 118.

47 → Rdnr. 120.

sich ein Rückgriff auf die "Gesamtregelung der BRAO"[48]. Ein solcher Rückgriff erscheint allerdings notwendig, um die Zulässigkeit einer überörtlichen Rechtsanwaltssozietät zu beurteilen, an der sich ein *Anwalt* beteiligt, der *beim Bundesgerichtshof zugelassen* ist; eine solche Beteiligung kann nicht als zulässig angesehen werden[49].

E. Gewohnheitsrecht und überörtliche Sozietät

Die Untersuchung hat gezeigt, daß es keinen gewohnheitsrechtlichen Satz gibt, der die überörtliche Rechtsanwaltssozietät verbietet[50]. Es fehlen bereits die formalen Voraussetzungen: sowohl eine *längere* tatsächliche Übung als auch die *Dauerhaftigkeit, Ständigkeit, Gleichmäßigkeit* und *Allgemeinheit* einer Gewohnheit[51]. Denn seit Erlaß der Rechtsanwaltsordnung 1878 bis zum 19. September 1934 gab es kein solches Verbot; ausgesprochen wurde es erst durch den damals neu errichteten *Ehrengerichtshof bei der Reichs-Rechtsanwaltskammer*[52].

Daß ein gewohnheitsrechtliches Verbot überörtlicher Rechtsanwaltssozietäten von der deutschen Rechtsanwaltschaft *als verbindliche Rechtsnorm anerkannt* worden ist, kann ferner deshalb nicht angenommen werden, weil erst die freiheitsfeindliche Judikatur des *Ehrengerichtshofs bei der Reichs-Rechtsanwaltskammer* die Vorstellung eines solchen Verbots entwickelte, während gerade der *Ehrengerichtshof für die deutschen Rechtsanwälte* in einer jahrzehntelangen Rechtsprechung bis in das Dritte Reich hinein sogar die Befugnis der Anwälte zu Zweigstellen und Sprechtagen bejahte und vor allem ein Verbot überörtlicher Sozietäten nicht aussprach[53]. Außerdem hat das Bundesverfassungsgericht hohe Hürden für die Anerkennung von

[48] → Rdnr. 123 ff.

[49] → Rdnr. 126.

[50] → Rdnr. 129 - 140.

[51] → Rdnr. 130 und 131.

[52] → Rdnr. 132 ff.

[53] → Rdnr. 132.

Anwaltsgewohnheitsrecht errichtet[54]. Die in den Standesrichtlinien enthaltenen Vorschriften stellen kein Gewohnheitsrecht dar[55].

F. Das Standesrecht anderer beratender Berufe

Der Blick auf das Recht der drei mit dem Rechtsanwalt konkurrierenden Berufe des *Wirtschaftsprüfers*, des *Steuerberaters* und des *Patentanwaltes* hat die Zulässigkeit überörtlicher Zusammenschlüsse gezeigt[56]. Zwei der Berufe - Wirtschaftsprüfer und Steuerberater - können ihn in *Kapitalgesellschaften* ausüben, die ihrerseits über Zweigstellen verfügen dürfen und bisweilen sogar mehrere Hauptsitze haben. Weit enger als bei einer überörtlichen Sozietät kann damit ein (teilweise flächendeckendes) Netz der Mandantenbetreuung geknüpft werden. Der einzelne *Wirtschaftsprüfer, Steuerberater* und *Patentanwalt* ist - als natürliche Person - ferner keineswegs gehindert, eine überörtliche Sozietät zu bilden. Wirtschaftsprüfer und Steuerberater dürfen ferner auch Zweigstellen unterhalten[57]. Trotz eines mit der Bundesrechtsanwaltsordnung wörtlich übereinstimmenden Verbots von Zweigstellen und auswärtigen Sprechtagen ist den *Patentanwälten* in ihren Standesrichtlinien ausdrücklich die überörtliche Sozietät gestattet[58].

G. Die Zulässigkeit und Sachgerechtigkeit der überörtlichen Sozietät

1. Die Zulässigkeit der überörtlichen Sozietät

Die überörtliche Anwaltssozietät bewirkt keine Doppel- oder Mehrfachlokalisation[59], sie beachtet Residenzpflicht[60] sowie Zweigstellen-

---

[54] → Rdnr. 139.

[55] → Rdnr. 140.

[56] → Teil IV. Rdnr. 143 - 162.

[57] → Rdnr. 176 Fußn. 16 und 17.

[58] → Rdnr. 161.

[59] → Rdnr. 164.

[60] → Rdnr. 165.

verbot[61] und führt bei diesen vorgenannten Pflichten auch nicht zu einer Umgehung der jeweiligen gesetzlichen Regelungen. Der "Gesamtregelung der Bundesrechtsanwaltsordnung" entspricht das Bild eines in seiner Tätigkeit nicht an einen Ort gebundenen Rechtsanwalts[62]. Ein etwaiger Verstoß gegen die Standesrichtlinien wäre angesichts der Rechtsprechung des Bundesverfassungsgerichtes[63] unbeachtlich[64]. Sonstiges Standesrecht und die Generalklausel des § 43 BRAO werden beachtet[65]. Eine Wettbewerbsverzerrung zugunsten von Großkanzleien ist nicht zu befürchten[66].

2. Die Sachgerechtigkeit der überörtlichen Sozietät

Die überörtliche Sozietät vermindert die *Anwaltsdiskriminierung* im Verhältnis zu anderen beratenden Berufen[67] und die *Inländerdiskriminierung* gegenüber ausländischen Anwälten[68]; sie bewirkt eine Gleichstellung gegenüber den flächendeckenden Beratungen durch Banken und Verbände[69] und steigert die Wettbewerbsfähigkeit der deutschen Anwaltschaft[70]: vor allem Spezialisierung und "Service aus einer Hand" sind zu nennen. Vielfältig sind die *Vorteile für die Mandantschaft*[71], insbesondere die Verringerung der Informationsbelastung, die "Beratung aus einem Mund" und die bessere Haftungssituation. Die überörtliche Sozietät kann dem "Anwaltsabstieg" entgegenwirken und zur Rückeroberung der von der Anwaltschaft verlorenen Felder beitragen[72].

---

61 → Rdnr. 166.

62 → Rdnr. 168.

63 → Rdnr. 2 Fußn. 13.

64 → Rdnr. 167.

65 → Rdnr. 169.

66 → Rdnr. 172.

67 → Rdnr. 175 f.

68 → Rdnr. 177.

69 → Rdnr. 178 f.

70 → Rdnr. 180 -190.

71 → Rdnr. 191 - 198.

72 → Rdnr. 199 - 202.

Literaturverzeichnis

Mehrere Bücher desselben Verfassers werden durch Kurztitel unterschieden, die in eckigen Klammern angegeben sind.

Autenrieth, Karlheinz H.: Die inländische Europäische Wirtschaftliche Interessenvereinigung (EWIV) als Gestaltungsmittel, BB 1989, S. 305 - 310

Baehring, Bernd: WP und Unternehmensberatung (1): Wie sie wurden, was sie sind, Börsenzeitung vom 29. 3. 1989

Baehring, Bernd: WP und Unternehmensberatung (2): Der Geist weht, wo er kann, Börsenzeitung vom 30. 3. 1989

Baumbach, Adolf - Duden, Konrad - Hopt, Klaus J.: Handelsgesetzbuch, 28. Aufl., München 1989

Becker - Groch: Die Deutsche Gebührenordnung für Rechtsanwälte vom 7. Juli 1879 nebst dem in Preußen erlassenen Ausführungsgesetze vom 2. Februar 1880, 2. Aufl., Berlin 1883

Bergerfurth, Bruno: Zur geplanten Änderung des Eherechts: Anwaltszwang - Prozeßkostenhilfe - Zuweisung der Ehewohnung, FamRZ 1986, S. 545 - 550

Bergerfurth, Bruno: Der Anwaltszwang und seine Ausnahmen. Eine systematische Darstellung für die Praxis, 2. Aufl., Bielefeld 1988

Bericht der Kommission zur Vorbereitung einer Reform der Zivilgerichtsbarkeit, herausgegeben vom Bundesjustizministerium, Bonn 1961

Blomeyer, Arwed: Zivilprozeßrecht, Erkenntnisverfahren, 2. Aufl., Berlin 1985

Blumenwitz, Dieter: Rechtsprobleme im Zusammenhang mit der Angleichung von Rechtsvorschriften auf dem Gebiet des Niederlassungsrechts der freien Berufe. Eine Darstellung anhand einer aktuellen Problematik im Bereich der ärztlichen Heilberufe, NJW 1989, S. 621 - 627

Borggreve, Carlo H.: Die partnerschaftliche gemeinschaftliche Ausübung freier rechts- und wirtschaftsberatender Berufe, Diss. Bielefeld 1982

Borgmann, Brigitte - Haug, Karl H.: Anwaltshaftung, 2. Aufl., Frankfurt am Main 1986

Brehm, Wolfgang: Freiwillige Gerichtsbarkeit, Stuttgart-München-Hannover 1988

Brown, Christopher R.: Europe's law firms: The next 10 years, International Financial Law Review, September 1984, pp. 5 - 9

Bruns, Rudolf: Zivilprozeßrecht, 2. Aufl., München 1979

Buchwald, Friedrich-Tiefenbacher, Erhard: Die zweckmäßige Gesellschaftsform, 4. Aufl., Heidelberg 1971

Bühring, H.: Steuerberatungsgesetz, Berlin-Frankfurt am Main 1961

Bülow, Arthur: Bundesrechtsanwaltsordnung, Berlin-Frankfurt am Main 1959

Bumiller, Ursula - Winkler, Karl: Freiwillige Gerichtsbarkeit, 4. Aufl., München 1987

Bundessteuerberaterkammer: Richtlinien für die Berufsausübung der Steuerberater und Steuerbevollmächtigten (Standesrichtlinien), abgedruckt bei *Charlier-Peter* Gr. 20/231

Charlier, R. - Peter, K.-F. (vormals *Kolbeck-Peter-Rawald*): Steuerberatungsgesetz, 3. Aufl., Herne-Berlin, Stand 1989

Clausnitzer, Martin: Niederlassungs- und Dienstleistungsfreiheit der Anwälte in der EG, BRAK-Mitt. 1989, S. 59 - 66

Clausnitzer, Martin: Der EG-Anwalt. Zur Niederlassungs- und Dienstleistungsfreiheit der Anwälte in der Europäischen Gemeinschaft, in: Internationale Wirtschaftsbriefe, Nr. 3 vom 10. Februar 1989, Fach 5, EG-Gruppe 3, S. 59 - 70

Commichau, Gerhard: Der Anwalt und seine Praxis, 2. Aufl., Stuttgart-Berlin-Köln-Mainz 1985

Commichau, Gerhard: Berufs- und Standesrecht der deutschen Anwaltschaft im Wandel, JZ 1988, S. 824 - 830

Commichau, Gerhard: Der Markt anwaltlicher Dienstleistungen, AnwBl 1988, S. 314 - 320

Commichau, Gerhard: Fragen zum Europäischen Anwaltsrecht, IPRax 1989, S. 12 - 13

Commichau, Gerhard: Die Abschaffung der Lokalisation und des Zweigstellenverbots ist notwendig, Handelsblatt vom 25. 7. 1989

Costello, Nicholas P. siehe Ungerer-Costello

Cüppers, Josef: Rechtsanwaltsordnung für die britische Zone, München - Berlin 1949

DAV-Fragebogen zum Berufsrecht. Ergebnisse, AnwBl 1989, S. 273 - 282

DER SPIEGEL: Schiere Größe zählt. Konzentration im Wirtschaftsprüfer-Gewerbe: Nur wer zukauft, kann mithalten, DER SPIEGEL Nr. 17 vom 24.4.1989, S. 130

Eckert, Walter Ludwig: Handbuch des Berufs-, Gebühren- und Kostenrechts 1989, München 1989

Eich, Alexander siehe Lingenberg-Hummel-Zuck-Eich

Endlich, Günter - Kolarsch, Leo: Der Gesellschaftsvertrag der Steuerberater - Wirtschaftsprüfer - Rechtsanwälte, Stuttgart 1986

Engelhard, Hans A.: Rede anläßlich der Eröffnung der Wanderausstellung "Im Namen des Deutschen Volkes - Justiz und Nationalsozialismus", recht, Informationen des Bundesministeriums der Justiz, 1989, S. 49 - 52

Entwurf einer Zivilprozeßordnung. Veröffentlicht durch das Reichsjustizministerium, Berlin 1931

Everling, Ulrich: Vertragsverhandlungen 1957 und Vertragspraxis 1987 - dargestellt an den Kapiteln Niederlassungsrecht und Dienstleistungen des EWG-Vertrages, Festschrift für von der Groeben, Baden-Baden 1987, S. 111 -130

Everling, Ulrich: Entwicklung im anwaltlichen Berufsrecht unter dem Blickwinkel der EG, BRAK-Mitt. 1989, S. 166 - 174

Feuerich, Wilhelm E.: Bundesrechtsanwaltsordnung, München 1987

Feuerich, Wilhelm: Standesrecht in der Übergangszeit, AnwBl 1988, S. 502 - 516

Feuerich, Wilhelm: Die überörtliche Anwaltssozietät, AnwBl 1989, S. 360 - 368

Finger, Heinrich: Die Kunst des Rechtsanwalts, 2. Aufl., Berlin 1912

Frankfurter Allgemeine Zeitung: Erste überörtliche Anwaltskanzlei, FAZ vom 11.4.1989

Frankfurter Allgemeine Zeitung: DTG fusioniert mit der Treuverkehr, FAZ vom 27.6.1989

Frankfurter Allgemeine Zeitung: Erste überörtliche Anwaltssozietät ist gegründet, FAZ vom 10.7.1989

Frankfurter Allgemeine Zeitung: Mehr Wettbewerb für Englands Anwälte, FAZ vom 22.7.1989

Franzen, Hans: Anwaltskunst. Faustregeln - Alternativen - Fälle, München 1989

Freitag, Hans Otto: Gewohnheitsrecht und Rechtssystem. Eine rechtstheoretische und verfassungsrechtliche Untersuchung zum Gewohnheitsrecht, insbesondere in der Eingriffsverwaltung, Berlin 1976

Friedemann, Jens: Die deutsche Wirtschaftsprüfung strebt ins Ausland. Neue Fusionswelle - Alternative Expansionsstrategie der Marktführer, FAZ vom 16.5.1989

Friedlaender, Adolf - Friedlaender, Max: Kommentar zur Rechtsanwaltsordnung vom 1. Juli 1878, 3. Aufl., München-Berlin-Leipzig 1930

Friese, Franz-Josef: Die freie Advokatur in Deutschland im Lichte des Grundgesetzes und des EWG-Vertrages, AnwBl 1987, S. 3 - 13

Friese, Franz-Josef: Nochmals: Internationales Anwaltsrecht - Dienstleistung und Niederlassung, NJW 1988, S. 3072 - 3073

Gaupp, Ludwig: Die Civilprozeßordnung für das Deutsche Reich, 2. Aufl., Freiburg 1890

Gehre, Horst siehe Mittelsteiner-Gehre-Rohweder

Giesebrecht, Helmut: Das Verfahren vor Ehrengerichten, Berlin 1938

Gornig, Gilbert: Probleme der Niederlassungsfreiheit und Dienstleistungsfreiheit für Rechtsanwälte in den Europäischen Gemeinschaften, NJW 1989, S. 1120 - 1127

Gralla, Giselher: Was ist los in Europa?, BRAK-Mitt. 1986, S. 193 - 194

Haas, Eberhard: Zur Einführung: Selbstgestaltung des Berufsrechts durch den Berufsstand, BRAK-Mitt. 1988, S. 66 - 67

Habscheid, Walther J.: Freiwillige Gerichtsbarkeit, 7. Aufl., München 1983

Hahn, C.: Die gesammten Materialien zu den Reichs-Justizgesetzen. Erster Band. Materialien zu dem Gerichtsverfassungs-Gesetz, Berlin 1879 [GVG]

Hahn, C. - Stegemann, Eduard: Die gesammten Materialien zu den Reichs-Justizgesetzen. Zweiter Band. Materialien zur Civilprozeßordnung, 2. Aufl., Berlin 1881 [CPO]

Hahndorf, Raimar: Aus der Arbeit des DAV, Neues Berufsrecht, AnwBl 1988, S. 569 - 575

Hahndorf, Raimar: Grenzen und Möglichkeiten heutiger berufsrechtlicher Regelungen für den Anwalt, AnwBl 1989, S. 430 - 432

Handelsblatt: Überörtliche Anwaltssozietät, Handelsblatt vom 21.6.1989

Hanna, Jörg: Anwaltliches Standesrecht im Konflikt mit zivilrechtlichen Ansprüchen des Mandanten, Köln-Berlin-Bonn-München 1988

Harte-Bavedamm, Henning: Überörtliche Anwaltsozietäten, Wettbewerber und "rechtsuchendes Publikum", AnwBl 1989, S. 546 - 551

Hartstang, Gerhard: Der deutsche Rechtsanwalt. Rechtsstellung und Funktion in Vergangenheit und Gegenwart, Heidelberg 1986

Hartung, Wolfgang: "Düsseldorfer Regeln". Ein Beitrag zum künftigen Berufsrecht der Rechtsanwälte, AnwBl 1988, S. 516 - 521

Haug, Karl H. siehe Borgmann-Haug

Hauschka, Christoph E.: Internationalisierung der Rechtsberatung in der Wirtschaft Europas, AnwBl 1988, S. 551 - 557

Hegler, A.: Die Rechtsanwalts=Ordnung vom 1. Juli 1878 und die Gebührenordnung für Rechtsanwälte vom 7. Juli 1879, Stuttgart 1879

v. Hehn, Paul-Adolf: Niederlassungsfreiheit für deutsche Anwälte im Ausland, BRAK-Mitt. 1985, S. 183 - 187

Heintzen, Markus: Die überörtliche Rechtsanwaltssozietät, DB 1989, S. 2419 - 2421

Heintzen, Markus: Die überörtliche Rechtsanwaltssozietät. Eine standesrechtliche Untersuchung, Stuttgart 1990

Hettinger, Gerhard: Für und wider den Lokalisierungsgrundsatz, BRAK-Mitt. 1988, S. 98 - 103

Hirsch, Martin: Zum Berufsbild des Rechtsanwalts beim BGH, NJW 1984, S. 2079 - 2080

Höinghaus, R.: Rechtsanwalts-Ordnung für das Deutsche Reich, Berlin 1878

Hommerich, Christoph: Die Anwaltschaft unter Expansionsdruck. Eine Analyse der Berufssituation junger Rechtsanwältinnen und Rechtsanwälte, Köln 1988

Hopt, Klaus J. siehe Baumbach-Duden-Hopt

Hummel, Fritz siehe Lingenberg-Hummel-Zuck-Eich

Isele, Walter: Bundesrechtsanwaltsordnung, Essen 1976

Jähnke, Burkhard: Rechtliche Vorgaben einer künftigen Neuregelung des anwaltlichen Standesrechts, NJW 1988, S. 1888 - 1893

Jessnitzer, Kurt: Bundesrechtsanwaltsordnung, Köln-Berlin-Bonn-München 1987

Jonas, Martin: Zur Entwicklung der Anwaltschaft, DJ 1935, S. 376 - 378

Jungjohann, Knut siehe Wettmann-Jungjohann

Kalsbach, Werner: Bundesrechtsanwaltsordnung, Köln 1960

Kelbel, Günter: Kommentar zur Patentanwaltsordnung, Köln-Berlin-Bonn-München 1974

Kewenig, Wilhelm: Überörtliche Anwaltssozietäten und geltendes Recht, Frankfurt am Main 1989

Kleine-Cosack, Michael: Berufsständische Autonomie und Grundgesetz, Baden-Baden 1986

Kleine-Cosack, Michael: Verfassungswidriges Standesrecht, NJW 1988, S. 164 - 174

König, Stefan: Vom Dienst am Recht. Rechtsanwälte als Strafverteidiger im Nationalsozialismus, Berlin-New York 1987

Körner, Eberhard: Lokalisierung der Rechtsanwälte - noch zeitgemäß?, ZRP 1971, S. 126 - 128

Kolarsch, Leo siehe Endlich-Kolarsch

Kolbeck-Peter-Rawald siehe *Charlier-Peter*

Kommission der Europäischen Gemeinschaften: Die Europäische wirtschaftliche Interessenvereinigung (EWIV). Ein neues Instrument für die wirtschaftliche Zusammenarbeit in der Gemeinschaft, in: Stichwort Europa 6/89, April 1989

Krämer, Achim: Der verfassungsrechtliche Status des Rechtsanwalts, BRAK-Mitt. 1988, S. 67 - 69

Kühn, Wolfgang: Deutsche Anwälte international in der Abstiegszone, AnwBl 1988, S. 129 - 132

Kühne: Soll unter der Voraussetzung, daß die Zulassung zur Rechtsanwaltschaft bei einem bestimmten Gerichte erfolgt, der hier zugelassene Rechtsanwalt die in Civilproceßsachen gebotene Vertretung auch bei den anderen Gerichten unbeschränkt oder unter welchen Beschränkungen übernehmen können?, Verhandlungen des Vierzehnten deutschen Juristentages. I. Band, Heft 2 (Gutachten), Berlin 1878, S. 3 - 55

Kurlbaum, Alfred: Der Ehrengerichtshof für die deutschen Rechtsanwälte, in: *Adolf Lobe*: Fünfzig Jahre Reichsgericht am 1. Oktober 1929, Berlin-Leipzig 1929, S. 70 - 102

Larenz, Karl: Methodenlehre der Rechtswissenschaft, 5.Auflage, Berlin-Heidelberg-New York-Tokyo 1983

Lehne, Hans K.: Auch das "Lokalisierungsprinzip" in Zivilsachen ist nicht mehr haltbar, Handelsblatt vom 5.4.1988, S. 6

Leipold, Dieter siehe *Stein-Jonas*

Levin, Louis: Die rechtliche und wirtschaftliche Bedeutung des Anwaltszwangs, Berlin 1916

Lingenberg, Joachim - Hummel, Fritz - Zuck, Rüdiger - Eich, Alexander: Kommentar zu den Grundsätzen des anwaltlichen Standesrechts, Köln 1988

Löwe, Ernst: "Statusbildende Normen", BRAK-Mitt. 1988, S. 70 - 72

Maier, Arno: Die Zukunft des Anwaltsberufs in Frankreich, AnwBl 1989, S. 320 - 324

Maurach, Reinhart - Schroeder, Friedrich-Christian: Strafrecht, Besonderer Teil, Teilband 2, 6. Aufl., Heidelberg-Karlsruhe 1981

Meyer, Fr.: Die Rechtsanwalts-Ordnung vom 1. Juli 1878, Berlin 1879

Michalski, Lutz: Das Gesellschafts- und Kartellrecht der berufsrechtlich gebundenen freien Berufe, Köln 1989

Michalski, Lutz: Die freiberufliche Zusammenarbeit im Spannungsfeld von Gesellschafts- und Berufsrecht, AnwBl 1989, S. 65 - 76

Middeke, Norbert: Die "überörtliche Sozietät" soll nicht als Deckmantel für Zweigstellen zwecks Werbung im Wettbewerb dienen, Handelsblatt vom 11.7.1989

Mittelsteiner, Karl-Heinz - Gehre, Horst - Rohweder, Timm: Steuerberatungsgesetz, 2. Aufl. Bonn 1976

Morton, Christina: Can German Lawyers Break The Chains? International Financial Law Review, March 1989, Special Supplement

Neubauer, Ralf: Eine ganze Branche im Goldrausch. Hohe Gewinne im Consulting Geschäft locken auch die Banken an, Stuttgarter Zeitung vom 17.7.1989

Neue Juristische Wochenschrift : Mitteilung der Redaktion der NJW: 45. Deutscher Anwaltstag in München, NJW 1989, S. 1908 - 1915

Nicolaysen, Gerd: Anmerkung zum Urteil des Gerichtshofs der Europäischen Gemeinschaften vom 28.4.1977, EuR 1977, S. 288 - 289

Noack, Erwin: Die Stellung des Rechtsanwalts im nationalsozialistischen Staat, in: *Hans Frank*: Nationalsozialistisches Handbuch für Recht und Gesetzgebung, 2. Aufl., München 1935, S. 1525 - 1534 [Handbuch]

Noack, Erwin: Kommentar zur Reichs-Rechtsanwaltsordnung, 2. Aufl., Leipzig 1937 [Kommentar]

Nörr, Dieter: Zur Entstehung der gewohnheitsrechtlichen Theorie, in: Festschrift für Wilhelm Felgentraeger, Göttingen 1969, S. 353 - 366

Oppenhoff, Michael: Motivation für Zusammenschlüsse zwischen deutschen Anwaltbüros, 15.4.1989, S. 1 - 6 (ungedruckt)

Oppenhoff, Walter: Aus der Arbeit des DAV, AnwBl 1989, S. 272 - 273

Ostler, Fritz: Die deutschen Rechtsanwälte 1871 - 1971, Essen 1971

Ostler, Fritz: Neuestes zum Europa-Anwaltsrecht und etwas über seine Folgen, AnwBl 1988, S. 577 - 578

Patentanwaltskammer - Körperschaft des öffentlichen Rechts - : Richtlinien für die Berufsausübung der Patentanwälte. Festgestellt von der Patentanwaltskammer gem. § 82 Abs. 2 Nr. 3 PAO, Stand 20. November 1986 (ohne Ort und Datum)

Peter, K.-F siehe Charlier-Peter

Pfeiffer, Gerd: Standesrecht im Umbruch, BRAK-Mitt. 1988, S. 226 - 230

Plaas, Gerrit: Abschied vom Einzelanwalt?, AnwBl 1988, S. 557 - 561

Prölß, Gustav: Vertretungsfreiheit der deutschen Anwaltschaft in Zivilsachen, AnwBl 1928, S. 127 - 131

Prölß, Gustav: Ruf zum Ganzen, AnwBl 1929, S. 43 - 46

Prütting, Hanns: Die Zulässigkeit der überörtlichen Anwaltssozietät nach geltendem Recht, JZ 1989, S. 705 - 712

Rabe, Hans-Jürgen: Internationales Anwaltsrecht - Dienstleistung und Niederlassung, AnwBl 1987, S. 394 - 401

Rabe, Hans-Jürgen: Internationales Anwaltsrecht - Dienstleistung und Niederlassung, NJW 1987, S. 2185 - 2193

Rabe, Hans-Jürgen: Auf dem Wege zum neuen anwaltlichen Berufsrecht, NJW 1989, S. 1113 - 1119

Raczinski, Bernd - Rogalla, Dieter - Tomsche, Eberhard: Die Freiheit des Dienstleistungsverkehrs für Deutsche Rechtsanwälte in der Europäischen Gemeinschaft, AnwBl 1989, S. 583 - 592

Raeschke-Kessler, Hilmar: Anwaltliches Standesrecht für 1992, ZIP 1989, S. 207

Rechtsanwaltskammer Bremen u. a.: Vorschläge zur Änderung der Bundesrechtsanwaltsordnung, BRAK-Mitt. 1988, S. 72 - 74

Rechtsanwaltskammer Düsseldorf: Moerser Beschluß vom 10.5.1989, Brief vom 16.5.1989 an die BRAK, S. 1 - 3

Rechtsanwaltskammer Düsseldorf: Moerser Beschluß des Vorstands der Rechtsanwaltskammer Mitteilungen, AnwBl 1989, S. 390

Redeker, Konrad: Anwaltsblattgespräch, AnwBl 1987, S. 577 - 590

Reinmüller, Bernd: Anwaltliches Zweigbüro und Niederlassungsfreiheit in Frankreich und in der Bundesrepublik Deutschland, IPRax 1989, S. 54 - 56

Reitmaier, Marion-Angela: Inländerdiskriminierungen nach dem EWG-Vertrag. Zugleich ein Beitrag zur Auslegung von Art. 7 EWGV, Kehl am Rhein-Straßburg 1984

Ring, Gerhard: Unlauterer Wettbewerb druch standeswidriges Verhalten, GRUR. Int. 1986, S. 103 - 109

Ring, Gerhard: Das Standesrecht der freien Berufe - ein antiquiertes Relikt ständischer Vorstellungen in modernen Demokratien?, DÖV 1989, S. 838 - 846

Ring, Gerhard: Wettbewerbsrecht der freien Berufe. Unlauterer Wettbewerb durch standeswidriges Verhalten, Baden-Baden 1989

Rogalla, Dieter siehe Raczinski-Rogalla-Tomsche

Rohweder, Timm siehe Mittelsteiner-Gehre-Rohweder

Rüthers, Bernd: Die unbegrenzte Auslegung. Zum Wandel der Privatrechtsordnung im Nationalsozialismus, Tübingen 1968

Sälzer, Gerd: Der "Hüter des Gewohnheitsrechts". Eine Besprechung von BVerfG JZ 1970, S. 320 [= BVerfGE 28, 21], JZ 1970, S. 572 - 574

Salger, Hanns-Christian: Überörtliche Anwaltssozietäten in Deutschland, NJW 1988, S. 186 - 187

Sauer, Gisbert: Berufsbeschränkungen für Rechtsanwälte, NJW 1970, S. 230 - 232

Schiefer, Wolfgang: Anwalt im Zeitalter der Dienstleistung - Herausforderung zum Wandel, NJW 1987, S. 1969 - 1978

Schmalz, Klaus: Geleitwort des Präsidenten, BRAK-Mitt. 1988, Sonderheft

Schneider, Herbert: Besprechung des Buches von *Bergerfurth* (s. o.), ZZP 95 (1982) S. 88 - 90

Schroeder, Dirk - Teichmann, Eghard: Die überörtliche Sozietät, AnwBl 1990, S. 22 - 26

Schroeder, Friedrich-Christian siehe Maurach-Schroeder

Schubert, Werner: Die deutsche Gerichtsverfassung (1869 - 1877) - Entstehung und Quellen, Frankfurt am Main 1981 [Gerichtsverfassung]

Schubert, Werner: Entstehung und Quellen der Rechtsanwaltsordnung von 1878, Frankfurt am Main 1985 [Rechtsanwaltsordnung]

Schumann, Ekkehard: Anmerkung zur Entscheidung des Bundesverfassungsgerichts vom 14.2.1973 [= BVerfGE 34, 293 - *Schily-Beschluß*], JZ 1973, S. 311 - 317

Schumann, Ekkehard siehe auch *Stein-Jonas*

Schwab, Karl Heinz: Schiedsgerichtsbarkeit, 3. Aufl., München 1979

Scriba, Michael O. E.: Die Europäische wirtschaftliche Interessenvereinigung, Heidelberg 1987

Séché, Jean-Claude: Berufsausübung im Gemeinsamen Markt. Ein Leitfaden, Luxemburg 1988

Senninger, Erhard: Zum Jahreswechsel 1988/89, AnwBl 1989, S. 1 - 7

Senninger, Erhard: Die Entwicklung der Anwaltschaft an der Schwelle des Europäischen Binnenmarktes, AnwBl 1989, S. 298 - 303

Siegel, Max: Die gesammten Materialien zu der Rechtsanwaltsordnung vom 1. Juli 1878, Leipzig 1883

Siegeth, L.: Die Rechtsanwaltsordnung vom 1. Juli 1878 mit ihren sämmtlichen Unterlagen, Pirna-Leipzig 1879

Späth, Wolfgang: Mit dem Beruf des Steuerberaters unvereinbare Tätigkeiten, in: *Deutscher Steuerberaterverband e. V.*: Steuerberater Handbuch 1988, Bonn 1988, S. 20 - 28

Spaltenstein, Mich.: Gedanken über Anwaltsgebühren und Anwaltszwang, Berlin 1887

Spiegel siehe DER SPIEGEL

v. Stackelberg, Curt Freiherr: Der Richter und sein Anwalt, in: Festschrift für Gerd Pfeiffer, Köln-Berlin-Bonn-München 1988, S. 997 - 1006

Stefener, Wolfgang: EuGH-Dienstleistungsurteil, AnwBl 1988, S. 367 - 373

Stein-Jonas-Bearbeiter [Wolfgang Grunsky, Dieter Leipold, Wolfgang Münzberg, Peter Schlosser, Ekkehard Schumann]: Kommentar zur Zivilprozeßordnung, 20. Auflage, Tübingen 1977 - 1989

Steindorff, Ernst: Die Anwaltssozietät, Festschrift für Robert Fischer, Berlin - New York 1979, S. 747 - 770

Steindorff, Ernst: Dienstleistungsfreiheit im EG-Recht, RIW 1983, S. 831 - 839

Steindorff, Ernst: Probleme des Art. 30 EWG-Vertrag, ZHR 148 (1984) S. 338 - 355

Steindorff, Ernst: Reichweite der Niederlassungsfreiheit, EuR 1988, S. 19 - 32

Strobel, Wilhelm: Die ökonomische Zukunft der Rechtsberatung in Orientierung an der Steuerberatung/Wirtschaftsprüfung, BB 1987, S. 699 - 710

Strobel, Wilhelm: Der Markt anwaltlicher Dienstleistungen - Die ökonomische Zukunft der Rechtsberatung, AnwBl 1988, S. 307 - 313

Stürner, Rolf: Die Stellung des Anwalts im Zivilprozeß, JZ 1986, S. 1089 - 1095

Stüwe, Heinz: Auf der Europa-Regatta der Anwälte erhöhen die Deutschen ihre Schlagzahl, Die Welt vom 2.6.1989, S. 14

Stuttgarter Nachrichten: Jetzt schließen sich Anwaltskanzleien zusammen, StNa vom 5.10.1989

Sue, Ingrid: Rechtsstaatliche Probleme des anwaltlichen Standesrechts, jur. Diss., Göttingen 1986

Süddeutsche Zeitung: Aktuelles Lexikon "Überörtliche Sozietät", SZ vom 5.5.1989

Süddeutsche Zeitung: Anwaltskammer gegen überörtliche Sozietäten, SZ vom 6.6.1989

Süddeutsche Zeitung: Anwalt kann leichter Notar werden, SZ vom 2. 8. 1989, S. 8

Sydow, Reinhold: Rechtsanwaltsordnung, 2. Aufl., Berlin - Leipzig 1884

Sydow, Reinhold - Jacobsohn, Max: Rechtsanwaltsordnung, 5. Aufl., Berlin 1907

Teichmann, Eghard: Die überörtliche Anwaltssozietät, AnwBl 1989, S. 368 - 372

Teichmann, Eghard siehe auch Schroeder-Teichmann

Tettinger, Peter J.: "Abschied vom Werbeverbot?" - Gedanken zum freiberuflichen Standesrecht, JZ 1988, S. 228 - 233

Tiefenbacher, Erhard siehe Buchwald-Tiefenbacher

Tomsche, Eberhard siehe Raczinski-Rogalla-Tomsche

Ungerer, Herbert - Costello, Nicholas P.: Telekommunikation in Europa, Brüssel 1989

Urbanczyk, Reinhard: Probleme der Postulationsfähigkeit und Stellvertretung, ZZP 95 (1982) S. 339 - 361

Vollkommer, Max: Formenstrenge und prozessule Billigkeit, München 1973 [Formenstrenge]

Vollkommer, Max: Die Stellung des Anwalts im Zivilprozeß. Anwaltszwang - Anwaltsverschulden - Anwaltsfunktion, Köln 1984 [Anwalt]

Vollkommer, Max: Anwaltshaftungsrecht, München 1989 [Anwaltshaftungsrecht]

Wagner, A.: Die Anwaltschaft im Großherzogthum Baden, JW 1872, S. 85 - 88

Weigel, Theodor: Zur Lage der Anwaltschaft nach den Entscheidungen des Bundesverfasssungsgerichts zu den Standesrichtlinien, BRAK-Mitt. 1988, S. 2 -10

Weißler, Adolf: Geschichte der Rechtsanwaltschaft, Leipzig 1905

Werner, Wolfram: Ausschuß für Zuständigkeitsabgrenzung, Band 3 von: "Der Parlamentarische Rat 1948 - 1949. Akten und Protokolle", hrsg. vom Deutschen Bundestag und vom Bundesarchiv unter Leitung von *Kurt G. Wernicke* und *Hans Booms*, Boppard am Rhein 1986

Wernz, Johann: Soll unter der Voraussetzung, daß die Zulassung zur Rechtsanwaltschaft bei einem bestimmten Gerichte erfolgt, der hier zugelassene Rechtsanwalt die in Civilproceßsachen gebotene Vertretung auch bei den anderen Gerichten unbeschränkt oder unter welchen Beschränkungen übernehmen können?, Verhandlungen des Vierzehnten deutschen Juristentages, I. Band, Heft 1 (Gutachten), Berlin 1878, S. 25 - 41

Westenberger, Norbert M.: Auf dem Weg zu einer anwaltseigenen EG-Niederlassungsrichtlinie, BRAK-Mitt. 1988, S. 230 - 234

Westermann, Harm Peter: Kurzkommentar EWiR § 28 BRAO 1/89 [zu BGH vom 18. 9. 1989, NJW 1989, 2890]

Wettmann, Reinhart W. - Jungjohann, Knut: Inanspruchnahme anwaltlicher Leistungen - Zugangsschwellen, Beratungsbedarf und Anwaltsimage -, Köln 1989

Wibbe, Petra: Gesellschaften freier Berufe in Frankreich, jur. Diss. München 1981

Willandsen, Volker: Die verwaltungs- und standesrechtliche Stellung des auch im Ausland zugelassenen deutschen Rechtsanwaltes oder Rechtsbeistandes, NJW 1989, S. 1128 - 1130

v. Wilmowski, G. - Levy, M.: Civilprozeßordnung, 6. Aufl., Berlin 1892

Wimmer, Raimund: Konturen eines neuen Anwaltsbildes, DVBl, 1988, S. 821 - 828

Wimmer, Raimund: Wer gibt das neue anwaltliche Berufsrecht?, NJW 1989, S. 1772 - 1776

Windscheid, Bernhard - Kipp, Theodor: Lehrbuch des Pandektenrechts, 8. Aufl., Frankfurt am Main 1900

Winkler, Karl siehe Bumiller-Winkler

Winters, Karl-Peter: Die Zukunft der Rechtsberatung, NJW 1988, S. 521 - 528

Winters, Karl-Peter: Der Rechtsanwaltsmarkt. Chancen, Risiken und zukünftige Entwicklung, Köln 1990

Wirtschaftsprüferkammer - Körperschaft des öffentlichen Rechts -: Richtlinien für die Berufsausübung der Wirtschaftsprüfer und vereidigten Buchprüfer gemäß § 57 Abs. 2 Nr. 5 der Wirtschaftsprüferordnung, Stand: 12. März 1987, Düsseldorf 1987

Wirtschaftswoche: Nur der Startschuß, Wirtschaftswoche Nr. 23 vom 2. Juni 1989, S. 142

Wörlen, Friedrich: Zur Lokalisation, AnwBl 1990, S. 18 - 19

WP-Verzeichnis 1988, Düsseldorf 1988

Zöller-Bearbeiter [*Reinhold Geimer - Peter Gummer - Josef Mühlbauer - Peter Philippi - Egon Schneider - Dieter Stephan - Kurt Stöber - Max Vollkommer*]: Zivilprozeßordnung, 15. Aufl., Köln 1987

Zuck, Rüdiger: Internationales Anwaltsrecht, NJW 1987, S. 3033 - 3036

Zuck, Rüdiger: Standesrecht und Verfassungsrecht, in: Festschrift für Gerd Pfeiffer, Köln-Berlin-Bonn-München 1988, S. 1007 - 1021

Zuck, Rüdiger: Anmerkung zum Urteil des EuGH vom 25. Februar 1988, EuR 1988, S. 186 - 190

Zuck, Rüdiger: Anmerkung zum Urteil des EuGH vom 25.2.1988 BRAK-Mitt. 1988, S. 279 - 281

Zuck, Rüdiger: Berufs- und standesrechtliche Rahmenbedingungen der künftigen Formen anwaltlicher Zusammenarbeit und anwaltlicher Werbung, AnwBl 1988, S. 351 - 352

Zuck, Rüdiger: Die notwendige Reform des anwaltlichen Berufs- und Standesrechts, NJW 1988, S. 175 - 181

Zuck, Rüdiger: Entwurf einer Berufsordnung des Rechtsanwalts ("BORA-E"), BRAK-Mitt. 1988, S. 75 - 96

Zuck, Rüdiger: Formen anwaltlicher Zusammenarbeit, AnwBl 1988, S. 19 - 25

Zuck, Rüdiger: Berufsrecht und Berufsmoral - Einige Anmerkungen zum Wandel des anwaltlichen Berufsbildes, JZ 1989, S. 353 - 357

Zuck, Rüdiger: Die Europäische wirtschaftliche Interessenvereinigung als Instrument anwaltlicher Zusammenarbeit, NJW 1990, S. 954 - 959

Zuck, Rüdiger siehe auch *Lingenberg-Hummel-Zuck-Eich*

Sachregister

Die Zahlen bezeichnen die *Seiten*. "Fußn." bedeutet, daß der betreffende Begriff in der Fußnote zu finden ist.

PERSONENREGISTER

Die Zahlen ohne Zusätze bezeichnen die *Seiten*. "Fußn." weist auf die Fußnoten hin.

www.ingramcontent.com/pod-product-compliance
Lightning Source LLC
LaVergne TN
LVHW042240300926
849161LV00003B/415
* 9 7 8 3 4 8 6 2 1 7 2 6 1 *